园林工程

YUANLIN
GONGCHENG

易新军　陈盛彬　主编

化学工业出版社

·北京·

本书是高职高专"十一五"规划教材★农林牧渔系列之一。本书集园林各工程设计、施工于一体,并分别介绍了园林各工程建设中出现的新材料、新工艺。教材从园林基础工程和专业工程两方面全面介绍了园林建设工程中出现的各种工程形式。其中,园林基础工程包括地形与土方工程、园林给排水及防水工程、园林砌体工程等;园林专业工程分别介绍了园林水景工程、园林山石工程、园林小品工程、园林路桥与广场工程、园林照明工程、园林植物栽植工程、园林机械等。在编写中,突出了各工程的能力实训,以案例形式合理安排了技能训练,具有较强的实用性、艺术性、规范性。

　　本书可作为高职高专园林、建筑等相关专业的教材,也可供相关技术人员参考。

图书在版编目 (CIP) 数据

园林工程/易新军,陈盛彬主编. —北京:化学工业
出版社,2009.8(2021.8重印)
高职高专"十一五"规划教材★农林牧渔系列
ISBN 978-7-122-05913-0

Ⅰ.园… Ⅱ.①易…②陈… Ⅲ.园林-工程施工-
高等学校:技术学院-教材 Ⅳ.TU986.3

中国版本图书馆 CIP 数据核字(2009)第 105890 号

责任编辑:李植峰　梁静丽　郭庆睿	文字编辑:张林爽
责任校对:李　林	装帧设计:史利平

出版发行:化学工业出版社(北京市东城区青年湖南街 13 号　邮政编码 100011)
印　　装:天津盛通数码科技有限公司
787mm×1092mm　1/16　印张 16¾　彩插 2　字数 414 千字　　2021 年 8 月北京第 1 版第 9 次印刷

购书咨询:010-64518888　　　　　　　售后服务:010-64518899
网　　址:http://www.cip.com.cn
凡购买本书,如有缺损质量问题,本社销售中心负责调换。

定　　价:40.00 元　　　　　　　　　　　　　　　　　　　　版权所有　违者必究

"高职高专'十一五'规划教材★农林牧渔系列"
建设委员会成员名单

主 任 委 员　介晓磊

副主任委员　温景文　陈明达　林洪金　江世宏　荆　宇　张晓根
　　　　　　窦铁生　何华西　田应华　吴　健　马继权　张震云

委　　　员（按姓名汉语拼音排列）

边静玮	陈桂银	陈宏智	陈明达	陈　涛	邓灶福	窦铁生	甘勇辉	高　婕	耿明杰
宫麟丰	谷风柱	郭桂义	郭永胜	郭振升	郭正富	何华西	胡克伟	胡孔峰	胡天正
黄绿荷	江世宏	姜文联	姜小文	蒋艾青	介晓磊	金伊洙	荆　宇	李　纯	李光武
李彦军	梁学勇	梁运霞	林伯全	林洪金	刘　莉	刘俊栋	刘　蕊	刘淑春	刘万平
刘晓娜	刘新社	刘奕清	刘　政	卢　颖	马继权	倪海星	欧阳素贞	潘开宇	潘自舒
彭　宏	彭小燕	邱运亮	任　平	商世能	史延平	苏允平	陶正平	田应华	王存兴
王　宏	王秋梅	王水琦	王晓典	王秀娟	王燕丽	温景文	吴昌标	吴　健	吴郁魂
吴云辉	武模戈	肖卫苹	肖文左	谢利娟	谢相林	谢拥军	徐苏凌	徐作仁	许开录
闫慎飞	颜世发	燕智文	杨玉珍	尹秀玲	于文越	张德炎	张海松	张晓根	张玉廷
张震云	张志轩	赵晨霞	赵　华	赵先明	赵勇军	郑继昌	朱学文		

"高职高专'十一五'规划教材★农林牧渔系列"
编审委员会成员名单

主 任 委 员　蒋锦标

副主任委员　杨宝进　张慎举　黄　瑞　杨廷桂　胡虹文　张守润
　　　　　　宋连喜　薛瑞辰　王德芝　王学民　张桂臣

委　　　员（按姓名汉语拼音排列）

艾国良	白彩霞	白迎春	白永莉	白远国	柏玉平	毕玉霞	边传周	卜春华	曹　晶
曹宗波	陈传印	陈杭芳	陈金雄	陈　璟	陈盛彬	陈现臣	程　冉	褚秀玲	崔爱萍
丁玉玲	董义超	董曾施	段鹏慧	范洲衡	方希修	付美云	高　凯	高　梅	高志花
弓建国	顾成柏	顾洪娟	关小变	韩建强	韩　强	何海健	何英俊	胡凤新	胡虹文
胡　辉	胡石柳	黄　瑞	黄修奇	吉　梅	纪守学	纪　瑛	蒋锦标	鞠志新	李碧全
李　刚	李继连	李　军	李雷斌	李林春	梁本国	梁称福	梁俊荣	林　纬	林仲桂
刘革利	刘广文	刘丽云	刘贤忠	刘晓欣	刘振华	刘振湘	刘宗亮	柳遵新	龙冰雁
罗　玲	潘　琦	潘一展	邱深本	任国栋	阮国荣	申庆全	石冬梅	史兴山	史雅静
宋连喜	孙克威	孙雄华	孙志浩	唐建勋	唐晓玲	陶令霞	田　伟	田伟政	田文儒
汪玉琳	王爱华	王朝霞	王大来	王道国	王德芝	王　健	王立军	王孟宇	王双山
王铁岗	王文焕	王新军	王　星	王学民	王艳立	王云惠	王中华	吴俊琢	吴琼峰
吴占福	吴中军	肖尚修	熊运海	徐公义	徐占云	许美解	薛瑞辰	羊建平	杨宝进
杨平科	杨廷桂	杨卫韵	杨学敏	杨　志	杨治国	姚志刚	易　诚	易新军	于承鹤
于显威	袁亚芳	曾饶琼	曾元根	战忠玲	张春华	张桂臣	张怀珠	张　玲	张庆霞
张慎举	张守润	张响英	张　欣	张新明	张艳红	张祖荣	赵希彦	赵秀娟	郑翠芝
周显忠	朱雅安	卓开荣							

"高职高专'十一五'规划教材★农林牧渔系列"建设单位

安阳工学院
保定职业技术学院
北京城市学院
北京林业大学
北京农业职业学院
本钢工学院
滨州职业学院
长治学院
长治职业技术学院
常德职业技术学院
成都农业科技职业学院
成都市农林科学院园艺研究所
重庆三峡职业学院
重庆水利电力职业技术学院
重庆文理学院
德州职业技术学院
福建农业职业技术学院
抚顺师范高等专科学校
甘肃农业职业技术学院
广东科贸职业学院
广东农工商职业技术学院
广西百色市水产畜牧兽医局
广西大学
广西职业技术学院
广州城市职业学院
海南大学应用科技学院
海南师范大学
海南职业技术学院
杭州万向职业技术学院
河北北方学院
河北工程大学
河北交通职业技术学院
河北科技师范学院
河北省现代农业高等职业技术学院
河南科技大学林业职业学院
河南农业大学
河南农业职业学院
河西学院

黑龙江农业工程职业学院
黑龙江农业经济职业学院
黑龙江农业职业技术学院
黑龙江生物科技职业学院
黑龙江畜牧兽医职业学院
呼和浩特职业学院
湖北生物科技职业学院
湖南怀化职业技术学院
湖南环境生物职业技术学院
湖南生物机电职业技术学院
吉林农业科技学院
集宁师范高等专科学校
济宁市高新技术开发区农业局
济宁市教育局
济宁职业技术学院
嘉兴职业技术学院
江苏联合职业技术学院
江苏农林职业技术学院
江苏畜牧兽医职业技术学院
金华职业技术学院
晋中职业技术学院
荆楚理工学院
荆州职业技术学院
景德镇高等专科学校
丽水学院
丽水职业技术学院
辽东学院
辽宁科技学院
辽宁农业职业技术学院
辽宁医学院高等职业技术学院
辽宁职业学院
聊城大学
聊城职业技术学院
眉山职业技术学院
南充职业技术学院
盘锦职业技术学院
濮阳职业技术学院
青岛农业大学
青海畜牧兽医职业技术学院

曲靖职业技术学院
日照职业技术学院
三门峡职业技术学院
山东科技职业学院
山东理工职业学院
山东省贸易职工大学
山东省农业管理干部学院
山西林业职业技术学院
商洛学院
商丘师范学院
商丘职业技术学院
深圳职业技术学院
沈阳农业大学
沈阳农业大学高等职业技术学院
苏州农业职业技术学院
乌兰察布职业学院
温州科技职业学院
厦门海洋职业技术学院
仙桃职业技术学院
咸宁学院
咸宁职业技术学院
信阳农业高等专科学校
延安职业技术学院
杨凌职业技术学院
宜宾职业技术学院
永州职业技术学院
玉溪农业职业技术学院
岳阳职业技术学院
云南农业职业技术学院
云南热带作物职业学院
云南省曲靖农业学校
云南省思茅农业学校
张家口教育学院
漳州职业技术学院
郑州牧业工程高等专科学校
郑州师范高等专科学校
中国农业大学

《园林工程》编写人员

主　　编　易新军（咸宁职业技术学院）

　　　　　陈盛彬（湖南环境生物职业技术学院）

副 主 编　刘　蕊（北京城市学院）

　　　　　郭淑清（辽宁科技学院）

　　　　　黎八保（咸宁职业技术学院）

参编人员（以姓名笔画为序）

　　　　　于显威（沈阳农业大学高等职业技术学院）

　　　　　刘　煜（海南职业技术学院）

　　　　　刘　蕊（北京城市学院）

　　　　　李　晶（咸宁职业技术学院）

　　　　　杨囡君（商丘职业技术学院）

　　　　　吴丽娜（黑龙江畜牧兽医职业学院）

　　　　　陈盛彬（湖南环境生物职业技术学院）

　　　　　武　新（辽宁农业职业技术学院）

　　　　　易新军（咸宁职业技术学院）

　　　　　侯小霞（长治职业技术学院）

　　　　　郭淑清（辽宁科技学院）

　　　　　徐一斐（湖南环境生物职业技术学院）

　　　　　黎八保（咸宁职业技术学院）

序

当今，我国高等职业教育作为高等教育的一个类型，已经进入到以加强内涵建设，全面提高人才培养质量为主旋律的发展新阶段。各高职高专院校针对区域经济社会的发展与行业进步，积极开展新一轮的教育教学改革。以服务为宗旨，以就业为导向，在人才培养质量工程建设的各个方面加大投入，不断改革、创新和实践。尤其是在课程体系与教学内容改革上，许多学校都非常关注利用校内、校外两种资源，积极推动校企合作与工学结合，如邀请行业企业参与制定培养方案，按职业要求设置课程体系；校企合作共同开发课程；根据工作过程设计课程内容和改革教学方式；教学过程突出实践性，加大生产性实训比例等，这些工作主动适应了新形势下高素质技能型人才培养的需要，是落实科学发展观，努力办人民满意的高等职业教育的主要举措。教材建设是课程建设的重要内容，也是教学改革的重要物化成果。教育部《关于全面提高高等职业教育教学质量的若干意见》（教高［2006］16号）指出"课程建设与改革是提高教学质量的核心，也是教学改革的重点和难点"，明确要求要"加强教材建设，重点建设好3000种左右国家规划教材，与行业企业共同开发紧密结合生产实际的实训教材，并确保优质教材进课堂。"目前，在农林牧渔类高职院校中，教材建设还存在一些问题，如行业变革较大与课程内容老化的矛盾、能力本位教育与学科型教材供应的矛盾、教学改革加快推进与教材建设严重滞后的矛盾、教材需求多样化与教材供应形式单一的矛盾等。随着经济发展、科技进步和行业对人才培养要求的不断提高，组织编写一批真正遵循职业教育规律和行业生产经营规律、适应职业岗位群的职业能力要求和高素质技能型人才培养的要求、具有创新性和普适性的教材将具有十分重要的意义。

化学工业出版社为中央级综合科技出版社，是国家规划教材的重要出版基地，为我国高等教育的发展做出了积极贡献，曾被新闻出版总署领导评价为"导向正确、管理规范、特色鲜明、效益良好的模范出版社"，2008年荣获首届中国出版政府奖——先进出版单位奖。近年来，化学工业出版社密切关注我国农林牧渔类职业教育的改革和发展，积极开拓教材的出版工作，2007年底，在原"教育部高等学校高职高专农林牧渔类专业教学指导委员会"有关专家的指导下，化学工业出版社邀请了全国100余所开设农林牧渔类专业的高职高专院校的骨干教师，共同研讨高等职业教育新阶段教学改革中相关专业教材的建设工作，并邀请相关行业企业作为教材建设单位参与建设，共同开发教材。为做好系列教材的组织建设与指导服务工作，化工出版社聘请有关专家组建了"高职高专农林牧渔类'十一五'规划教材建设委员会"和"高职高专农林牧渔类'十一五'规划教材编审委员会"，拟在"十一五"期间组织相关院校的一线教师和相关企业的技术人员，在深入调研、整体规划的基础上，编写出版一套适应农林牧渔类相关专业教育的基础课、专业课及相关外延课程教材——"高职高专'十一五'规划教材★农林牧渔系列"。该套教材将涉及种植、园林园艺、畜牧、兽医、水产、宠物等专业，于2008～2009年陆续出版。

该套教材的建设贯彻了以职业岗位能力培养为中心，以素质教育、创新教育为基础的教育理念，理论知识"必需"、"够用"和"管用"，以常规技术为基础，关键技术为重点，先进技术为导向。此套教材汇集众多农林牧渔类高职高专院校教师的教学经验和教改成果，又得到了相关行业企业专家的指导和积极参与，相信它的出版不仅能较好地满足高职高专农林牧渔类专业的教学需求，而且对促进高职高专专业建设、课程建设与改革、提高教学质量也将起到积极的推动作用。希望有关教师和行业企业技术人员，积极关注并参与教材建设。毕竟，为高职高专农林牧渔类专业教育教学服务，共同开发、建设出一套优质教材是我们共同的责任和义务。

介晓磊

2008 年 10 月

前言

　　高等职业教育是我国高等教育的重要组成部分，近年来高职高专教育有了很大的发展，为社会主义现代化建设事业培养了大批急需的各类专门人才。特别是在教育部教高［2006］16号文件影响下，高职教育成为社会关注的热点，面临大好的发展机遇。同时，经济、科技和社会发展也对高职高专人才培养提出了许多新的要求。

　　本教材的编写是按照教育部高职高专教材建设要求，紧紧围绕培养高素质技能型专门人才，即培养适应生产、建设、管理、服务第一线需要的，德、智、体、美全面发展的高等技术应用型专门人才而展开。教材突出基础理论知识的应用和实践能力的培养，具有针对性和实用性，适用于全国各高等职业技术学院。本教材由易新军和陈盛彬主编，刘蕊、郭淑清和黎八保为副主编。编写分工如下：易新军制定编写提纲并编写绪论，郭淑清编写第一章，杨囡君编写第二章，陈盛彬编写第三章，刘煜和徐一斐编写第四章，于显威编写第五章，刘蕊编写第六章，武新编写第七章，侯小霞编写第八章，黎八保、李晶编写第九章，吴丽娜编写第十章，全书由易新军统稿。

　　在教材出版之际，对参与教材策划、编写及有关工作的专家、老师以及支持教材编写的各高等职业技术学院一并表示感谢！

　　本书可作为五年一贯制高职、三年制普通高职高专的教材，也可作为中职及专业工作人员的参考资料。

　　由于编者水平有限，不足之处在所难免，恳请广大读者提出宝贵意见，以便修订改正。

编者

2009 年 4 月

绪论 ·· 1

一、园林工程概述 ···································· 1

二、园林工程的内容 ································ 1

三、园林工程的发展进程 ························ 1

四、学习园林工程的要求 ························ 2

第一章　地形与土方工程 ························ 4

第一节　地形设计 ································ 4

一、地形的概念与作用 ···················· 4

二、地形设计原则与要求 ················ 5

三、地形的形式和设计要求 ············ 6

四、地形设计准备工作 ···················· 7

五、地形设计方法 ···························· 7

第二节　土方工程量计算 ···················· 12

一、用求体积公式进行估算 ············ 13

二、断面法 ······································ 14

三、方格网法 ·································· 16

第三节　土方施工 ···························· 22

一、土壤的工程性质及工程分类 ······ 22

二、土方施工 ·································· 24

复习思考题 ·· 28

实训案例　地形的改造设计及土方量计算（公式法和断面法） ············ 28

技能训练一　地形改造及土方量计算 ········ 29

技能训练二　基地地形坡级（植被等）调查与分析图制作 ············ 30

第二章　园林给排水及防水工程 ·············· 31

第一节　园林给水工程 ························ 31

一、园林给水工程概述 ···················· 31

二、园林给水管网的布置 ················ 32

三、给水管网的设计计算 ················ 34

四、给水管网的敷设 ……………………………………………………… 38

第二节　园林喷灌工程 ………………………………………………………… 39

一、喷灌形式的选择 ………………………………………………………… 39

二、喷灌系统的组成 ………………………………………………………… 40

三、喷灌系统的设计 ………………………………………………………… 41

四、喷灌工程施工 …………………………………………………………… 45

第三节　园林排水工程 ………………………………………………………… 46

一、园林排水的内容 ………………………………………………………… 46

二、园林排水的基本特点 …………………………………………………… 46

三、园林排水的方式 ………………………………………………………… 47

四、防止地表径流冲刷地面的措施 ………………………………………… 47

五、雨水管渠的设计 ………………………………………………………… 48

六、盲沟排水 ………………………………………………………………… 51

七、排水管材及附属构筑物 ………………………………………………… 52

八、园林管线工程的综合布置 ……………………………………………… 55

第四节　园林防水工程 ………………………………………………………… 57

一、园林防水工程的分类 …………………………………………………… 57

二、防水卷材 ………………………………………………………………… 57

三、刚性防水材料 …………………………………………………………… 58

复习思考题 ……………………………………………………………………… 59

技能训练一　参观喷灌工程设施 ……………………………………………… 59

技能训练二　详细调查、观测、分析、总结某一公园的排水系统与排水设施 ……… 59

技能训练三　喷灌工程设计和施工 …………………………………………… 59

第三章　园林砌体工程 …………………………………………………………… 61

第一节　园林挡土墙和景墙工程 ……………………………………………… 61

一、园林挡土墙的功能作用 ………………………………………………… 61

二、园林挡土墙的材料与类型 ……………………………………………… 62

三、园林挡土墙的设计 ……………………………………………………… 64

四、园林景墙工程 …………………………………………………………… 68

五、园林挡土墙与景墙施工 ………………………………………………… 68

六、小型园林挡土墙施工实例 ……………………………………………… 72

第二节　花坛砌体工程 ………………………………………………………… 73

一、花坛砌体材料 …………………………………………………………… 73

二、花坛表面装饰材料 ……………………………………………………… 76

三、花坛施工 ………………………………………………………………… 79

四、花坛施工实例 …………………………………………………………… 82

复习思考题 ……………………………………………………………………… 82

技能训练一　园林挡土墙或景墙设计与施工 ………………………………… 83

技能训练二　花坛施工 ………………………………………………………… 83

第四章　园林水景工程 …………………………………………………… 85

第一节　概述 ………………………………………………………… 85
一、水景的作用 ……………………………………………………… 85
二、水景的构成 ……………………………………………………… 86
第二节　湖池工程 …………………………………………………… 88
一、水景湖池设计 …………………………………………………… 88
二、水生植物池设计 ………………………………………………… 88
三、休闲泳池设计 …………………………………………………… 89
四、造景水池工程设计 ……………………………………………… 90
五、水池的设计及施工 ……………………………………………… 92
第三节　堤岛造景工程 ……………………………………………… 98
一、堤景工程设计 …………………………………………………… 98
二、岛景工程设计 …………………………………………………… 98
第四节　水景平台、流泉与瀑布工程 ……………………………… 100
一、水景平台工程设计 ……………………………………………… 100
二、溪泉工程设计 …………………………………………………… 101
三、瀑布工程设计 …………………………………………………… 102
第五节　驳岸和护坡工程 …………………………………………… 105
一、驳岸工程 ………………………………………………………… 105
二、护坡工程 ………………………………………………………… 109
第六节　喷泉工程 …………………………………………………… 111
一、喷泉概述 ………………………………………………………… 111
二、喷泉类型 ………………………………………………………… 112
三、喷头种类 ………………………………………………………… 112
四、喷泉的水型设计 ………………………………………………… 118
五、彩色喷泉的灯光布置 …………………………………………… 119
六、喷泉的给排水系统 ……………………………………………… 120
七、喷泉的设计 ……………………………………………………… 120
八、喷泉设计实例 …………………………………………………… 125
复习思考题 …………………………………………………………… 125
技能训练　喷泉的安装 ……………………………………………… 125

第五章　园林山石工程 ……………………………………………… 127

第一节　山石工程概述 ……………………………………………… 127
一、山石的种类 ……………………………………………………… 127
二、假山的功能 ……………………………………………………… 127
三、假山的材料 ……………………………………………………… 128
四、假山材料的开采与运输 ………………………………………… 129
第二节　置石 ………………………………………………………… 130
一、特置 ……………………………………………………………… 130

二、散置……………………………………………………………………… 131

三、对置……………………………………………………………………… 132

四、群置……………………………………………………………………… 132

五、山石器设………………………………………………………………… 134

六、山石与园林建筑、植物相结合的布置………………………………… 135

第三节　假山………………………………………………………………… 137

一、假山的类型……………………………………………………………… 137

二、假山的布置要点………………………………………………………… 137

三、假山的设计原则和技法………………………………………………… 138

四、假山的结构……………………………………………………………… 139

五、掇山施工………………………………………………………………… 141

第四节　塑山、塑石………………………………………………………… 144

一、塑山、塑石的特点……………………………………………………… 144

二、塑山、塑石的分类……………………………………………………… 144

三、塑山施工………………………………………………………………… 145

四、塑山新工艺简介………………………………………………………… 146

复习思考题…………………………………………………………………… 147

技能训练一　置石（特置、对置、散置、群置）设计与施工…………… 147

技能训练二　塑山塑石施工………………………………………………… 148

第六章　园林小品工程…………………………………………………… 150

第一节　概述………………………………………………………………… 150

一、园林小品的概念………………………………………………………… 150

二、园林小品的类型和用途………………………………………………… 151

三、园林小品的创作要求…………………………………………………… 152

四、园林小品的施工………………………………………………………… 156

第二节　艺术类园林小品…………………………………………………… 157

一、园林雕塑小品的设计…………………………………………………… 158

二、园林雕塑小品的施工…………………………………………………… 160

复习思考题…………………………………………………………………… 161

技能训练　园林小品座椅施工……………………………………………… 162

第七章　园林路桥与广场工程…………………………………………… 164

第一节　园路的基本知识…………………………………………………… 164

一、园路的作用……………………………………………………………… 164

二、园路的分类……………………………………………………………… 165

第二节　园路工程设计……………………………………………………… 166

一、园路的平面线型设计…………………………………………………… 166

二、园路竖曲线设计………………………………………………………… 168

三、园路的铺装设计………………………………………………………… 170

四、园路的结构设计………………………………………………………… 174

第三节　广场工程 ……………………………………………………… 179
　一、广场铺装设计的原则 ……………………………………………… 179
　二、广场铺装图案的设计 ……………………………………………… 180
　三、广场的竖向设计 …………………………………………………… 181
第四节　园路和广场的施工 …………………………………………… 182
　一、园路工程施工 ……………………………………………………… 182
　二、几种常见面层的施工方法 ………………………………………… 183
　三、广场施工 …………………………………………………………… 187
　四、园路铺装质量标准 ………………………………………………… 188
第五节　园桥工程 ……………………………………………………… 189
　一、园桥的基本形式 …………………………………………………… 189
　二、园桥设计要点 ……………………………………………………… 190
复习思考题 ……………………………………………………………… 191
技能训练一　绘制园路施工图 ………………………………………… 191
技能训练二　园路施工——人行道铺装 ……………………………… 192

第八章　园林照明工程 ……………………………………………… 193

第一节　园林照明的基础知识 ………………………………………… 193
　一、园林照明方式和照明质量 ………………………………………… 193
　二、电光源及其应用 …………………………………………………… 194
　三、公园、绿地的照明 ………………………………………………… 198
　四、园林照明设计 ……………………………………………………… 204
第二节　园林供电设计 ………………………………………………… 205
　一、园林供电设计的内容 ……………………………………………… 205
　二、园林供电的设计程序 ……………………………………………… 205
　三、案例　山东青岛"五四广场"亮化工程 ………………………… 208
复习思考题 ……………………………………………………………… 210
技能训练　园林照明工程设计 ………………………………………… 210

第九章　园林植物栽植工程 ………………………………………… 212

第一节　乔灌木栽植 …………………………………………………… 212
　一、栽植前的准备工作 ………………………………………………… 212
　二、案例 ………………………………………………………………… 216
第二节　大树移植 ……………………………………………………… 231
　一、大树选择 …………………………………………………………… 231
　二、大树移植的时间 …………………………………………………… 231
　三、大树移植前的准备工作 …………………………………………… 232
　四、大树移栽方法 ……………………………………………………… 234
　五、大树的吊运 ………………………………………………………… 237
　六、大树的定植 ………………………………………………………… 237
　七、植后的养护 ………………………………………………………… 238

复习思考题 ……………………………………………………………………………… 238

技能训练　行道树栽植、花灌木栽植、花坛植物栽植、大树移植 ………………… 238

第十章　园林机械 …………………………………………………………………… 240

第一节　概述 …………………………………………………………………… 240

一、园林机械组成 …………………………………………………………………… 240

二、园林机械类型 …………………………………………………………………… 240

第二节　园林工程机械 ………………………………………………………… 241

一、土方工程机械 …………………………………………………………………… 241

二、压实机械 ………………………………………………………………………… 242

三、混凝土机械 ……………………………………………………………………… 243

四、起重机械 ………………………………………………………………………… 243

五、抽水机械 ………………………………………………………………………… 244

第三节　园林植物机械 ………………………………………………………… 244

一、种植机械 ………………………………………………………………………… 244

二、养护机械 ………………………………………………………………………… 245

三、场圃机械 ………………………………………………………………………… 251

四、保洁机械 ………………………………………………………………………… 251

复习思考题 ……………………………………………………………………………… 251

技能训练　园林机械的识别与应用 ………………………………………………… 252

参考文献 …………………………………………………………………………… 253

绪　　论

园林建设是指园林各工程施工过程。我国被称之为"世界园林之母"，在园林建设的历史上，涌现出许许多多的园林，它们千姿百态、风格各异。但其景观的形成、空间的组织、气氛的烘托，乃至意境的体现和表现，均离不开园林工程技术。园林工程在园林建设活动过程中无处不在，从小的地形、路桥、亭、架等的营造，到大的公园、绿地、风景区的建设，都涉及多种工程技术。

一、园林工程概述

园林是指在一定的地域运用工程技术和艺术手段，通过改造地形、种植树木花草、营造建筑和布置园路等途径创作而成的美的自然环境和游憩境域。园林工程常指工艺外的室外工程，是一门研究园林工程原理、工程设计和施工养护技艺的学科；是以工程原理、技术为基础，运用于园林建设的专业课程。本课程研究的中心内容是如何最大限度地发挥园林综合功能（社会、经济、生态等方面），解决园林中的工程设施、构筑物与园林景观之间矛盾，其根本任务是应用工程技术表现园林艺术，使地面上的工程构筑物和园林景观融为一体。它具有如下特点。

① 技术与艺术的统一。园林中的工程构筑物，除满足一般工程构筑物的结构要求外，其外在形式应同园林意境相一致，并给人以美感。

② 规范性。园林建设所涉及的各项工程，从设计到施工均应符合我国现行的工程设计、施工规范。如园林给排水工程，应符合给排水设计施工规范。

③ 时代性。不同时期的园林形式，总是与当时的工程技术水平相适应的。今天，随着人民生活水平的提高和人们对环境质量的要求越来越高，城市中的园林建设的形式、规模和内涵也越来越大。新理念、新技术、新材料、新工艺已深入园林工程的各个领域，如集光、电、机、声为一体的大型音乐喷泉，传统的木结构园林建筑已经部分被钢筋混凝土仿古建筑所取代等。

④ 协作性。园林工程建设在设计、施工上常由多工种的设计、施工人员共同完成。

二、园林工程的内容

一个园林从开始兴建到施工完成和使用，总体包括园林建筑、园林工程、园林植物三大内容。其中园林工程包括地形与土方工程、园林给排水及防水工程、园林砌体工程、园林水景工程、园林山石工程、园林小品工程、园林路桥和广场工程、园林照明工程、园林植物栽植工程、园林机械工程等，这些内容将分别在有关章节中讲述。

三、园林工程的发展进程

园林发展的历史，就是园林工程发展的历史，从有文字记载的殷周的囿算起，园林在我国已有三千多年的历史。公元前 11 世纪周文王筑灵台、灵沼、灵囿，让天然的草木滋生，鸟兽繁育，供帝王贵族狩猎游乐，它仅涉及土方工程技术；春秋战国时期，已出现人工造山；秦汉出现大规模的挖湖堆山工程；秦始皇统一中国，在营造宫室的园林时，"引渭水为池，筑为蓬、瀛"；汉代上林苑在宫内建太液池，内有"蓬莱、方丈、瀛洲"三石，这种"一池三山"之制成为后世池山的布置范例；后汉恒帝时，外戚大将军梁冀的园囿"……广开园囿，采土筑山，十里九坂，以象二峤，深林绝洞，有若自然。"从技术上来看，汉代造山以土山为主，但在袁广汉园中已构石为山，且能高十余丈（1丈≈3.33m），足见掇山技术已有发展，从理水形式上看，水景与雕塑结合，有压水的运用，据《汉宫典职》记载："宫内苑……激水河上，铜龙吐水，铜仙人衔杯受水下注。"魏晋到南北朝三百六十余年间自然山水园得到发展，由单纯的模仿自然山水进而进行概括、提炼甚至于抽象化。如南齐文惠太子开拓元圃园，多聚奇石，妙极山水；湘东王造湘东苑，穿池构山，跨水有阁、斋、屋、斋前有亭山，山有石洞，蜿蜒潜行二百余步。这些不仅说明了当时人们对自然山水艺术的认识，同时也说明其土木石作技术、置石构洞技术达到了一定的水平。唐宋园林注重文化内涵和人工改造形式，地形地貌变化丰富，既有大自然的风景，又有如诗若画的意境和画境，写意山水园林在此期开始形成。从《洛阳名园记》中可知，在面积不大的宅旁地里，因高就低、掇山理水、表现山壑溪池之胜，点景起序、揽胜筑台，展现茂林蔽天、繁花覆地、小桥流水、曲径通幽的自然之趣。说明筑山、理水灵活运用造景元素在唐、宋已达到很高的艺术水准。而元、明、清的宫苑多采用集锦的方式，集全国名园之大成，以北京的颐和园、圆明园为代表，将筑山、理水和造园推向极至，同时在圆明园中吸收西方造园手法，如元观水法、线法山等处体现的石雕、喷泉、整形树木等园林形式，此期江南私家园林得到迅猛发展，"花街铺地"、掇山和置石之风尤为盛行，出现了许多不朽之作。如环秀山庄的湖石假山，藕园的黄石假山，现存的江南"三大名石"就是很好的例证。

中国园林经历代的画家、士大夫、文人和工匠创造、发展，其造园技艺独特而精湛，在园林工程技术方面取得了丰硕的成果。其一，体现在掇山（采石、运石、安石）技术已炉火纯青，到宋代已明显地形成一门专门技艺，根据不同石材特征，总结出不同的堆山"字诀"和连接方式。其二，理水与实用性有机结合，如北京颐和园的昆明湖，结合城市水系和蓄水功能，由原有与万寿山不相称的小水面扩展而成。杭州西湖为满足城市居民生活用水，经历代官府组织疏浚，并结合景观建设形成今天人们所见的秀美风景，白堤、苏堤就是很好的佐证。其三，"花街铺地"在世界上独树一帜，冰裂纹、梅花、鹅石子铺地等，其用材价格低廉、结构稳固、式样丰富多彩，为我们提供了因地制宜、低材高用的典范。其四，博大精深的园林建设理论方面，中国古代园林不仅积累了丰富的实践经验，也从实践到理论，总结出不少精辟的造园理论。除了明代计成著《园冶》中专门总结了不少园林工程的理法外，北宋沈括所著《梦溪笔谈》、宋代《营造法式》、明代文震亨著《长物志》、明代徐霞客著《徐霞客游记》、清代李渔著《闲情偶寄》等都有道及。此外，分散在各类图书中的资料还很多，等待人们去挖掘、整理、运用。

园林工程作为一种技术，可以说是源远流长，但作为一门系统而独立的学科则是近半个世纪的事，它是为了适应我国城市园林和绿化建设发展的需求而诞生的。特别是新材料、新工艺及新理念的引入，使园林工程建设呈现出一片繁荣景象。

四、学习园林工程的要求

园林工程是一门实践性与技术性很强的课程，要变理想为现实，化平面为立体，既要掌握工程的基本原理和技能，又要将园林艺术与工程融为一体，使工程园林化。本教材所设的课程设计、模型制作、案例教学、现场教学、实践操作等教学环节，均着眼于理论结合实践的训练，具体要求如下：

① 在充分理解、掌握各项工程性质的同时，做好各章后的复习思考题和实训；

② 随时随地观察分析所见的园林工程；

③ 课余多到施工现场去观察，多问、多向有经验的工人师傅学习。

在园林工程建设过程中只有把科学性、技术性和艺术性融合为一体才能创造出技艺合一、功能全面、经济实用的好作品。

第一章 地形与土方工程

【知识目标】

☆ 了解地形的作用。

☆ 掌握地形设计资料的收集与分析方法。

☆ 掌握地形设计的原则、地形设计要求、地形设计方法，掌握土方量计算方法。

☆ 掌握土方施工方法。

【能力目标】

☆ 具有地形设计资料的收集与分析能力。

☆ 具有地形设计和土方量计算能力。

☆ 具有园林地形的施工能力。

第一节 地 形 设 计

一、地形的概念与作用

1. 地形概念

地形是指地面上各种高低起伏的形状。地形是园林风景建设组成的依托基础和底界面，是整个园林景观的骨架，以其丰富的变化，构成园林风景的水平流动空间，并与水体、建筑、植物等共同形成园林景观。所有园林要素的功能发挥和景观效果都依赖于地形骨架。地形决定地表的径流，也可以决定园林的风格和形式。

2. 地形的作用

（1）园林景观的基底骨架作用　地形是园林布局设计的基础，是其他景观要素的基底和衬托，是园林景观的基本骨架，是园林景观的决定因素之一（见图 1-1）。

（2）构成园林空间作用　园林空间的形成，是受地形因素直接制约着的。地形形状不同，也就构成了具有不同特点的园林空间。平坦宽阔的地形是开阔、明朗、通透的空间，高山林立的山谷地形是闭合的空间；凸地形上的景观具有发散性和突出性，凹地形上的景观具有集聚性。设计打造良好的地形空间是形成优美的园林景观的基础。

（3）构成园林景观作用　地形具有很强的视觉特性，是园林景观构成的四大要素之一。遵循原有的自然山水地形、地貌，进行适当的加工、提炼、概括，在有限的园林用地内获得最好的地形景观。例如：颐和园中的万寿山构成园中的主景。

（4）影响园林地表排水作用　园林地形因素决定园林的地表径流。地形过于平坦时就不利于排水，容易积涝。而当地形坡度太陡时，径流量就比较大，径流速度快，易引起地面被冲刷和水土流失。因此，创造一定的地形起伏，合理安排地形的水量和汇水线，使地形具有较好的自然排水条件，是充分发挥地形排水工程作用的有效措施。

（5）控制视线作用　凹地形能在景观中将视线导向某一特定点，形成可视范围，引导观

(a) 地形作为植物景观的依托,地形的起伏产生林冠线的变化

(b) 地形作为植物景观的依托,形成起伏跌宕的建筑立面和丰富的视线变化

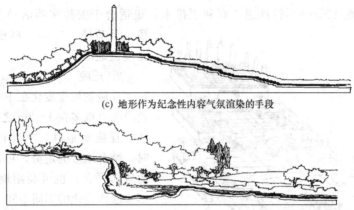

(c) 地形作为纪念性内容气氛渲染的手段

(d) 地形作为瀑布山涧等园林水景的依托

图 1-1　以地形作为依托造景

赏,例如南京中山陵音乐台。利用地形障景,阻挡不利景观和暂时不想让见到的景观,例如天津洪口公园入口的山体起到障景的作用。

二、地形设计原则与要求

1. 满足园林性质和功能的需求

进行园林地形设计,首先要考虑园林的性质和功能,居住区和广场单位附属绿地对地形的要求较高,要满足建筑、场地、通行的功能需求;城市公园、小游园、自然风景区对地形的要求较低,则依山随势,适当改造。

2. 因地制宜,以利用为主

进行园林地形设计时,对原有的自然地形、地势、地貌要深入研究分析,本着“利用为主,改造为辅”的原则,在结合园林各种设施的功能需要、工程投资和景观要求等多方面综合因素的基础上,采取必要的措施,进行局部改造,做到尽量少动原有地形和现状植被,顺应自然,自然天成。就低挖池,就高堆山,使园林地形合乎自然山水规律。

3. 满足园林景观的需求

丰富的地形空间是形成优美园林景观骨架的基础,景物的安排、意境的表达都要力求依山就势,自然灵活,浑然一体,仿佛天然生成。

4. 就地取材,节省投资

园林地形设计改造时，要充分利用原有的地形和自然植被，改造地形所使用的土石以及建筑、构筑物、道路所用材料要尽可能优先考虑使用现有的天然材料和本地生产的材料，节约经费开支，降低成本。

5. 满足园林工程要求

在地形设计中，要满足园林工程技术的要求。堆山要考虑山的高度与地质、土壤的关系，充分考虑地形排水；挖湖要考虑水深、河床坡度及稳定性等问题。使园林达到功能性、景观性、技术性完美结合。

三、地形的形式和设计要求

1. 平地

园林中地势比较平缓的用地统称为平地，坡度＜1%。但地形较平，不利于自然排水，视野单调。坡度在1%～5%较理想，有利于排水，也适合于安排多项活动和内容。如停车场、运动场、广场、草地、建筑，不需要改造地形。

2. 丘陵

丘陵的坡度变化在10%～25%，高度差异绵亘也多在1～3m之间变化。园林用地唯丘陵地最胜，在进行规划造景构图时，结合地形的走势，可设计成不同标高的地形平台，也可利用地形，适当改造，形成起伏变化的不同空间（见图1-2）。

3. 凹地形

坡度在8%～25%，且四周高于中央的地形称为凹地形。凹地形具有视线的积聚性和空间的独立性，给人一种私密感、封闭感。表现为下沉式广场、沉园。如南京中山陵音乐大舞台（见图1-3）。二

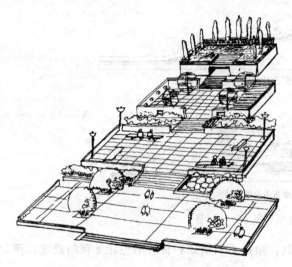

图1-2　设计成不同标高的地形平台

图1-3　南京中山陵音乐台

4. 凸地形

坡度在 8%～25%，且四周低于中央的地形称为凸地形。凸地形具有景观的突出性和视线的发散性，如对纪念碑、纪念性雕像、宫殿、寺庙等主景内容，起到突出和加强的作用。

附坡度分类分级标准见表 1-1。

表 1-1　坡度分类分级标准与特征

类　型	坡度 i（高差 h）	特　　征
平坡地	0～3%	基本上是平地，道路与建筑可自由布置，但必须注意地表以保证最小排水坡度 1‰～3‰
缓坡地	3%～10%	道路、建筑布置均不受地形约束
中坡地	10%～25%（$h=2～3m$）	建筑区内须设梯级，道路不宜垂直于等高线布置，建筑群布置受限制
陡坡	25%～50%	道路线与等高线成锐角布置，建筑群布置受较大限制
急坡地	50%～100%	道路须曲折盘旋而上，梯道须与等高线成斜角布置，建筑设计需作特殊处理
悬崖坡地	>100%	道路与梯道布置极困难，工程措施投资大

四、地形设计准备工作

收集基地资料，对基地进行勘测、调查分析，之后进行地形设计，做到因地制宜、充分利用、合理布局。

1. 资料的收集与现场踏勘

（1）资料的收集　应收集以下资料：①合适比例的地形图；②地质土壤与气象水文资料；③总体规划与市政建设及地上地下管线资料；④所在地的施工水平、劳动力素质与施工机械化程度资料。

（2）现场踏勘与调研　亲临现场，修正补充地形图不足处。特别是诸如古树名木等具体位置必须重点标明等。

2. 地形调查与分析

（1）地形坡度的调查分析　把基地坡度分成等级，平坡（0～3%）、缓坡（3%～10%）、中坡（10%～25%）、陡坡（25%～50%），在原地形图上用由浅到深的单色表示（见图1-4）。

（2）地形自然排水情况调查分析　找出分水与汇水线，确定汇水面积，理水和排水的方式，划出冲沟、沼泽、溪滩、危岩、滑坡、塌方等特殊地段，以便规划研究相应采用工程地质和水文地质措施（见图 1-5）。

（3）植被的调查分析　原有植被的种类、数量、分布和可利用的程度。

（4）水体调查分析　水体的位置、范围、平均水深、常水位、底水位、高水位及洪涝水面的范围。

（5）土壤的调查分析　调查分析土壤的类型、含水量、密度等。

五、地形设计方法

地形设计的方法有：等高线法、断面法、模型法等。以下着重介绍等高线法。

1. 等高线法

等高线法是园林设计中最常使用的方法。在绘有原地形等高线的地形图上用等高线法进行地形改造设计，在同一张图纸上便可表达原有地形、设计地形状况，也便于进一步的土方

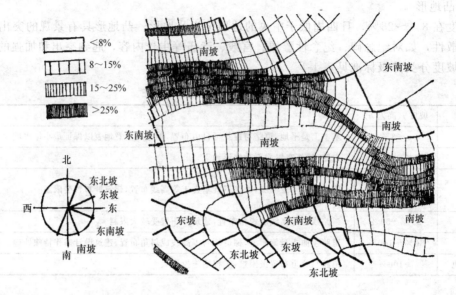

图1-4　地形坡向及坡度分

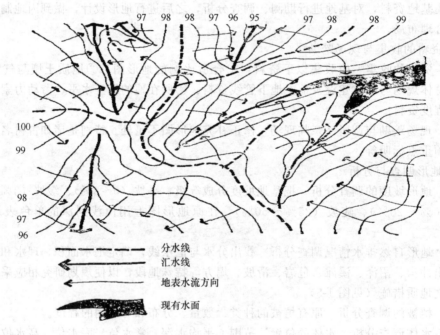

图1-5　地形自然排水情况分析

计算。

（1）等高线的概念　等高线是一组垂直间距相等、平行于水平面的假想平面，与自然地貌相交切所得到的交线在平面上的投影。给这组投影线标注上数值，使可用它在图纸上表示地形的高低陡缓、峰峦位置、坡谷走向及溪池的深度等内容（见图1-6）。

（2）等高线的性质

① 在同一条等高线上的所有的点，其高程都相等。

② 每一条等高线都是闭合的。由于图框的限制，在图纸上不一定每根等高线都闭合，

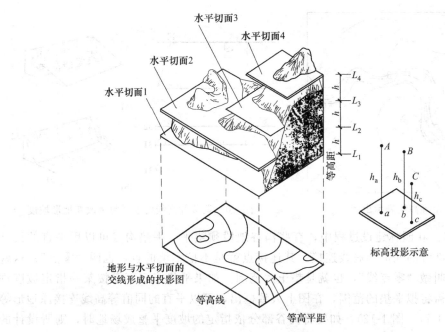

图 1-6 地形等高线法示意

但实际上它们还是闭合的（见图 1-7）。

③ 等高线的水平间距的大小，表示地形的缓或陡。如疏则缓，密则陡。

④ 等高线一般不相交或重叠，只有在垂直于地平面的悬崖、峭壁、地坎、挡土墙、驳岸等处等高线才会重合或相交。

⑤ 等高线在图纸上不能直接横过河谷、堤岸和道路等；由于以上地形或构筑物在高程上高出或低陷于周围地面，所以等高线在接近低于地面的河谷时转向上游延伸，而后穿越河床，再向下游走出河谷；如遇高于地面的堤岸或路堤时，等高线则转向下方，横过堤顶后再转向上方而后走向另一侧（见图 1-8、图 1-9）。

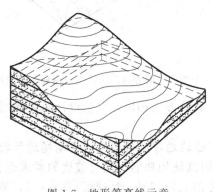

图 1-7 地形等高线示意

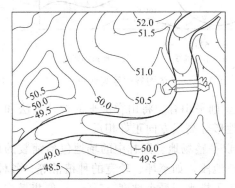

图 1-8 山道等高线设计

（3）用等高线进行地形设计

① 陡坡变缓坡或缓坡变陡坡。等高线间距的疏密表示着地形的陡缓。在设计时，如果高差 h 不变，可用改变等高线间距 L 来减缓或增加地形的坡度。见图 1-10(a) 是缩短等高线间距使地形坡度变陡的例子。图中 $L>L'$ 由公式 $i=h/L$ 可知，$i'>i$，坡度变陡了。反之见图 1-10(b) $L<L'$，$i'<i$，所以，坡度减缓了。

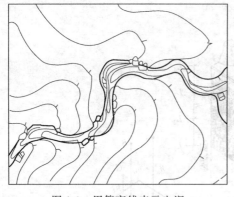

图 1-9 用等高线表示山洞

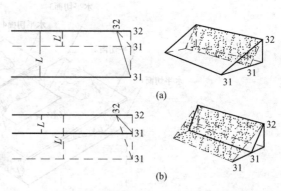

图 1-10 调节等高线的水平距离改变地形坡度

② 平垫沟谷。在园林建设过程中，有些沟谷地段须垫平。平垫沟谷可以用平直的设计等高线和拟平垫部分的同值等高线连接。其连接点就是不挖不填的点，也叫"零点"；这些相邻点的连线，叫做"零点线"，也就是垫土的范围。如果平垫工程不需按某一指定坡度进行，则设计时只需将拟平垫的范围，在图上大致框出，再以平直的同值等高线连接原地形等高线即可（见图 1-11、图 1-12）。如要将沟谷部分依指定的坡度平整成场地时，则所设计的等高线应互相平行，间距相等。

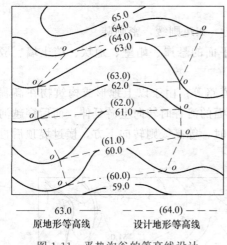

—— 63.0　　－－－ (64.0) －－－
原地形等高线　　　设计地形等高线

图 1-11 平垫沟谷的等高线设计

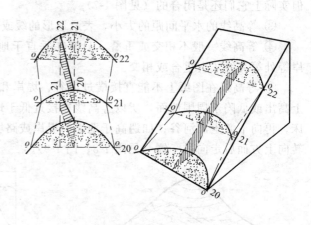

图 1-12 平垫沟谷的等高线设计水平断面和垂直断面

③ 削平山脊。将山脊铲平的设计方法和平垫沟谷的方法相同，只是设计等高线所切割的原地形等高线方向正好相反。

④ 平整场地。园林中的场地包括铺装的广场、建筑地坪及各种文体活动场地和较平缓的种植地段，如草坪、较宽的种植带等。各种场地因其使用功能不同对坡度的要求也各异。通常为了排水，最小坡度>5‰，一般集散广场坡度在 1‰～7‰，足球场 3‰～4‰，篮球场 2‰～5‰，排球场 2‰～5‰，这类场地的排水坡度可以是沿长轴的两面坡或沿横轴的两面坡，也可以设计成四面坡，这取决于周围环境条件（见图 1-13）。平整场地还可以使用方格法（见图 1-30）。

⑤ 园路的设计。根据道路功能需求设计道路的纵坡度、横坡度、坡向、道路宽度、路拱的形状及路牙的高度、排水要求等，利用坡度公式确定设计等高线在图面上的位置、间距，并在图上表示出来。图 1-14 是用设计等高线绘制的一段山道，表示道路设计等高线的

绘制方法。

图中，ΔH 为路牙高度（m），i_3 为人行道横坡（%），i_1 为道路纵坡（%），L_1 为人行道宽度（m），i_2 为道路横坡（%），L_2 为道路中线到路牙的宽度（m）。

另见 图 1-8 和图 1-15 也是道路和坡地的等高线设计。

⑥ 广场等高线设计。广场等高线设计关键取决于广场等高线脊线的确定，而其又与广场排水坡面的划分密切相关。常见的是具有一条脊线的单坡广场（见图 1-16）和具有两条脊线的双坡广场（见图 1-17）。

2. 断面法

断面法是用许多断面表示原有地形和设计地形的状况的方法。此法便于计算土方

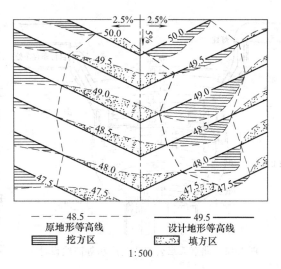

图 1-13　平整场地的等高线设计

量。应用断面法设计园林用地，首先要有较精确的地形图。在地形图上绘制方格网，方格边长可依设计精度确定。设计方法是在每一方格角点上，求出原地形标高，再根据设计意图求取该点的设计标高，再用各角点设计标高减去原地形标高，求得各点的施工标高，依据施工标高沿方格网的边线绘制出断面（见图 1-18）。从断面图上可以了解各方格点上的原地形标高和设计地形标高，这种图纸便于土方量计算，也方便施工。

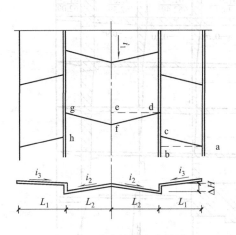

图 1-14　道路的等高线设计

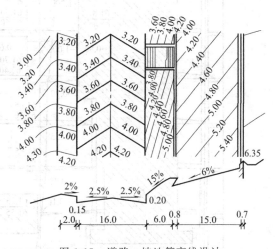

图 1-15　道路、坡地等高线设计

3. 模型法

模型法是一种对设计地形用材料和工具加以形象表达的方法，具有三维空间表现力，适用于起伏较大的地形。制作模型的材料通常有：陶土、木板、泡沫板、吹塑纸、橡皮泥等。

制作过程如下：

根据地形图的比例先用板材按等高线由低向高模印裁剪，再逐层粘叠固定，然后用橡皮泥在上面敷抹，使其自然，再配以草皮、树木、亭等模具则更加形象逼真。

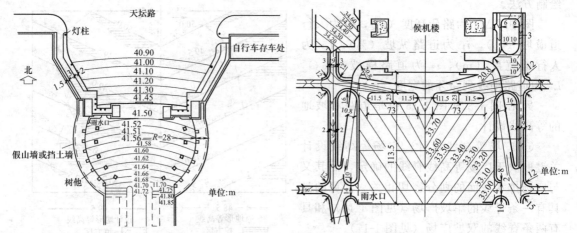

图 1-16　北京天坛公园北门广场等高线设计　　　图 1-17　首都国际机场候机楼前停车场等高线设计

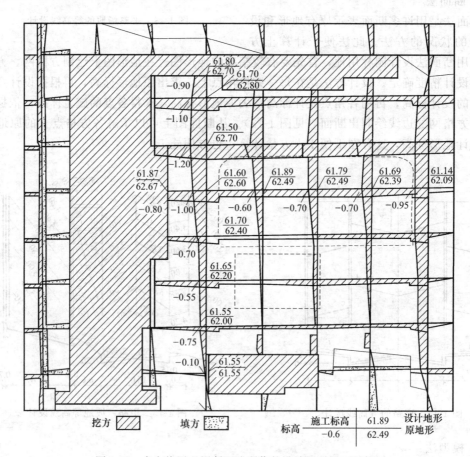

图 1-18　在方格网上用断面法所作的设计地形图（局部）

第二节　土方工程量计算

土方量计算一般是根据附有原地形等高线的设计地形图来进行的。另外，土方量计算所得资料又是基本建设投资预算和施工组织设计等项目的重要依据。所以土方量的计算在园林设计工作中是必不可少的。

　　土方量计算就其要求精确程度，可分为估算和计算。在规划阶段，土方量的计算只作毛估即可，而在作施工图时，土方工程量则要求比较精确。

　　计算土方量的方法常用的有：用求体积公式估算、断面法、方格网法。

一、用求体积公式进行估算

　　在建园过程中，不管是原地形或设计地形，经常会碰到一些类似锥形、棱台等几何形体的地形单体，如图 1-19 中所示的山丘、池塘等。这些地形单体的体积可用相近的几何体积公式来估算，表 1-2 中所列公式可供选用。

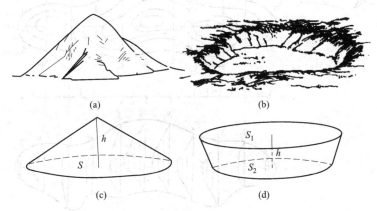

(a)　　　　　　　　　　　　　(b)

(c)　　　　　　　　　　　　　(d)

图 1-19　套用近似的体积公式估算土方量

表 1-2　常用的几何体积公式

序　号	几何名称	几何形状	体积公式	
1	圆锥		$V=\dfrac{1}{3}\pi r^2 h$	(1-1)
2	圆台		$V=\dfrac{1}{3}\pi h(r_1^2+r_2^2+r_1 r_2)$	(1-2)
3	棱锥		$V=\dfrac{1}{3}Sh$	(1-3)
4	棱台		$V=\dfrac{1}{3}h(S_1+S_2+\sqrt{S_1 S_2})$	(1-4)
5	球缺		$V=\dfrac{\pi h}{6}(h^2+3r^2)$	(1-5)

注：V 为体积；r 为半径；S 为底面积；h 为高；S_1 为上底面积；S_2 为下底面积；r_1 为上底半径；r_2 为下底半径。

二、断面法

1. 垂直断面法

适合于计算长条形的单体,如堤、沟、渠、路堤等带状的山体。计算时将单体分割成许多相等的段,分别计算出各段的体积,再把各段相加起来(见图 1-20、图 1-21)。

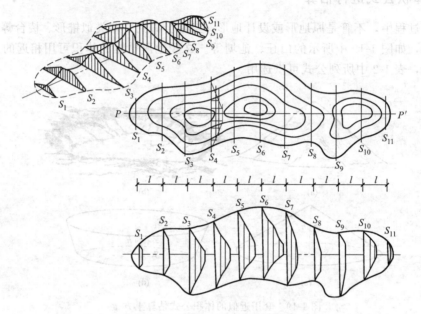

图 1-20 带状土山垂直断面取法

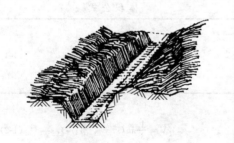
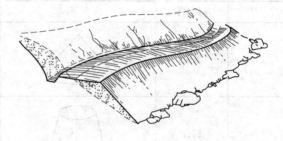

图 1-21 沟渠、路基

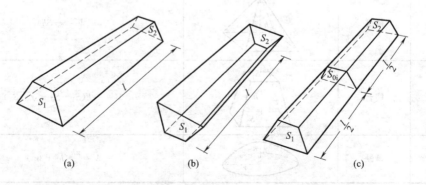

(a)   (b)   (c)

图 1-22 垂直断面法图示

长条形的单体垂直断面法计算土方量如下：

当 $S_1 = S_2$ 时，见图 1-22(a)

$$V = SL \tag{1-6}$$

当 $S_1 \neq S_2$ $L < 50$ 米时，见图 1-22(b)

$$V = \frac{S_1 + S_2}{2} \times L \tag{1-7}$$

当 S_1 与 S_2 的面积相差较大，或两相邻断面的距离 >50 米时，见图 1-22(c)

$$V = \frac{L}{6}(S_1 + S_2 + 4S_0) \tag{1-8}$$

式中，的 S_0 为中间断面面积。

S_0 的面积有两种求法：

① 用求棱台中截面面积公式

$$S_0 = \frac{1}{4}(S_1 + S_2 + 2\sqrt{S_1 S_2}) \tag{1-9}$$

② 用 S_1 及 S_2 各相应的边的平均值求 S_0 的面积。此法用于沟渠和堤。

2. 等高面法（水平断面法）

等高面法是沿等高线取断面，等高距即为两相邻断面的高。

等高面法最适于大面积的自然山水地形的土方计算，例如挖湖堆山的工程。挖湖堆山是在原有的地形上进行的，所以计算土方量时必须考虑到原有地形的影响。由于园林设计图纸上的原地形和设计地形均用等高线表示，因而采用等高面法进行计算最为方便，见图 1-23。

其计算公式

$$\begin{aligned}
V &= \frac{S_1 + S_2}{2} \times h + \frac{S_2 + S_3}{2} \times h + \cdots + \frac{S_{n-1} + S_n}{2} + \frac{S_n \times h}{3} \\
&= \left(\frac{S_1 + S_n}{2} + S_2 + S_3 + S_4 + \cdots + S_{n-1}\right) \times h + \frac{S_n \times h}{3}
\end{aligned} \tag{1-10}$$

式中，V 为土方体积，m^3；S 为断面面积，m^2；h 为等高距，m。

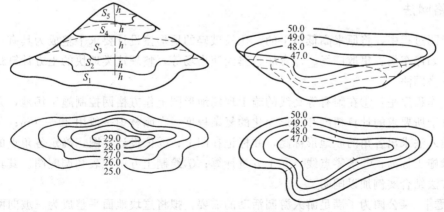

图 1-23　水平断面法图示

水平断面法除了用于自然山水地形的土方量计算，还可以用来作局部平整场地的土方计算（见图 1-24）。其计算步骤如下：

首先根据设计图纸上原地形等高线和设计地形等高线相交的情况，找出零点的位置并依据实际情况将各零点连接成零点线（即不挖不填的线），按零点线将挖方区与填方区分开，

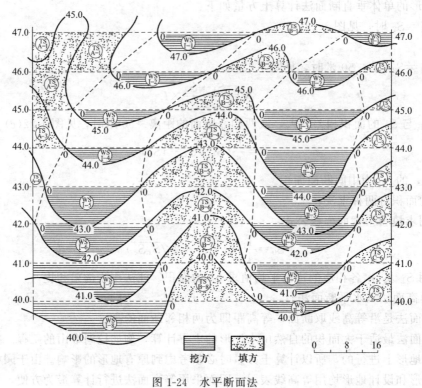

图 1-24 水平断面法

而后分别求出挖方区（或填方区）各断面的面积。如图 1-24 中的 WSⅠ-1、WSⅠ-2、WSⅠ-3 等及 WSⅡ-1、WSⅡ-2、WSⅡ-3 等，填方区中的 TS A-1、TS A-2 等，有了断面面积和断面之间的间距，各区（挖方区或填方区）的土方量便可用公式（1-7）求得。求得结果逐项填入土方量表，表的格式如表 1-4。

断面法计算土方量，其精确度主要取决于截取的断面的数量，多则较精确，少则较粗。

三、方格网法

在建园过程中，将原来高低不平的、比较破碎的地形按设计要求平整成为具有一定坡度的场地，如停车场、集散广场、体育场、露天演出场等，整理这类地块的土方计算最适宜的方法是方格网法。

其工作程序是：①在附有等高线的施工现场地形图上作方格网控制施工场地，方格边长数值取决于所要求的计算精度和地形变化的复杂程度。在园林中一般用 20～40m；②在地形图上用插入法求出各角的原地形标高，并标记在图上；③依设计意图，确定各角点的设计标高；④求施工标高；⑤求零点线；⑥土方量计算；⑦绘制土方调配表和调配图。其具体计算步骤和方法结合实例加以阐明。

[例题] 某公园为了满足游人游园活动的需要，拟将这块地面平整成为三坡向两坡面的"T"字形广场，要求广场具有 1.5% 的纵坡和 2% 横坡，土方基本平衡，试求其土方量。

计算步骤如下。

1. 方格网控制

在原地形图上广场拟设计的位置用 20m 边长的方格网控制（图 1-25），并进行角点和方格标号（见图 1-26、图 1-30）。

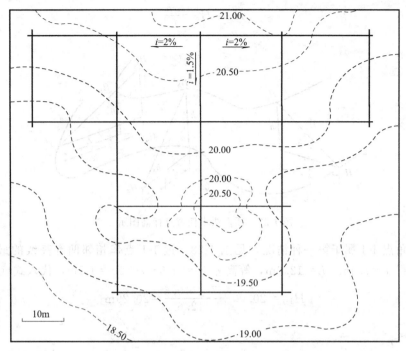

图 1-25　某公园广场方格控制网

2. 求各角点的原地形标高

用插入法求各角点的原地形标高，设为欲求角点的原地形标高，过此点作相邻两等高线间的最小距离 L，则

$$H_x = H_a \pm \frac{xh}{L} \qquad (1\text{-}11)$$

式中，H_a 为低边等高线高程；x 为角点距低边等高线水平距离；h 为等高差。

角点位置有三种情况，见图 1-27。

（1）角点在二等高线之间　见图 1-27①。

$$h_x : h = x : L$$

$$h_x = \frac{xh}{L}$$

$$\therefore \qquad H_x = H_a + \frac{xh}{L}$$

（2）角点在高等高线上方　见图 1-27②。

$$h_x : h = x : L$$

$$h_x = \frac{xh}{L}$$

$$\therefore \qquad H_x = H_a + \frac{xh}{L}$$

（3）角点在低等高线下方　见图 1-27③。

$$h_x : h = x : L$$

$$h_x = \frac{xh}{L}$$

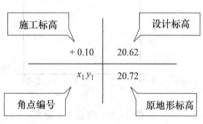

图 1-26　方格网位置标注图

$$\therefore \quad H_x = H_a - \frac{xh}{L}$$

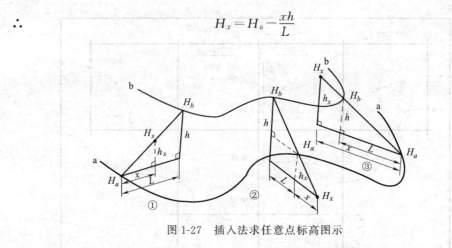

图 1-27　插入法求任意点标高图示

实例中角点 1-1 属于第一种情况，见图 1-28，过 1-1 点作相邻两等高线的最短的线段。用比例尺量得 $x = 7.4\text{m}$，$L = 12.6\text{m}$，等高差 $h = 20.5 - 20.00 = 0.5\text{m}$，代入式（1-11）。

$$H_{1-1} = 20.00 + \frac{7.4 \times 0.5}{12.6} = 20.29\text{m}$$

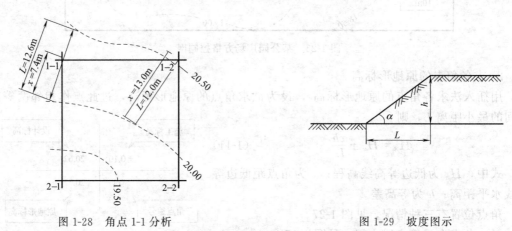

图 1-28　角点 1-1 分析　　　　　　　　　　　图 1-29　坡度图示

角点 1-2 属第二种情况，过 1-2 点作相邻两等高线的最短的线段。用比例尺量得 $L = 12.0\text{m}$　$x = 13.0\text{m}$，代入式（1-11）。

$$H_{1-2} = 20.00 + \frac{13 \times 0.5}{12} = 20.54\text{m}$$

同理求得各角点的原地形标高，并标在图上（见图 1-30）。

3. 求各角点的设计标高

根据角点 1-3 的原地形标高，设计该角点的设计标高为 20.74m。由题意可知广场具有 1.5％的纵坡和 2％横坡。

$$\therefore \qquad \text{坡度公式} \ i = \frac{h}{L} \ （见图 1-29）$$

$\therefore$　　　角点 1-2 和 1-4 的设计标高为：$20.74 - 2\% \times 20 = 20.34\text{m}$

　　　　　角点 1-1 和 1-5 的设计标高为：$20.34 - 2\% \times 20 = 19.94\text{m}$

　　　　　角点 2-3 设计标高为：$20.74 - 1.5\% \times 20 = 20.44\text{m}$

　　　　　角点 2-2 和 2-4 的设计标高为：$20.44 - 2\% \times 20 = 20.04\text{m}$

同理求出其他各角点的设计标高，并标在图上（见图 1-30）。

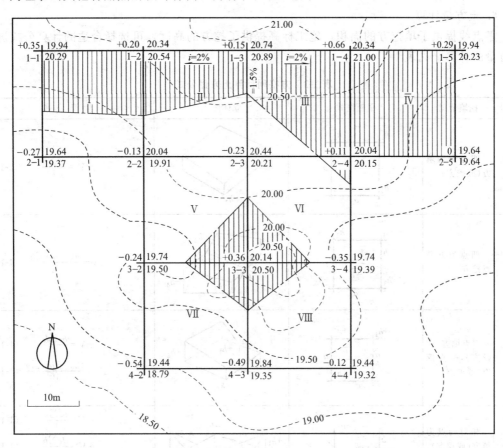

图 1-30　某公园广场挖填方区划图

4. 求施工标高

施工标高＝原地形标高－设计地形标高，"＋"号挖方，"－"号为填方，并标在图上（见图 1-30）。

5. 求零点线

所谓零点即不挖也不填的点，其连线即是零点线，零点线是挖方和填方的分界线。在相邻两角点间若施工标高一个为"＋"，一个为"－"即有零点存在。其位置用下式求得（见图 1-31）。

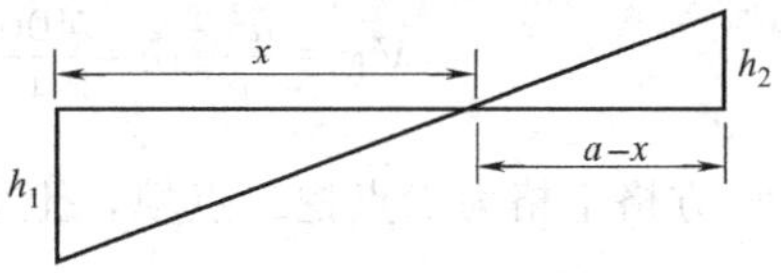

图 1-31　求零点线

$$x = \frac{h_1}{h_1 + h_2} \times a \qquad (1\text{-}12)$$

式中，x 为零点距 h_1 的水平距离，m；h_1、h_2 为相邻二点的施工标高绝对值，m；a 为方格的边长 m。

例如图 1-30 中，1-1 点和 2-1 点间，$H_1 = 0.35\text{m}$，$h_2 = 0.27\text{m}$，$a = 20\text{m}$，则

$$x = \frac{0.35}{0.35 + 0.27} \times 20 = 11.3\text{m}$$

零点位于距 1-1 点 11.3m 处。同法依次求出所有的零点，连接零点成零点线，可知挖

方区和填方区。

6. 土方量计算

零点线提供了填挖方的面积，施工标高提供了挖方的高度，可选择合适的计算公式进行土方量的计算（见表 1-3）。

表 1-3　方格网计算土方量公式

序号	挖填情况	平面图式	立体图式	计算公式
1	四点全为填方（或挖方）			$\pm V = \dfrac{a^2 \sum h}{4}$　　(1-13)
2	两点填方两点挖方			$\pm V = \dfrac{a(b+c)\sum h}{8}$　(1-14)
3	三点填方（或挖方），一点挖方（或填方）			$\pm V = \dfrac{bc\sum h}{6}$　　(1-15) $\pm V = \dfrac{(2a^2-bc)\sum h}{10}$　(1-16)
4	相对两点为填方（或挖方），余两点为挖方（或填方）			$\mp V = \dfrac{bc\sum h}{6}$　　(1-17) $\mp V = \dfrac{de\sum h}{6}$　　(1-18) $\pm V = \dfrac{(2a^2-bc-de)\sum h}{12}$ (1-19)

例如图 1-30 中，方格Ⅳ格四个角点施工标高为正，土方量用式（1-13）计算

$$V_{Ⅳ} = \frac{a^2}{4}\sum h = \frac{400}{4}\times(0.66+0.29+0.11+0)=106 \ (\text{m}^2)$$

方格Ⅰ格为二点挖二点填，土方量用式（1-14）计算

挖方量：
$$+V_{Ⅰ} = \frac{a(b+c)\sum h}{8}$$

代入 $a=20\text{m}$，$b=11.25\text{m}$，$c=12.25\text{m}$，$\sum h=0.55\text{m}$，则

$$+V_{Ⅰ} = \frac{20\times(11.25+12.25)\times0.55}{8}=32.3 \ (\text{m}^3)$$

填方量：代入 $a=20\text{m}$，$b=8.75\text{m}$，$c=7.75\text{m}$，$\sum h=0.4\text{m}$，则

$$-V_{Ⅰ} = \frac{20\times(8.75+7.75)\times0.4}{8}=16.5 \ (\text{m}^3)$$

依此法算出各个方格的土方量，填入土方量表中，表 1-4。

表 1-4 某公园广场土方量表

方格编号	挖方/m³	填方/m³	备 注
V_I	32.3	16.5	
V_{II}	17.6	17.9	
V_{III}	58.5	6.3	
V_{IV}	106.0		
V_V	8.8	39.2	
V_{VI}	8.2	31.2	
V_{VII}	6.1	88.5	
V_{VIII}	5.2	60.5	
共计	242.7	260.1	缺土 17.4

7. 绘制土方量平衡表和调配图

土方平衡表和土方调配图是土方施工中必不可少的图纸资料，是施工组织设计的主要依据，从土方平衡表上可以一目了然地了解各个区的出土量和需土量，土方的调拨量，调拨方向和距离。见表 1-5、图 1-32。

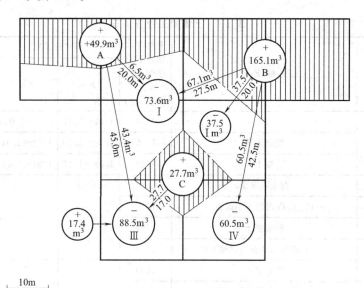

图 1-32 某公园广场土方量调配图

表 1-5 土方调配表

挖方及进土	体积/m³	体积/m³					
		填方Ⅰ	填方Ⅱ	填方Ⅲ	填方Ⅳ	弃土	总计
		73.6	37.5	88.5	60.5	—	260.1
A	49.9	6.5		43.4			
B	165.1	67.1	37.5		60.5		
C	27.7			27.7			
进土	17.4			17.4			
总计	260.1						

第三节 土方施工

在园林中地形的利用、改造或创造，如挖湖堆山、平整场地必然要靠土方施工来完成。任何建筑物、构筑物、道路等的修建，都要在地面做一定的基础，挖掘基坑、路槽等，这些工程也都是从土方施工开始的，都要依靠动土方来完成。做好土方工程是确保后续工程质量的基础。

一、土壤的工程性质及工程分类

土壤的工程性质关系到土方工程的稳定性、施工方法、工程量及工程投资，也涉及工程设计、施工技术和施工组织的安排。

1. 土壤的密度

土壤的密度指单位体积内天然状况下的土壤质量，单位为 kg/m^3。土壤密度的大小直接影响着施工的难易程度，密度越大挖掘越难，在土方施工中把土壤分为松土、半坚土、坚土等类，所以施工中施工技术和定额应根据具体的土壤类别来制定。各种土壤的工程分类见表1-6。

表1-6 土壤的工程分类表

类别	级别	编号	土壤名称	天然含水状态下土壤的平均密度 /(kg/m³)	可松性系数		挖掘方法工具
					K_P	K'_P	
松土	I	1	砂	1500	1.08～1.17	1.01～1.025	用锹挖掘
		2	植物土壤	1200	1.20～1.30	1.03～1.04	
		3	壤土	1600	1.08～1.17	1.01～1.04	
半坚土	II	1	黄土类黏土	1600	1.14～1.30	1.015～1.05	用锹、镐挖掘，局部用撬棍挖掘
		2	15mm以内的中小砾石	1700			
		3	砂质黏土	1650			
		4	混有碎石与卵石的腐殖土	1750			
	III	1	稀软黏土	1800	1.24～1.30	1.04～1.07	
		2	15～50mm碎石与卵石	1750			
		3	干黄土	1800			
坚土	IV	1	重质黏土	1950	1.26～1.37	1.06～1.15	用锹、镐、撬、凿子、铁锤等开挖，或用爆破方法开挖
		2	含有50kg以下的石块的黏土，块石所占体积<10%	2000			
		3	含有10kg以下的石块的粗卵石	1950			
	V	1	密实黄土	1800	1.30～1.45	1.10～1.20	
		2	软泥灰岩	1900			
		3	各种不坚实的页岩	2000			
		4	石膏	2200			
	VI		均为岩石	7200	1.30～1.45	1.10～1.20	爆破

2. 土壤的自然倾斜角

土壤自然堆积，经沉落稳定后的表面与地平面所形成的夹角，就是土壤的自然倾斜角（安息角），以 α 表示（见图 1-33）。在土方工程设计或施工时，为了使工程稳定，其边坡坡度数值应合乎相应土壤的自然倾斜角的数值。土壤自然倾斜角受到其含水量的影响，见表1-7。

表 1-7　土壤的自然倾斜角

土 壤 名 称	土壤含水量			土壤颗粒尺度/mm
	干的	潮的	湿的	
砾石	40°	40°	35°	2～20
卵石	35°	45°	25°	20～200
粗砂	30°	32°	27°	1～2
中砂	28°	35°	25°	0.5～1
细砂	25°	30°	20°	0.05～0.5
黏土	45°	35°	15°	<0.001～0.005
壤土	50°	40°	30°	
腐殖土	40°	35°	25°	

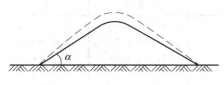

图 1-33　土壤的自然安息角

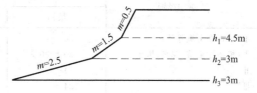

图 1-34　边坡坡度的确定

在高填或深挖时，应考虑土壤各层分布的土壤性质以及同一土层中土壤所受压力的变化，根据其压力变化采取相应的边坡坡度，例如填筑一座高12m的山（土壤质地相同），因考虑到各层土壤所承受的压力不同，可按其高度分层确定边坡坡度，见图1-34。

3. 土壤含水量

土壤的含水量是土壤孔隙中的水量和土壤颗粒重的比值。土壤含水量在 5% 以内称干土，在 30% 以内称潮土，大于 30% 称湿土。土壤含水量的多少，对土方施工的难易也有直接的影响，土壤含水量过小，土质过于坚实，不易挖掘。含水量过大，土壤泥泞，也不利施工，工效均降低。以黏土为例，含水量在 5%～30% 以内最易挖掘，若含水量过大时，则其本身性质发生很大变化，并丧失稳定性，此时无论是填方或挖方其坡度都显著下降，因此含水量过大的土壤不宜做回填之用。

4. 土壤的相对密实度

它是用来表示土壤在填筑后的密实程度的，可用下列公式表达

$$D = \frac{\varepsilon_1 - \varepsilon_2}{\varepsilon_1 - \varepsilon_3}$$

式中，D 为土壤相对密实度；ε_1 为填土后最松散状况下的土壤空隙比；ε_2 为经碾压或夯实后的土壤空隙比；ε_3 为最密实情况下土壤空隙比（土壤空隙比是指土壤空隙的体积与土体颗粒体积的比值）。

为了使土壤达到设计要求的密实度可以采用人力夯实或机械夯实。一般采用机械压实，其密实度可达95%，人力夯实密实度在87%左右。大面积填方如堆山等，通常不加夯压，

而是借土壤的自重慢慢沉落，久而久之也可达到一定的密实度。

5. 土壤的可松性

土壤的可松性是指土壤经挖掘后，其原有紧密结构遭到破坏，土体松散而使体积增加的性质。这一性质与土方工程的挖土和填土量的计算以及运输等都有很大关系。

土壤可松性可用下列式子表示

$$最初可松性系数\ K_P = \frac{开挖后土壤的松散体积\ V_2}{开挖前土壤的自然体积\ V_1}$$

$$最后可松性系数\ K_P' = \frac{运自夯土方区夯实后土壤体积\ V_3}{开挖前土壤的自然体积\ V_1}$$

就体积增加的百分比而言，用下式表示

$$最初体积增加百分比 = \frac{(V_2 - V_1)}{V_1} \times 100\% = (K_P - 1) \times 100\%$$

$$最后体积增加百分比 = \frac{(V_3 - V_1)}{V_1} \times 100\% = (K_P' - 1) \times 100\%$$

各种土壤体积增加的百分比及其可松性系数，见表1-8。

表 1-8 土壤的可松性

土壤的级别	体积增加百分比		可松性系数	
	最初	最后	K_P	K_P'
Ⅰ（植物性土壤除外）	8～7	1～2.5	1.08～1.17	1.01～1.025
Ⅰ（植物性土壤、泥炭、黑土）	20～30	3～4	1.20～1.30	1.03～1.04
Ⅱ	14～28	1.5～5	1.14～1.30	1.015～1.05
Ⅲ	24～30	4～7	1.24～1.30	1.04～1.07
Ⅳ（泥炭岩蛋白石除外）	26～32	6～9	1.26～1.32	1.06～1.09
Ⅳ（泥炭岩蛋白石）	33～37	11～15	1.33～1.37	1.11～1.15
Ⅴ～Ⅵ	30～45	10～20	1.30～1.45	1.10～1.20

二、土方施工

在造园施工中，土方工程要安排周全仔细，提高工效。土方施工的内容和步骤大致如下。

（一）准备工作

1. 清理场地

在施工场地范围内，凡是有碍工程的开展或影响工程稳定的地面物或地下物都应该清理，例如不需要保留的树木、废旧建筑物或地下构筑物等。

① 伐除树木。现场及排水沟中的树木，必须连根拔除，清理树墩除用人工挖掘外，直径在50cm以上的大树墩可用推土机铲除。凡能保留者尽量设法保留。

② 建筑物和地下构筑物的拆除，应根据其结构特点进行工作，并遵照《建筑工程安全技术规范》的规定进行操作。

③ 如果施工场地内的地面、地下或水下发现有管线通过或其他异常物体时，应事先请有关部门协同查清，未查清前，不可动工，以免发生危险或造成其他损失。

2. 排水

场地积水不仅不便于施工，而且也影响工程质量，在施工之前，应该设法将施工场地范围内的积水或过高的地下水排走。

（1）排除地面积水　在施工前，根据施工区地形特点在场地周围挖好排水沟（在山地施工为防山洪，在山坡上方应做截洪沟），使场地内排水通畅，而且场外的水也不致流入。

在低洼地或挖湖施工时，除挖好排水沟外，必要时还应加筑围堰或设防水堤，为了排水通畅，排水沟的纵坡不应小于 2‰，沟的边坡值 1：1.5，沟底宽及沟深不小于 50cm。

（2）地下水的排除　排除地下水方法很多，但一般采用明沟，引至集水井，并用水泵排除。在挖湖施工中应先挖排水沟，排水沟的深度，应深于水体挖深。沟可一次挖掘到底，也可以依施工情况分层下挖。

3. 定点放线

在清理场地之后，为了确定施工范围及挖土或填土的标高，应按设计图纸的要求，用测量仪器在施工现场进行定点放线工作，这一步工作很重要，测设时应尽量精确。

（1）平整场地的放线　用经纬仪将图纸上的方格测设到地面上，并在每个角点处立桩木，边界的桩木依图纸要求设置。桩上应表示出桩号（施工图上方格网的编号）和施工标高（挖土用"＋"号，填土用"－"号）见图 1-35。

（2）自然地形的放线　如挖湖堆山时的放线，应先在施工图上画方格网，再把方格网放到地面上，而后把设计地形等高线和方格网的交点——标到地面上并打桩（见图 1-36）。

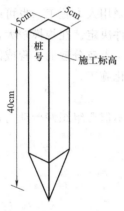

图 1-35　桩木示意图

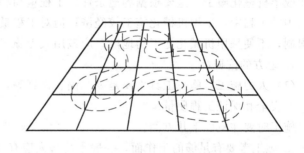

图 1-36　自然地形的放线

（3）山体放线　堆山时由于土层不断升高，桩木可能被土埋没，所以桩的长度应大于每层填土的高度。土山不高于 5m 的，可用长竹竿做标高桩，在桩上把每层的标高定好，不同层可用不同颜色标志，以便识别，见图 1-37(a)。土山高于 5m 的，分层放线，分层设置标高桩，见图 1-37(b)。

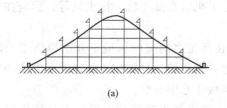

(a)

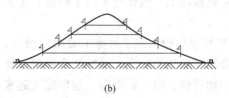

(b)

图 1-37　堆山的放线

（4）水体放线　挖湖工程的放线工作和山体的放线基本相同，但由于水体挖深一般较一致，而且池底常年淹没在水下，放线可以粗放些，但水体底部应尽可能整平，不留土墩。岸线和岸坡的定点放线应该准确，这关系到造景和水体岸坡的稳定性，为了精确施工，可以用边坡样板来控制边坡坡地（见图 1-38）。

（5）沟渠放线　开挖沟槽时，使用龙门板（见图 1-39）。龙门板构造简单，使用也方便。每隔 30～100m 设龙门板一块，其间距视沟渠纵坡的变化情况而定。板上应表明沟渠中心线位置，沟上口、沟底的宽度等。板上好要设坡度板，用坡度板来控制沟渠纵坡。

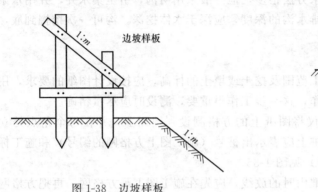

图 1-38　边坡样板　　　　　　　　　　　图 1-39　龙门板

（二）土方施工

土方工程施工包括挖、运、填、压四个内容。其施工方法可采用人力施工，也可以用机械化或半机械化施工。这要根据场地条件、工程量和场地施工条件决定。在规模较大，土方较集中的工程中，采用机械化施工较经济；但对工程量不大，施工点较分散的工程或因受场地限制，不便采用机械化施工的地段，应该用人力施工或半机械化施工。

1. 土方的挖掘

（1）人力施工　施工工具主要是锹、镐、钢钎等，人力施工不但要组织好劳动力，而且要注意安全和保证工程质量。

施工时要注意以下几方面。

① 施工者要有足够的工作面，一般平均每人应有 4～6m²。

② 开挖土方附近不得有重物及易塌落物。

③ 要注意土质情况，要符合土壤的边坡要求。对垂直下挖时，松软土不得超过 0.7m，中等密度土不超过 1.25m，坚硬土不超过 2m，超过以上数值的需设支撑板。

④ 挖方工人不得在土壁下向里挖土，以防坍塌。

⑤ 在坡上或坡顶施工者，要注意坡下情况，不得向坡下滚落重物。

⑥ 施工过程中注意保护基桩、龙门板或标高桩。

（2）机械施工　机械施工效率较高，主要施工机械有推土机、挖土机等。但应注意以下几方面。

① 机械手应识图或了解施工对象的情况，在动工之前应向机械手介绍拟施工地段的地形情况及设计地形的特点，最好结合模型，使之一目了然。另外施工前还要了解实地定点放线情况，如桩位、施工标高等。这样施工起来机械手心中有数。

② 注意保护表土。在挖湖堆山时，先用推土机将施工地段的表层熟土（耕作层）推到施工场地外围，待地形整理完成，再把表土铺回来，这样做较麻烦费工，但对公园的植物生长有利。

③ 桩点和施工放线要明显。推土机施工进进退退，其活动范围较大，所以桩木和施工放线很容易被破坏。为了解决这一问题，应加高桩木的高度，桩木上可做醒目标志（如挂小

彩旗或桩木上涂明亮的颜色）；施工人员要经常检查桩点和放线情况，掌握全局，以免挖错（或堆错）位置。

2. 土方的运输

一般竖向设计都力求土方就地平衡，以减少土方的搬运量。人工运土一般是短途，运输距离较长的，最好使用机械或半机械化运输。要组织好运输路线，卸土地点要明确，施工人员组织合理，避免混乱和窝工。

3. 土方的填筑

填土应该满足工程的质量要求，土壤的质量要根据填方的用途和要求加以选择。在绿化地段，土壤应满足种植植物的要求，作为建筑用地，则要以地基的稳定为原则。

① 大面积填方应该分层填筑，一般每层 20～50cm，应层层压实。

② 辇土或挑土堆山，土方的运输路线和下卸，应以设计的山头为中心结合来土方向进行安排。一般以环形线为宜，车辆或人挑满载上山，土卸在路两侧，空载的车（人）沿路线继续前行下山，车（人）不走回头路不交叉穿行［见图 1-40(a)］，所以不会顶流拥挤。随着卸土，山势逐渐升高，运土路线也随之升高，这样既组织了人流，又使土山分层上升，部分土方边卸边压实，这不仅有利于山体的稳定，山体表面也较自然。如果土源有几个来向，运土路线可根据设计地形特点安排几个小环路［见图 1-41(b)］，保证人流车辆不相互干扰。

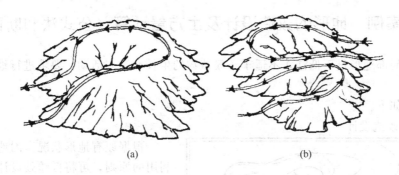

(a)   (b)

图 1-40 堆山运土路线

4. 土方的压实

人力夯压可用夯、碾等工具；机械碾压可用碾压机或拖拉机带动的铁碾。小型的夯压机械有内燃夯、蛙式夯等。为保证土壤的压实质量，土壤应该具有最佳含水率（见表 1-9）。如土壤过分干燥，需先洒水湿润后再行压实。在压实过程中要注意以下几点。

表 1-9 各种土壤最佳含水率

土 壤 名 称	最佳含水率	土 壤 名 称	最佳含水率
粗砂	8%～10%	黏土质砂质黏土和黏土	20%～30%
细砂和黏质砂土	10%～15%	重黏土	30%～35%
砂质黏土	6%～22%		

① 压实工作必须分层进行。

② 压实工作要注意均匀。

③ 压实松土时夯压工具应先轻后重。

④ 压实工作应自边缘开始逐渐向中间收拢，否则边缘土方外挤易引起塌落。

土方工程，施工面较宽，工程量大，施工组织工作很重要，大规模的工程应根据施工力量和条件决定，工程可全面铺开也可以分区分期进行。施工现场要有人指挥调度，各项工作要有专人负责，以确保工程按期按计划高质量地完成。

复习思考题

1. 园林地形的作用是什么？
2. 试述园林地形的设计原则。
3. 试举例说明凹地形和凸地形在园林设计中的应用。
4. 园林地形设计资料收集的内容有哪些？
5. 试述等高线的概念和性质。
6. 地形设计的方法有哪些？
7. 土壤的工程性质有哪些？
8. 如何利用地形图求出原地形标高和设计标高？
9. 试述土壤的工程类型及工程性质。
10. 土方施工前的准备工作有哪些？
11. 简述土方施工的方法。

实训案例　地形的改造设计及土方量计算（公式法和断面法）

某公园局部地形过于低洼，不适于一般植物的生长和游人活动。要求进行地形改造，并计算土方量。

其步骤如下。

1. 地形改造设计

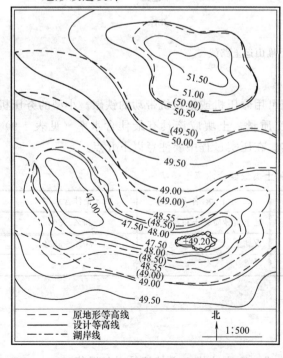

根据原有地形状况，因地制宜、充分利用的原则，可将低洼处设计成水生植物栽植池（常水位为48.50m），挖出的土方加上调运来的土方，适当将地面垫高，以适应一般乔灌木的生长和游人活动的要求，见图1-41。

2. 土方量计算

① 先确定填方和挖方的交界面——基准面（48.55m）。

② 求原地形高于基准面的土方量

$$S_{48.55} = 4050 \ (m^2)$$

（在平面图上量取半径，按比例换算）

$$S_{49.00} = 2925 \ (m^2)$$

$$L = h = 49 - 48.55 = 0.45 \ (m) \ （等高距）$$

代入公式（1-7），

即　$V_{48.55 \sim 49.00} = \dfrac{S_{48.55} + S_{49.00}}{2} L$

图1-41　某公园的原地形和设计地形

$$V_{48.55\sim49.00}=\frac{4050+2925}{2}\times0.45=1569\,(\mathrm{m}^3)$$

同理求出 $V_{49.00\sim49.50}$、$V_{49.50\sim50.00}$ ……

③ 求设计陆地高于基准面的土方量，方法同②。

④ 求填方量＝设计陆地高于基准面的土方量－原地形高于基准面的土方量。

⑤ 设计水体的挖方量，方法同②，求出 $V_{47.00\sim47.50}$、$V_{47.50\sim48.00}$、$V_{48.50\sim48.55}$，再用公式法求锥体 $V_{47.00}$，相加，即得。

技能训练一　地形改造及土方量计算

一、实训目的

掌握地形设计的原则和方法，熟练掌握土方量计算方法。

二、实训材料及用具

图纸、圆规、尺、比例尺。

三、实训内容及方法

教师给出某基地的地形图，上有原地形等高线，并给出基地的环境状况、改造后用途及要求（教师结合当地实际工程进行更好）。要求学生：①对该基地进行地形改造设计；②写设计说明；③进行土方量计算；④绘制土方量调配表和土方量调配图。

例如，图 1-42 是某基地地形图，地形等高线如图所示，比例为 1：500，该基地不适于一般植物的生长和游人活动，欲把该基地改造为区级公园，为附近的居民提供游憩、活动的优美空间。

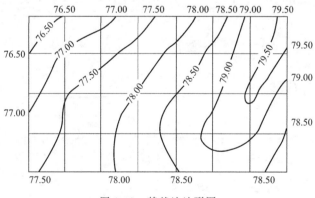

图 1-42　某基地地形图

四、实训成果

每个人交两份图纸，一份是放大的该地形图纸（教师指定放大比例，也可让学生自己确定），上面标有原地形等高线、设计等高线、方格网（每个角点有编号、原地形标高、设计标高、施工标高）、挖方区、填方区；另一份图纸有设计说明、土方量计算表、绘制土方量调配表和土方量调配图。

技能训练二 基地地形坡级（植被等）调查与分析图制作

一、实训目的

掌握地形坡级、植被等基地的调查与分析方法。

二、实训材料及用具

基地图纸、坡度测量仪、尺、比例尺。

三、实训内容及方法

教师给出当地某基地的地形图。组织学生以组为单位进行实地坡度（植被等）测量（调查），并绘制在原地形图上。

四、实训成果

每个组交一份基地地形坡度（植被等）分析图纸。

第二章 园林给排水及防水工程

【知识目标】

☆ 掌握园林给水的基本知识。

☆ 了解园林给水管网设计的方法。

☆ 掌握固定式喷灌系统设计和施工的方法。

☆ 掌握园林排水的基本知识。

☆ 了解雨水管渠设计的方法。

☆ 掌握排水系统的施工方法。

☆ 了解园林防水工程的基本内容。

【能力目标】

☆ 能进行固定式喷灌系统的设计、施工。

☆ 能进行园林排水系统的设计、施工。

水是人们生活中不可缺少的物质，园林作为休闲、娱乐、游览的场所，给排水工程是必不可少的设施，同时完善的给排水工程对园林的保护和发展具有非常重要的意义。本章主要讲述园林给排水工程设计的基本原理，工程计算的基本方法，给排水设施的选用、设计及施工等。

第一节 园林给水工程

一、园林给水工程概述

1. 园林用水的分类及要求

给排水是园林工程中的重要组成部分，园林用水根据其用途可分为以下几类。

(1) 生活用水 生活用水是指人们日常生活用水，在园林中包括办公室、生活区、餐厅、茶室、展览馆、小卖部等用水以及园林卫生清洗设施和特殊供水（如游泳池等）。生活用水对水质要求很高，直接关系到人身健康，其水质应符合《生活饮用水标准》（GB 5749—85）的要求。

(2) 养护用水 养护用水包括植物灌溉、动物笼舍的冲洗及夏季广场道路的喷洒用水等。这类用水对水质要求不高，但用水量大。

(3) 造景用水 园林水体（如溪涧、湖池、喷泉、瀑布、跌水等）的补充用水。对水质的要求不高，常采用循环供水。

(4) 消防用水 按国家建筑规范规定，所有建筑都应单独设消防给水系统。

2. 园林给水的特点

① 用水点较分散；

② 各用水点分布于起伏的地形上，在高程上变化大；

③ 水质可以根据用途不同分别处理；

④ 用水高峰期可以错开；

3. 水源及水质

(1) 水源 对园林来说，可用的水源有地表水、地下水和自来水。

① 地表水。如江、河、湖、溪、水库水等，这些水由于长期暴露于地面上，容易受到污染。有的甚至受到各种污染源的污染，水质较差，必须经过净化和严格消毒，才可作为生活用水。但地表水水量充沛，取用较方便，如比较清洁或污染较轻，可直接用于植物养护或水景水体用水。

② 地下水。包括泉水以及从深井中取用的水。由于水源不易受到污染，水质较好。一般情况下除作必要的消毒外，不必再净化。

(2) 水质 园林用水的水质要求，可因其用途不同分别处理。生活用水净化的基本方法包括混凝沉淀、过滤和消毒三个步骤。

4. 园林给水方式

(1) 根据给水性质和给水系统构成分类

① 从属式。公园的水源来自城市管网，是城市给水管网的一个用户。

② 独立式。水源取自园内水体，独立取水进行水的处理和使用。如北京的颐和园，即采用丰富的地下水自行打井抽水。

③ 复合式。公园的水源兼由城市管网供水和园内水体供水。

(2) 根据水质、水压或地形高差要求分类

① 分区供水。如园内地形起伏较大，或管网延伸很远时，可采用分区供水。

② 分质供水。用户对水质要求不同，可采取分质供水的方式。

③ 分压供水。用户对水压要求不同而采取的供水方式，如园内大型喷泉、瀑布或高层建筑对水压要求较大，因此要考虑设水泵加压循环使用；其他地方的用水对水压要求较小，可直接采用城市管网水压。

采用不同的给水系统布置方式既可降低水处理费用和水泵动力费用，又可以节省管材。

二、园林给水管网的布置

园林给水管网的布置除了要了解园内用水的特点外，其周围的给水情况也很重要，它往往影响管网的布置形式。一般小公园可以由一点引水。但对大型的公园，特别是地形复杂的公园，最好多点引水，这样可以节约管材，减少水头损失，而且为连续供水提供了保障。

1. 给水管网布置的基本形式和布置要点

(1) 给水管网的布置形式 给水管网布置的基本形式为树状管网和环状管网（见图 2-1）。

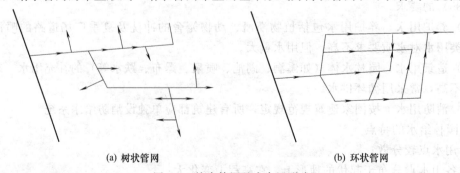

(a) 树状管网　　　　　　　　　　　　　　(b) 环状管网

图 2-1　给水管网基本布置形式

① 树状管网。管网布置犹如树枝，从树干到树梢越来越细，由干管和支管组成。

树状管网的优点是管线短、投资省，但供水可靠性差，一旦管网局部发生事故或需检修，则后面的所有管线就会中断供水。另外，在管网末端用水量减少，管中的水流缓慢，甚至停滞不流动，因此水质容易变坏。树状管网一般适用于水量不大，用水点较分散的地区，对分期发展的园林有利。

② 环状管网。环状管网是把干管和支管环状布置。使管网供水能互相调剂，这类管网中任意一段管线损坏时，可关闭附近阀门使损坏管线和其余管线隔开，然后进行检修，水还可以从另外的管线供应用户，断水地区可缩小，从而供水可靠性增加，但管线总长度大于树状管网，造价高。因此，环状管网主要适用于对供水连续性要求较高的区域。

在实际工程中，给水管网往往同时存在以上两种布置形式，称为混合管网，在中心地区或供水可靠性要求较高的地方，布置成环状管网，在边远地区或供水可靠性要求不高的地方则以树状管网的形式向四周延伸。

给水管网的布置既要求安全供水，又要贯彻节约投资的原则，而安全供水和节约投资之间难免产生矛盾；为安全供水宜采用环状网，要节约投资最好采用树状网。因此在管网布置时，既要考虑供水的安全，又要尽量以最短的路线埋管，并考虑分期建设的可能，即按近期规划埋管，随着用水量的增长逐步增设管线。

(2) 给水管网的布置要点

① 干管要靠近主要供水点和调节设施（高位水池或水塔）。

② 干管应尽量埋设于绿地下，避免穿越道路等设施。

③ 在保证不受冻的情况下，干管宜随地形起伏敷设，避开复杂地形和难于施工的地段，以减少土石方工程量。

④ 按规定和其他管道保持一定距离。

⑤ 应力求管线最短，以降低管网造价和运行费用。

2. 管网布置的一般规定

(1) 管道埋深　冰冻地区，管道应埋设于冰冻线以下 40cm 处。不冻或轻冻地区覆土深度也应不小于 70cm。当然管道不宜埋得过深，埋得过深则造价提高，但也不宜过浅，否则管道易遭破坏。

(2) 阀门及消防栓　给水管网的交点叫节点，在节点上设有阀门等附件，为了检修方便，节点处应设阀门井。

阀门除安置在支管和干管的连接处外，为了便于检修养护，要求每隔 500m 直线距离设一个阀门井。

配水管上安装有消防栓，按规定其间距通常为 120m，且其位置距建筑不得少于 5m，为了便于消防车补给水，离车行道不大于 2m。

(3) 管道材料的选择

① 钢管。钢管可分为焊接钢管和无缝钢管，而焊接钢管又分为镀锌钢管和黑铁管，室内饮用给水用镀锌钢管。用钢管施工造价高，工期长，但耐久性好。

② 铸铁管。分为灰铸铁管和球墨铸铁管。灰铸铁管耐久性好，但质脆不耐弯折和振动，内壁光滑度较差。球墨铸铁管抗压、抗震强度较大，具有一定的弹性，施工采用承插式，用胶圈密封，施工较方便，但造价高于灰铸铁管。

③ 钢筋混凝土管。钢筋混凝土管分为普通钢筋混凝土管和预应力钢筒混凝土管。普通钢筋混凝土管材由于质脆重量大，在防渗和密封上都不好处理，现多用做排水管，而预应力

钢筒混凝土管是由钢筒和预应力钢筋混凝土管复合制成的，具有较好的抗震、耐腐、耐渗等特点，输水量大的园林常使用这种管材。

④ 塑料管。塑料管的种类很多，常用的有 PVC（聚氯乙烯）、PE（聚乙烯）、PPR（无规共聚聚丙烯）等，这些管材均具有表面光滑、耐腐蚀、连接方便等特点，是小管径（200mm 以内）输水较理想的管材，生活用水主要选择 PE 管和 PPR 管，PVC 管主要用于喷灌。

三、给水管网的设计计算

1. 与给水管网布置有关的几个名词

（1）用水量标准　用水量标准是国家根据我国各地区城镇的性质，生活水平和习惯、气候、房屋设备和生产性质等不同情况而制定的用水数量标准，是进行给水管段计算的重要依据之一。

① 设计用水量。园林给水系统的设计年限，应符合园林建设的总体规划，近、远期结合，以近期为主。一般近期规划年限采用 5～10 年，远期规划年限采用 10～20 年。

设计给水系统时，首先须确定该系统在设计年限内达到的用水量，园林设计用水量主要包括园内生活用水量，养护用水量，造景用水量，消防用水量以及未预见用水量和管网漏水损失水量。

② 最高日用水量。公园的用水量在任何时间都不是固定不变的，它随着一天中游人数量的变化而变化，随着一年中季节的变化而变化，因此我们把一年中用水最多的一天的用水量称为最高日用水量。最高日用水量根据用水量标准及用水单位数而定。

③ 最高时用水量。最高日当天用水最多的一小时的用水量，叫最高时用水量，这就是给水管网的设计用水量或设计流量，其单位换算为 L/s 时称为设计秒流量。以这种用水量进行设计可在用水高峰保证水的正常供应。

（2）日变化系数和时变化系数　年最高日用水量与年平均日用水量的比值，叫做日变化系数，记做 K_d。

有
$$K_d = \frac{\text{最高日用水量}}{\text{平均日用水量}}$$

或　　　　　　　　　最高日用水量＝平均日用水量×K_d

日变化系数 K_d 的值，在城镇一般取 1.2～2.0，在农村由于用水时间集中，各时段用水量变化很大，一般取 1.5～3.0，在园林中取 2～3。

最高时用水量与平均时用水量的比值，叫做时变化系数，记做 K_h。

有
$$K_h = \frac{\text{最高时用水量}}{\text{平均时用水量}}$$

或　　　　　　　最高时用水量＝（最高日用水量/24）×K_h

时变化系数 K_h 的值，在城镇常取 1.3～2.5，在农村取 5～6，在园林中取 4～6，不同设施用水量标准和时变化系数详细规定见表 2-1 所列。

将平均时用水量乘以日变化系数 K_d 和时变化系数 K_h，即可求得最高日及最高时用水量。

（3）流量、经济流速和管径　管径 $d < 100～400$mm 时，流速 $v = 0.6～1.0$m/s，管道的流量就是管的过流断面与流速的积，即 $Q = \frac{\pi}{4}d^2 \times v$，由此或可导出：$d = \sqrt{4Q/\pi v}$。

由上式可以看出，管径不但与流量有关，也与流速有关，流速的选择较复杂，涉及管网设计使用年限，管材价格，电费高低等，在实际工作中通常按经济流速的经验数值取用：

$d<100m$ 时，$v=0.2\sim0.6m/s$；$d=100\sim400mm$ 时，$v=0.6\sim1.0m/s$ 此时的流速为经济流速，在此流速范围内，整个给水系统的成本降到最低；$d>400mm$ 时，$v=1.0\sim1.4m/s$。

表 2-1　用水量标准及时变化系数

用水场所	单位	最高日生活用水量标准/L	时变化系数	备　注
公共食堂营业食堂	每位顾客每次	15~20	2.0~1.5	①食堂用水包括主副食加工,餐具洗涤、清洁用水和工作人员及顾客的生活用水,但未包括冷冻机冷却用水;
内部食堂	每人每次	10~15	2.0~1.5	②营业食堂用水比内部食堂用水多,中餐餐厅的又多于西餐餐厅的;
茶室	每位顾客每次	5~10		③餐具洗涤方式是影响用水量标准的因素,设有洗碗机的用水量大;
小卖部	每位顾客每次	3~5	2.0~1.5	④内部食堂设计人数即为实际服务人数,营业食堂按座位数、每一顾客就餐时间及营业时间计算顾客人数
电影院	每位观众每场	3~8	2.5~2.0	①附设有厕所和饮水设备的露天或室内文娱活动场所的用水量,可以按电影院和剧场的标准选用;
剧场	每位观众每场	10~20	2.5~2.0	②俱乐部、音乐厅和杂技场的用水量可按剧场的标准选用,影剧院用水量标准介于电影院和剧场之间
体育场	运动员淋浴每人每次	50	2.0	①体育场的生活用水用于运动员淋浴部分,考虑运动员在运动场进行一次比赛或表演活动后需淋浴一次;
	观众每人每次	3	2.0	②运动员人数应按假日或大规模活动时的运动员人数计
游泳池	每日补充水占水池容量	15%		当游泳池为完全循环处理(过滤消毒)时,补充水量可按每日水池容积5%考虑
	运动员淋浴每人每场	60	2.0	
	观众每人每场	3	2.0	
办公楼	每人每班	10~25	2.5~2.0	①企业、事业、科研单位的办公及行政管理用房均属此项;②用水只包括便器冲洗、洗手、饮用和清洁用水
公共厕所	每小时每个冲洗器	100		
大型喷泉	每小时	10000		不考虑水的循环使用
中型喷泉	每小时	2000		
柏油路	洒水每次每平方米	0.2~0.5		≤3次/日
石子路	洒水每次每平方米	0.4~0.7		≤4次/日
庭园及草地	洒水每次每平方米	1.0~1.5		≤2次/日
花园	浇水每日每平方米	4.8~8.0		根据各地实际情况(如气候土质等)决定

（4）水压力和水头损失　在给水管上任意点安上压力表所测得的读数即为该点的水压力值，通常以 kgf/cm^2（$1kgf/cm^2=98.0665kPa$）表示。为便于计算管道阻力，并对压力有一较形象的概念，常以"水柱高度"表示水压力，单位为 mH_2O，水力学上又称"水头"即

$1kgf/cm^2$ 水压力等于 $10mH_2O$。

水在管中流动时因管壁、管件等的摩擦阻力而消耗的水压就是水头损失。

水头损失包括沿程水头损失和局部水头损失。

① 沿程水头损失

$$h_y = i \times L$$

式中，h_y 为管段的沿程水头损失，mH_2O；i 为单位管段长度的水头损失，mH_2O/m；L 为管段长度，m。

i 值可通过查水力计算表求得，如表 2-2 给出了铸铁管水力计算表。

表 2-2　铸铁管水力计算表（节选表）

流量 Q/(L/s)	管径 d/mm											
	50		75		100		125		150		200	
	流速 v/(m/s)	1000 i/mH₂O	流速 v/(m/s)	1000 i/mH₂O	流速 v/(m/s)	1000 i/mH₂O	流速 v/(m/s)	1000 i/mH₂O	流速 v/(m/s)	1000 i/mH₂O	流速 v/(m/s)	1000 i/mH₂O
0.50	0.26	4.99										
0.70	0.37	9.09										
1.0	0.53	17.3	0.23	2.31								
1.3	0.69	27.9	0.30	3.69								
1.6	0.85	40.9	0.37	5.34	0.21	1.31						
2.0	1.06	61.9	0.46	7.98	0.26	1.94						
2.3	1.22	80.3	0.53	10.3	0.30	2.48						
2.5	1.33	94.9	0.58	11.9	0.32	2.88	0.21	0.966				
2.8	1.48	119	0.65	14.7	0.36	3.52	0.23	1.18				
3.0	1.59	137	0.70	16.7	0.39	3.98	0.25	1.33				
3.3	1.75	165	0.77	19.9	0.43	4.73	0.27	1.57				
3.5	1.86	186	0.81	22.2	0.45	5.26	0.29	1.75	0.20	0.723		
3.8	2.02	219	0.88	25.8	0.49	6.10	0.315	2.03	0.22	0.834		
4.0	2.12	243	0.93	28.4	0.52	6.69	0.33	2.22	0.23	0.909		
4.3	2.28	281	1.00	32.5	0.56	7.63	0.36	2.53	0.25	1.04		
4.5	2.39	308	1.05	35.3	0.58	8.29	0.37	2.74	0.26	1.12		
4.8	2.55	350	1.12	39.8	0.62	9.33	0.40	3.07	0.275	1.26		
5.0	2.65	380	1.16	43.0	0.65	10.0	0.414	3.31	0.286	1.35		
5.3	2.81	427	1.23	48.0	0.69	11.2	0.44	3.68	0.304	1.50		
5.5	2.92	459	1.28	51.7	0.72	12.0	0.455	3.92	0.315	1.60		
5.7	3.02	493	1.33	55.3	0.74	12.7	0.47	4.19	0.33	1.71		
6.0			1.39	61.5	0.78	14.0	0.50	4.60	0.344	1.87		
6.3			1.46	67.8	0.82	15.3	0.52	5.03	0.36	2.08	0.20	0.505
6.7			1.56	76.7	0.87	17.2	0.555	5.62	0.384	2.28	0.215	0.559
7.0			1.63	83.7	0.91	18.6	0.58	6.09	0.40	2.46	0.225	0.605
7.4					0.96	20.7	0.61	6.74	0.424	2.72	0.238	0.668
7.7					1.00	22.2	0.64	7.25	0.44	2.93	0.248	0.718
8.0					1.04	23.9	0.66	7.75	0.46	3.14	0.257	0.765
8.8					1.14	28.5	0.73	9.25	0.505	3.73	0.283	0.908
10.0					1.30	36.5	0.83	11.7	0.57	4.69	0.32	1.13
12.0							0.99	16.4	0.69	6.55	0.39	1.58
15.0							1.24	24.9	0.86	9.88	0.48	2.35
20.0							1.66	44.3	1.15	16.9	0.64	3.97

注：$1000i/mH_2O$ 表示千米管段长内的水头损失。

② 局部水头损失。局部水头损失一般出现在管径变化、弯头、阀门处，大小与管线长度无关，其计算比较复杂，通常根据管网的性质按相应沿程水头损失的一定百分比计取。

生活用水管网按 25% ～ 30% 计取；生产用水管网按 20% 计取；消防用水管网按 10% 计取。

2. 树状管网的水力计算

给水管网水力计算的目的，是为确定主干给水管道和各用水点配水管道的选用提供依据。

水力计算用最高日、最高时用水量确定各管段的设计流量和管径及水头损失，再据此确定所需水泵扬程、水塔高度或市政干管的水压等。

管网的设计与计算步骤如下。

（1）收集并分析有关的图纸、资料　首先从公园设计图纸、说明书上了解原有的或拟建的建筑物等的设计用途及用水要求、各用水点的高程等，然后掌握公园附近市政干管布置情况或其他水源情况。

（2）布置管网　在公园设计平面图上根据用水点分布情况，其他设施布置情况等定出给水干管的位置、走向，并对节点进行编号，量出节点间的长度。

（3）求公园中各用水点的最高时用水量（设计秒流量）

① 求某一用水点的最高日用水量 Q_d

$$Q_d = q \times N(\text{L/d 或 m}^3/\text{d})$$

式中，Q_d 为最大日用水量，L/d；q 为用水量标准；N 为游人数（服务对象数目）或用水设施的数目。

② 求该用水点的最高时用水量 Q_h

$$Q_h = (Q_d/24) \times K_h(\text{L/h 或 m}^3/\text{h})$$

式中，K_h 为时变化系数，公园中取 4～6。

③ 求设计秒流量 q_0

$$q_0 = \frac{Q_h}{3600}(\text{L/s})$$

（4）求各管段流量　管网各管段的沿线流量简化成节点流量后，每一管段就可拟定水流方向和计算流量。

（5）各管段管径的确定　根据各用水点所求得的设计秒流量 q_0 及要求的水压，并考虑经济流速，查水力计算表，以确定各管段的管径。同时还可查得与该管径相应的流速和单位长度的沿程水头损失。

（6）水头计算　公园给水干管所需水压可按下式计算

$$H = H_1 + H_2 + H_3 + H_4$$

式中，H 为引水点所需的总水压，mH_2O；H_1 为引水点和用水点之间的高差，m；H_2 为用水点与建筑进水管之间的高差，m；H_3 为用水点所需的工作水头，mH_2O；H_4 为沿程水头损失和局部水头损失之和，mH_2O。

$H_2 + H_3$ 的值，在估算总水头时，可依建筑层数不同按下列规定采用。

平房：$10\text{mH}_2\text{O}$；

二层楼房：$12\text{mH}_2\text{O}$；

三层楼房：$16\text{mH}_2\text{O}$；

三层以上楼房，每增加一层，增加 $4\text{mH}_2\text{O}$。

通过上述的水头计算，若引水点的自由水头高于用水点的总水压要求，则说明该管段的设计是合理的。

计算配水点应当是管网中的最不利点，所谓最不利点是指处在地势高距离引水点远，用水量大或要求工作水头特别高的用水点。只要最不利点的水压得到满足，那么同一管网中的其他用水压也能满足。

四、给水管网的敷设

1. 给水管线敷设的原则

① 水管管顶以上的覆土深度，在不冰冻地区由外部荷载、水管强度、土壤地基及与其他管线交叉等情况决定。金属管道一般不小于 0.7m，非金属管道一般不小于 1.0～1.2m。

② 冰冻地区除考虑以上条件外，还须考虑土壤冰冻深度，一般水管的埋深在冰冻线以下的深度：管径 $d=300～600mm$ 时为 6.75d；$d>600mm$ 时为 0.5d。

③ 在土壤耐压力较高和地下水位较低时，水管直接埋在天然地基上，地岩基上应加垫砂层。对承载力达不到要求的地基土层，应进行基础处理。

④ 给水管道相互交叉时，其净距不小于 0.15m，与污水管平行时，间距取 1.5m，与污水管或输送有毒液体管道交叉时，给水管道应敷设在上面，且不应有接口重叠，当给水管敷设在下面时，应采用钢管或钢套管。给水管与城市其他构筑物的关系见表 2-3。

表 2-3　给水管与构筑物的水平净距

构筑物名称	与给水管道的水平净距/m	构筑物名称	与给水管道的水平净距/m
铁路远期路堤坡脚	5	热力管	1.5
铁路远期路堑坡顶	10	大树中心	1.5
建筑红线	5	通信与照明杆	1.0
低、中压煤气管	1.0	高压电杆支座	3.0
次高压煤气管	1.5	电力电缆	1.0
高压煤气管	2.0		

注：公用的管网由于压力小，其规定可适当降低。

2. 给水管线施工

(1) 熟悉设计图纸　熟悉管线的平面布局，管段的节点位置、不同管段的管径、管底标高、阀门井以及其他设施的位置等等。

(2) 清理施工场地　清除场地内有碍管线施工的设施和建筑垃圾等。

(3) 施工定点放线　根据管线的平面布局，利用相对坐标和参照物，把管段的节点放在场地上，连接邻近的节点即可。如果是曲线可找出其相关参数或分格网放线。

(4) 开沟挖槽　根据给水管的管径确定挖沟的宽度

$$D=d+2L$$

式中，D 为沟底宽度；d 为水管管径；L 为水管安装工作面；一般为 30～40cm。

沟槽一般为梯形，其深度为管道埋深，如遇岩基和承载力达不到要求的地基土层，应挖得更深一些，以便进行基础处理；沟顶宽度根据沟槽深度和不同土壤的放坡系数（即边坡度）决定。

(5) 基础处理　水管一般可直接埋在天然地基上，不需要做基础处理；遇岩基或承载力达不到要求的地基土层，应做垫砂或基础加固等处理。处理后需要检查基础标高与设计的管底标高是否一致，有差异需作调整。

(6) 管道安装　在管道安装之前，要准备管材、安装工具、管件和附件等，材料准备好后，计算相邻节点之间需要管材和各种管件的数量，如果是用镀锌钢管则先要进行螺纹丝口的加工，再进行管道安装。安装顺序一般是先干管后支管再立管，在工程量大和工程复杂地域可以分段和分片施工，利用管道井、阀门井和活接头连接。施工中注意接口要密封稳固，防止水管漏水。

（7）覆土填埋　管道安装完毕，通水检验管道渗漏情况再填土，填土前用砂土填实管底和固定管道，不使水管悬空和移动，防止在填埋过程中压坏管道。

（8）修筑管网附属设施　在日常施工中遇到最多的是阀门和消火栓，要按设计图纸进行施工。地上消火栓主要是管件的连接，注意管件连接件的密封和稳定，特别是消火栓的稳固更重要，一般在消火栓底部用 C30 混凝土作支墩与钢架一起固定消火栓。地下消火栓和阀门一样都设在阀门井内，阀门井由井底、井壁、井盖和井内的阀门、管件等组成；阀门、管件等的安装与给水管网的水管一样，主要是连接的密封和稳定；阀门井的井底在有地下水的地方用 C15～C20 厚 60～80mm 素混凝土，在没有地下水的地方可用碎石或卵石垫实；井壁用 MU5 左右的黏土砖砌筑，表面用 1∶3 的水泥砂浆饰面；井盖用预制钢筋混凝土或金属井盖。

第二节　园林喷灌工程

随着我国城镇建设的迅速发展，绿地面积不断扩大，绿地质量要求越来越高，绿地灌溉量增加了许多，原有的灌溉方式已经越来越不适应发展的要求，因此实现灌溉的管道化和自动化已经逐步推广开来。园林灌溉有许多方法，如喷灌、涌灌、滴灌和地下渗灌等技术，这些方法可单独使用也可混合使用。理想的系统应是灌溉效率高，易于修理和维护，操作简单。

喷灌是一种较好的灌溉方式，它是借助一套专门的设备将具有压力的水喷射到空中散成水滴、降落地面供给植物水分的一种灌溉方式。喷灌近似于天然降水，对植物全株进行灌溉，可以洗去枝叶上的灰尘，加强叶面的透气性和光合作用；水的利用率高，比地面灌水节水 50％以上；喷灌以它不形成径流的设计原则有助于达到保持水土的重要目标；劳动效率高，省工省时；适应性强，喷灌对土壤性能特别是地形和地貌条件没有苛刻的要求；景观效果好，喷灌喷头良好的雾化效果和优美的水形在绿地中可形成一道靓丽的景观；能增加空气湿度；便于自动化管理并提高绿地的养护管理质量等。但喷灌受气候影响明显，前期投资大，对设计和管理工作要求严格。

一、喷灌形式的选择

按喷灌方式，喷灌系统可分为移动式、固定式和半固定式三类。

1. 移动式喷灌系统

此种形式要求灌区有天然地表水源（江、河、湖、池、沼等），其动力（电动机或汽、柴油发动机）、水泵、管道和喷头等是可以移动的。此系统投资较少，机动性强，但管理工作强度大，适用于天然水源充裕的水网地区的园林绿地、苗圃、花圃的灌溉。

2. 固定式喷灌系统

泵站固定，干支管均埋于地下的布置形式，喷头固定于竖管上，也可临时安装。

固定式喷灌系统一次性投资比较大，但操作方便，节约劳动力，便于实现自动化和遥控操作。适用于需要经常灌溉和灌溉期较长的草坪、大型花坛、花圃、庭院绿地等。

3. 半固定式喷灌系统

其泵站和干管固定，支管和喷头可移动，优缺点介于上述二者之间。一般多是用于大型花圃、苗圃、菜地及绿地等。

二、喷灌系统的组成

喷灌系统通常由喷头、管材和管件、控制设备、过滤装置、加压设备及水源等组成。利用市政供水的中小型绿地的喷灌系统一般无需设置过滤装置和加压设备。

1. 喷头

喷头是喷灌系统中的重要设备，一般由喷体、喷芯、喷嘴、滤网、弹簧和止溢阀等部分组成。它的作用是将有压水流破碎成细小的水滴，按照一定的分布规律喷洒在绿地上。

(1) 按非工作状态分类

① 外露式喷头。指非工作状态下暴露在地面以上的喷头。这类喷头构造简单、价格便宜、使用方便，对供水压力要求不高，但其射程、射角及覆盖角度不便调节，且有碍园林景观，因此一般用在资金不足或喷灌技术要求不高的场合。

② 地埋式喷头。是指非工作状态下埋藏在地面以下的喷头。工作时，这类喷头的喷芯部分在水压的作用下伸出地面，然后按照一定的方式喷洒；当关闭水源，水压消失，喷芯在弹簧的作用下又缩回地面。地埋式喷头构造复杂、工作压力较高，其最大优点是不影响园林景观效果、不妨碍活动，射程、射角及覆盖角度等喷洒性能易于调节，雾化效果好，适合于不规则区域的喷灌，能够更好地满足园林绿地和运动场草坪的专业化喷灌要求。

(2) 按工作状态分类

① 固定式喷头。指工作时喷芯处于静止状态的喷头。这种喷头也称为散射式喷头，工作时有压水流从预设的线状孔口喷出，同时覆盖整个喷洒区域。固定式喷头结构简单、工作可靠、使用方便，是庭院和小规模绿地喷灌系统的首选产品。

② 旋转式喷头。是指工作时边喷洒边旋转的喷头。多数情况下这类喷头的射程、射角和覆盖角度可以调节。这类喷头对工作压力的要求较高，喷洒半径较大。旋转式喷头的结构形式很多，可分为摇臂式、叶轮式、反作用式、全射流式等。采用旋转式喷头的喷灌系统有时需要配置加压设备。

(3) 按射程分类

① 近射程喷头。指射程小于 8m 的喷头。这类喷头的工作压力低，只要设计合理，市政或局部管网压力就能满足其工作要求。

② 中射程喷头。指射程为 8～20m 的喷头。这类喷头适合于较大面积园林绿地的喷灌。

③ 远射程喷头。指射程大于 20m 的喷头。这类喷头工作压力较高，一般需要配置加压设备，以保证正常的工作压力和雾化效果。多用于大面积观赏绿地和运动场草坪的喷灌。

园林中常用的各种喷头见图 2-2。

2. 管材和管件

管材和管件在绿地喷灌系统中起着纽带的作用。它将喷头、闸阀、水泵等设备按照特定的方式连接在一起，构成喷灌管网系统，以保证喷灌的水量供给。在喷灌行业里，聚氯乙烯（PVC）、聚乙烯（PE）和聚丙烯（PP）等塑料管正在逐渐取代其他材质的管道，成为喷灌系统主要的管材。

种类有管材、接头、弯头、堵头、法兰等。

3. 控制设备

控制设备构成了绿地喷灌系统的指挥体系，其技术含量和完备程度决定着喷灌系统的自动化程度和技术水平。根据控制设备的功能与作用的不同，可将控制设备分为状态性控制设备、安全性控制设备和指令性控制设备。

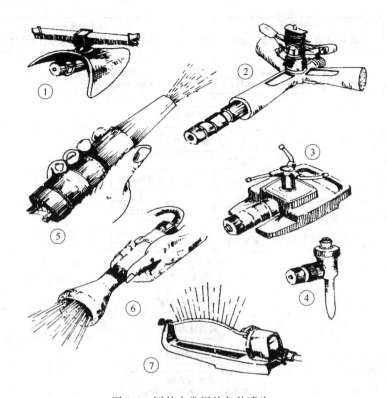

图 2-2　园林中常用的各种喷头

①、③、④—旋转式喷头；②—脉动式旋转喷头；⑤、⑥—可调式喷嘴；⑦—可调节往复式喷水器

4. 过滤设备

当水中含有泥沙、固体悬浮物、有机物等杂质时，为了防止其堵塞喷灌系统管道、阀门和喷头，必须使用过滤设备。绿地喷灌系统常用的过滤设备有离心过滤器、砂石过滤器、网式过滤器和叠片过滤器。类型不同，其工作原理及适用场合也各不相同。设计时应根据喷灌水源的水质条件进行合理选择。

5. 加压设备

当使用地下水或地表水作为喷灌用水，或者当市政管网水压不能满足喷灌的要求时，需要使用加压设备为喷灌系统供水，以保证喷头所需工作压力。常用的加压设备主要是各类水泵，如离心泵、井用泵、小型潜水泵等。水泵的性能主要包括扬程、流量、功率和效率等，设计时应根据水源条件和喷灌系统对水量、水压的要求等具体情况进行选择。

三、喷灌系统的设计

根据规划设计各环节的工作性质和程序，喷灌系统规划设计流程如图 2-3 所示。

绿地喷灌系统规划设计的主要内容及方法如下。

1. 收集基本资料

应收集如下基本资料。

① 灌区的地形图：包括灌区的面积、位置、地势等。

② 气象资料：包括气温、雨量、湿度、风向、风速等。

③ 土壤资料：包括土壤的质地、持水能力、吸水能力、土层厚度等。

④ 植被情况：包括植物的种类、种植面积、耗水量、根系深度等。

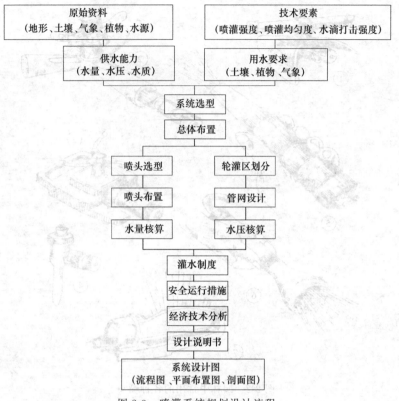

图 2-3 喷灌系统规划设计流程

⑤ 水源情况。

⑥ 动力。

⑦ 人文因素：包括喷灌系统的期望投资和期望年限等。

2. 喷灌用水分析

植物需水量受植物种类、气象、土壤等多种因素的影响，规划设计时应根据当地或邻近地区有关资料或试验观察结果确定。

3. 喷灌系统选型

规划设计时，应根据喷灌区域的地形地貌、水源条件、可投入资金数量、期望使用年限等具体情况，选择不同类型的喷灌系统。

4. 喷头选型与布置

（1）技术要求　喷头选型与布置，首先应该满足技术方面的要求，主要包括喷灌强度、喷灌均匀度和水滴打击强度等。

① 喷灌强度。土壤允许喷灌强度就是在单位时间喷洒于田间的水层深度，单位一般为mm/h。喷灌强度过大容易形成地表径流或积水，造成水土流失，水资源浪费，土壤的结构也受到破坏，灌溉效果差；反之，喷灌强度过小，喷灌时间延长，水分蒸发损失大。

土壤允许喷灌强度与土壤质地和地面坡度有关，见表 2-4 和表 2-5。

表 2-4　各类土壤的允许喷灌强度

土 壤 质 地	允许喷灌强度/(mm/h)	土 壤 质 地	允许喷灌强度/(mm/h)
砂土	20	壤黏土	10
砂壤土	15	黏土	8
壤土	12		

表 2-5　坡地允许喷灌强度降低值

地面坡度/%	允许喷灌强度降低值/%	地面坡度/%	允许喷灌强度降低值/%
<5	10	13~20	60
5~8	20	>20	75
9~12	40		

② 喷灌均匀度。喷灌均匀度是指在喷灌面积上水量分布的均匀程度。影响喷灌均匀度的因素有喷嘴结构、喷芯旋转均匀性、单喷头水量分布、喷头布置形式、布置间距、地面坡度和风速、风向等。一般喷灌均匀系数不应低于 75%。

③ 水滴打击强度。水滴打击强度是指单位受水面积内水滴对植物或土壤的打击动能。它与水滴大小、降落速度和密集程度有关。为避免破坏土壤团粒结构造成板结或损害植物，水滴打击强度不宜过大，同时也不能太小，一般常采用水滴直径和雾化指标间接地反映水滴打击强度。

④ 工程造价和运行费用。喷头的射程、设计出水量、喷灌强度、工作压力和布置间距均会直接或间接地影响管网造价和运行管理费用。所以，在加压喷灌系统的规划设计中，选用喷头时应对不同的方案进行比较。

(2) 喷头选型　喷头的选型主要从喷头类型、喷洒范围、工作压力、喷灌强度、射程、射角和出水量等方面进行选择。

(3) 喷头布置　布置喷头时应结合绿化设计图进行，做到科学合理。

① 喷头的布置顺序。首先在边界的转折点上布置喷头 [图 2-4(a)]，然后在转折点之间的边界上，按照一定的间距布置喷头 [图 2-4(b)]，最后在边界之间的区域里布置喷头 [图 2-4(c)]。

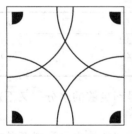
(a) 在转折点上布置喷头

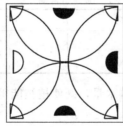
(b) 沿边界布置喷头

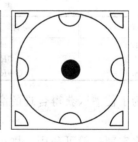
(c) 在区域内布置喷头

图 2-4　喷头布置顺序

喷头喷洒的形状有圆形和扇形两种，一般扇形布置在场地的边角上，其他地方用圆形。

② 喷头的布置形式。喷头的布置形式也叫喷头的组合形式，是指各喷头相对位置的安排。在喷头射程相同的情况下，布置形式不同，则其干、支管间距和喷头间距、喷洒的有效控制面积各异。表 2-6 是常用的几种喷头组合形式。多数情况下，采用三角形布置有利于提高组合喷灌均匀度和节水。

③ 组合间距。是指相邻两个喷头之间的距离，通常用喷头射程 R 的倍数表示。由于风会破坏喷洒水形、改变喷头的覆盖区域，故确定喷头的组合间距时必须考虑风速的影响。其参考值见表 2-7。

5. 喷灌技术参数

(1) 设计灌水定额　灌水定额是指一次灌水的水层深度（单位为 mm）或一次灌水单位面积的用水量（单位为 m^3/ha）。设计灌水定额则是指作为设计依据的最大灌水定额。确定

表 2-6　常用喷头布置形式

名称	喷头组合图	喷洒方式	喷头间距 L，支管间距 b 与喷头射程 R 的关系	有效控制面积 S	适　用
正方形		全圆	$L=b=1.42R$	$S=2R^2$	在风向改变频繁的地方效果较好
正三角形		全圆	$L=1.73R$ $b=1.5R$	$S=2.6R^2$	在无风情况下喷灌均匀度最好
矩形		扇形	$L=R$ $b=1.73R$	$S=1.73R^2$	较正方形、正三角形布置节省管材
等腰三角形		扇形	$L=R$ $b=1.87R$	$S=1.865R^2$	较正方形、正三角形布置节省管材

表 2-7　喷头组合间距参考值

设计风速/(m/s)	垂直风向	平行风向	无主风向
0.3～1.6	1.1R	1.3R	1.2R
1.6～3.3	1.0R	1.2R	1.1R
3.4～5.4	0.9R	1.1R	1.0R

这一定额是为了使灌区获得合理的灌水量，既使植被能得到足够的水分，又不造成水资源的浪费。

设计灌水定额一般可利用土壤田间持水量资料、土壤有效持水量资料两种方法计算。

在我国，小麦、玉米等大田作物的灌水定额一般为 $225\sim375\mathrm{m^3/ha}$，蔬菜为 $75\sim150\mathrm{m^3/ha}$。美国庭院绿地灌水定额，在气候温暖地带一般为 25mm/星期，在气候炎热地带为 44mm/星期。绿地的灌水定额可参考以上数值，也可通过计算获得。

（2）设计灌水周期　灌水周期也叫轮灌期。在喷灌系统设计中，需确定植物耗水最旺时期的允许最大灌水间隔时间。计算公式为

$$T=\eta M/W$$

式中，T 为灌水周期，d；M 为灌水定额，mm；W 为植物日平均耗水量或土壤水分消耗速率，mm/d；η 为喷灌水利用系数，一般取 0.7～0.9。

此公式计算的数值，只是一个粗略的估算，设计时要进行实地测定，以掌握适宜的灌水时间。

目前，在我国农业灌溉中，大田作物设计灌水周期一般为 5～10d，蔬菜为 1～3d，园林绿地的设计灌水周期可参考此数值。

（3）喷灌时间　喷灌时间是指为了达到既定的灌水定额，喷头在每一个位置上所需的喷

洒时间，可用下面的公式计算

$$t = MS / (1000Q_p)$$

式中，t 为喷灌时间，h；M 为设计灌水定额，mm；S 为喷头有效控制面积，m^2；Q_p 为喷头喷水量，m^3/h。

6. 管网布置

喷灌管网布置形式有两种："丰"字形和"梳子形"。规划设计时根据水源位置选择适宜的形式。

7. 喷灌系统管道的水力计算

喷灌系统管道的水力计算和一般的给水管道的水力计算基本相同，也是在保证用水量的前提下，通过计算水头损失来正确地选择管径及选配水泵与动力。

四、喷灌工程施工

绿地喷灌系统的工作压力较高，隐蔽工程较多，工程质量要求严格。施工前应熟悉设计图纸，清理施工场地。

1. 施工放线

应根据实际情况按照设计图纸进行施工放线。对每一块独立的喷灌区域，放样时应先确定喷头位置，再确定管道位置。

2. 沟槽开挖

喷灌管道沟槽断面较小，同时也为了防止对地下隐蔽设施的损坏，一般不采用机械方法。

沟槽应尽可能挖得窄些，只在各接头处挖成较大的坑。断面形式可取矩形或梯形。沟槽宽度一般可按管道外径加 0.4m 确定；沟槽深度应满足地埋式喷头安装高度及管网泄水的要求。冻结地区，沟槽至少有 0.2% 的坡度，坡向指向指定的泄水点。

挖好的管槽底面应平整、压实，具有均匀的密实度。

3. 管道安装

管道安装是绿地喷灌工程中的主要施工项目。管材供货长度一般为 4m 或 6m，现场安装工作量较大。安装顺序一般是先干管，后支管，再立管。

管道材质不同，其连接方法也不同。目前，喷灌系统中普遍采用的是硬聚氯乙烯（PVC）管。硬聚氯乙烯管的连接方式有冷接法和热接法。其中，冷接法无需加热设备，便于现场操作，故广泛用于绿地喷灌工程。操作过程中应注意：保证管道工作面及密封圈干净，不得有灰尘和其他杂物；不得在承口上涂抹润滑剂。

4. 水压试验和泄水试验

管道安装完成后，应分别进行水压试验和泄水试验。水压试验的目的在于检验管道及其接口的耐压强度和密实性，泄水试验的目的是检验管网系统是否有合理的坡降，能否满足冬季泄水的要求。

（1）水压试验　试验内容包括严密试验和强度试验。

① 严密试验。将管道内的水压加到 0.35MPa，保持 2h。检查各部位是否有渗漏或其他不正常现象。在 1h 内压力下降幅度小于 5%，表明管道严密试验合格。

② 强度试验。严密试验合格后再次缓慢加压至强度试验压力（一般为设计工作压力的 1.5 倍，并且不得大于管道的额定工作压力，不得小于 0.5MPa），保持 2h。观察各部位是否有渗漏或其他不正常现象。在 1h 内压力下降幅度小于 5%，且管道无变形，表明管道强

度试验合格。

（2）泄水试验　泄水时应打开所有的手动泄水阀，截断立管堵头，以免管道中出现负压，影响泄水效果。只要管道中无满管积水现象即为合格。一般采用抽查的方法检验。抽查的位置应选地势较低处，并远离泄水点。检查管道中有无满管积水情况的较好方法是排烟法：将烟雾从立管排入管道，观察临近的立管有无烟雾排出，以此判断两根立管之间的横管是否满管积水。

5. 覆土填埋

管道安装完毕并经水压及泄水试验合格后，可进行管槽回填。

回填时，对于管道以上约100mm范围，一般先用砂土或筛过的原土回填，管道两侧分层踩实，禁止用石块或砖砾等杂物单侧回填；然后采用符合要求的原土，分层轻夯或踩实。一次填土100~150mm，直至高出地面100mm左右。填土到位后对整个管槽进行"水夯"，以免绿化工程完成后出现局部下陷，影响绿化效果。

6. 修筑管网附属设施

主要是阀门井、泵站等，要严格按照设计图纸进行施工。

7. 设备安装

（1）水泵和电机设备的安装　水泵和电机设备的安装施工必须严格遵守操作规程，确保施工质量。

（2）喷头安装　喷头安装施工应注意以下几点：

① 喷头安装前，应彻底冲洗管道系统，以免管道中的杂物堵塞喷头；

② 喷头的安装高度以喷头顶部与草坪根部或灌木的修剪高度平齐为宜；

③ 在平地或坡度不大的场合，喷头的安装轴线与地面垂直；如果地形坡度大于20°，喷头的安装轴线应取铅垂线与地面垂线所形成的夹角的平分线方向，以最大限度保证组合喷灌均匀度。

第三节　园林排水工程

一、园林排水的内容

1. 地面水的排除

地面的雨水和融化的雪水排除，为园林排水的主要内容，可根据实际情况采用地面排水、沟渠排水和管道排水等形式。

2. 污水的排除

园林中的污水多为生活污水（如餐厅、剧场、厕所的污水），一般采用管道排水。

3. 地下水的排除

园林地下水一般采用盲沟排除。

二、园林排水的基本特点

① 主要是排除雨水和少量生活污水；

② 园林中地形起伏多变有利于地面水的排除，因此雨水一般采取以地面排除为主；

③ 园林中大多有水体，雨水可就近排入园中水体；

④ 园林排水可采用多种形式：地面排水、沟渠和管道排水方式；

⑤ 利用排水设施可以创造景观；

⑥ 排水的同时还要考虑土壤能吸收到足够的水分，以利植物生长，干旱地区尤应注意保水。

三、园林排水的方式

1. 地面排水

地面排水即利用地面坡度使雨水汇集，再通过沟、谷、涧、山道等加以组织引导，就近排入附近水体或雨水管渠。这是公园排除雨水的主要方法，如上海复兴公园、北京颐和园万寿山后山区、广州动物园等也几乎都是采用地面和明沟排除雨水。这样不仅经济实用，便于维修，而且景观自然。

地面排水方式可归结为五个字：拦、阻、蓄、分、导。

拦：把地表水拦截于园地或某局部之外；

阻：在径流的路线上设置障碍物挡水，达到消力降速、减少冲刷的作用；

蓄：利用绿地保水、蓄水及地表洼地或园内水体蓄水；

分：用山石、地形、建筑墙体将大股地表径流分成多股细流，减少危害；

导：把多股的地表径流或造成危害的地表径流利用地面、明沟、道路边沟或管渠及时排放于水体或雨水管渠中。

2. 管渠排水

指利用明沟、管道、盲沟等设施进行排水的方式。

（1）明沟排水　主要是土质明沟，其断面形式有梯形、三角形和自然式浅沟。沟内可植草种花；在某些地段根据需要也可砌砖、石或混凝土，断面形式常采用梯形或矩形。

（2）管道排水　在园林中的某些局部，如低洼的绿地、铺装的广场及休息场所、建筑物周围的积水以及污水，一般利用敷设管道的方式进行排除。其优点是不占绿地，不妨碍地面活动，卫生和美观，排水效率高。但造价高，检修困难。

（3）盲沟排水　盲沟是一种地下排水渠道，又名暗沟、盲渠，主要用于排除地下水，降低地下水位。适用于一些要求排水良好的全天候的体育活动场地，地下水位高以及某些不耐水的园林植物生长区等。

四、防止地表径流冲刷地面的措施

雨水径流对地表的冲刷，是地面排水所面临的主要问题。必须进行合理安排，采取有效措施来防止冲刷，保持水土，减少水土流失，维护园林景观。解决这个问题一般从以下三方面着手。

1. 竖向设计

① 控制地面坡度，使之不至于过陡，否则应另采取措施以减少水土流失。

② 同一坡度（即使坡度不大）的坡面不宜延伸过长，应该有起伏变化，坡度陡缓不一。

③ 利用顺山道、谷线等拦截和组织排水。

2. 利用植物

地被植物具有阻碍地表径流、吸收水分以及固土等作用，因而加强绿化，合理种植，用植被覆盖地面是防止地表水土流失的有效措施。

3. 工程措施

（1）"谷方"、"挡水石"　地表径流在谷线或山洼处汇集，形成大流速径流，为防止其对地表的冲刷，可在汇水线上布置一些山石，借以减缓水流冲力降低流速，起到保护地表的作用，这些山石就叫"谷方"。"谷方"需深埋浅露加以稳固。"挡水石"则是布置在山道边沟坡度较大处，作用和布置方式同"谷方"相近（图2-5）。

（2）护土筋 利用山道边沟、地面排水，当坡度大或同一面坡很长时，为了减少水流对边沟的冲刷以及形成大的地表径流，用砖或其他块料成行埋置土中，这就是护土筋。护土筋一般露出地面3～5cm，每隔一定距离（10～20m）设置3～4道，与道路中心线成一定角度，如鱼骨状排列于道路两侧（图2-6）。

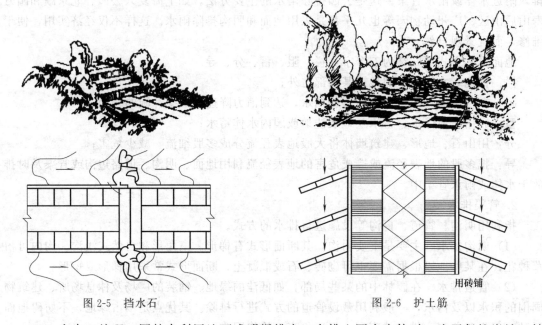

图 2-5 挡水石 　　　　　　　　　　　图 2-6 护土筋

（3）出水口处理 园林中利用地面或明渠排水，在排入园内水体时，为了保护岸坡，结合造景，出水口应做适当处理，常见的有"水簸箕"等。

"水簸箕"是一种敞口排水槽，槽身的加固可采用三合土、浆砌块石（或砖）或混凝土。当排水槽上下口高差大时可采用如下措施：可在下口设栅栏起消力和防护作用［图2-7(a)］；在槽底设置"消力阶"［图2-7(b)］；槽底做成礓磜状（连续的浅阶）［图2-7(c)］；在槽底砌消力块等［图2-7(d)］。

（4）埋管排水 利用路面或道路边沟将雨水引至濒水地段或排放点，设雨水口埋置暗管将水排入水体。

五、雨水管渠的设计

1. 雨水管道系统的组成

雨水管道系统通常由雨水口、连接管、检查井、出水口等部分组成。

（1）雨水口 雨水口是雨水管渠上收集雨水的构筑物，设置在道路边沟、汇水点或地势低洼处。一般雨水口低于周围地面2～5cm，一个平箅雨水口可排泄15～20L/s的地面径流量。雨水口设置的间距，在直线上一般控制在30～80m。雨水口为标准构筑物，一般可查标准图集直接获得。

（2）连接管 连接管是雨水口与检查井之间的连接管段，管径常为200mm，长度一般不超过25m，坡度不小于3‰。

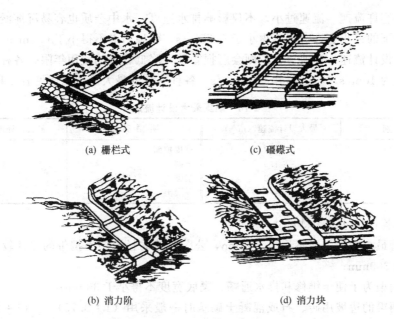

(a) 栅栏式   (c) 礓礤式

(b) 消力阶   (d) 消力块

图 2-7　水簸箕的形式

（3）检查井　检查井是为了进行管段连接、检查和管道清通而设置的雨水管道系统附属构筑物。通常设在管渠交汇、转弯、管渠尺寸或坡度改变、跌水等处以及相隔一定距离的直线管段上。相邻检查井之间管渠应成一直线，井与井之间的最大距离见表 2-8。

表 2-8　直线道路上相邻检查井之间的最大距离

管线或暗渠净高/m	最大间距/m	
	污水管道	雨水管道
200～400	30	40
500～700	50	60
800～1000	70	80
1000～1500	90	100
>1500～2000	100	120

检查井也为标准构筑物，一般可查标准图集直接获得。

（4）出水口　出水口设在雨水管渠系统的终端，用以将汇集的雨水排入天然水体。

园林的雨水口、检查井、出水口等，在满足构筑物本身的功能要求下，其外观应作为园林景观来考虑，可以运用各种艺术造型及工程处理手法加以美化，使之成为园林一景。

2. 雨水管渠布置中的一般规定

（1）管道的最小覆土深度　根据雨水井连接管的坡度、冰冻深度和外部荷载情况决定，雨水管道的最小覆土深度一般为 0.5～0.7m。

（2）最小坡度　雨水管道为无压自流管，只有具有一定的纵坡值，雨水才能靠自身重力向前流动，而且管径越小所需最小纵坡值越大。管渠纵坡的最小限值见表 2-9。

表 2-9　管渠的最小纵坡

管渠类别	最小纵坡 i/%	管渠类别	最小纵坡 i/%	管渠类别	最小纵坡 i/%
管径 200mm 管道	0.4	管径 350mm 管道	0.3	土质明沟	0.2
管径 300mm 管道	0.33	管径 400mm 管道	0.2	砌筑梯形明渠	0.02

（3）最小容许流速　流速过小，不仅影响排水速度，水中杂质也容易沉淀淤积。各种管道在自流条件下的最小容许流速不得小于 0.75m/s，各种明渠不得小于 0.4m/s。

（4）最大设计流速　流速过大，则会磨损管壁，降低管道的使用年限。各种金属管道的最大设计流速为 10m/s，非金属管道为 5m/s；各种明渠的最大设计流速见表 2-10。

表 2-10　明渠最大设计流速

明 渠 类 别	最大设计流速/(m/s)	明 渠 类 别	最大设计流速/(m/s)
粗砂及贫砂质黏土	0.8	草皮护面	1.6
砂质黏土	1.0	干砌块石	2.0
黏土	1.2	浆砌块石及浆砌砖	3.0
石灰岩及中砂岩	4.0	混凝土	4.0

（5）最小管径尺寸及沟槽尺寸

① 雨水管最小管径一般不小于 150mm，公园绿地的径流中因携带的泥沙较多，故最小管径尺寸采用 300mm；

② 梯形明渠为了便于维修和排水通畅，渠底宽度不得小于 30mm；

③ 梯形明渠的边坡用砖、石或混凝土砌筑时一般采用 (1:0.75)～(1:1)；土质明沟则视土壤性质而定，见表 2-11。

表 2-11　梯形明渠的边坡

土　质	边　坡	土　质	边　坡
粉砂	(1:3)～(1:3.5)	黏质砂土和黏土	(1:1.15)～(1:1.25)
松散的细砂、中砂、粗砂	(1:2)～(1:2.5)	砾石土和卵石土	(1:1.25)～(1:1.5)
细实的细砂、中砂、粗砂	(1:1.5)～(1:2)	半岩性土	(1:0.5)～(1:1)
黏质砂土	(1:1.5)～(1:2)	风化岩石	(1:0.25)～(1:0.5)

3. 雨水管渠布置要点

① 当地形坡度较大时，雨水干管应布置在地形低的地方；在地形平坦时，雨水干管应布置在排水区域的中间地带。

② 应结合区域的总体规划进行考虑，如道路情况、建筑物情况、远景建设规划等。雨水管渠一般沿道路设置。

③ 雨水口的布置应考虑到能及时排除附近地面的雨水，不致使雨水漫过路面而影响交通。

④ 管道坡度宜尽量接近地面坡度，以减少土方量。

⑤ 雨水管渠可根据直接与分散的原则布置，分别排入附近水体或城市雨水管渠，不必搞完整的系统。

4. 雨水管渠的设计

（1）划分排水流域（汇水区）　根据排水区域地形、地物等情况划分汇水区，通常沿山脊线（分水岭）、建筑外墙、道路等进行划分。给各汇水区编号并求其面积。

（2）作雨水管渠的布置草图　根据汇水区划分、水流方向及附近城市雨水干管分布情况等，确定管道走向以及雨水口、检查井的位置。给各检查井编号并求其地面标高，标出各段管长。

（3）划分并计算各设计管段的汇水面积　各设计管段汇水面积的划分应结合地形坡度、汇水面积的大小以及雨水管道布置等情况而划定。地形较平坦时，可按就近排入附近雨水干管道的原则划分汇水面积；地形坡度较大时，按地面雨水径流的水流方向划分汇水面积。将每块面积进行编号，计算其面积的数值并标明在图中。

（4）确定各排水流域的平均径流系数值　径流系数是单位面积径流量与单位面积降雨量的比值，用 Ψ 表示。地面性质不同，其径流系数也不同，各类地面径流系数参考表 2-12。

表 2-12　不同性质地面的径流系数 Ψ 值

地面种类	Ψ 值	地面种类	Ψ 值
各种屋面、混凝土和沥青路面	0.9	干砌砖石和碎石路面	0.4
大块石铺筑路面和沥青表面处理的碎石路面	0.6	非铺砌土地面	0.3
级配碎石路面	0.45	绿地	0.15

通常根据排水流域内各类地面的面积数或所占比例，计算出该排水流域的平均径流系数。

$$平均径流系数　\overline{\Psi} = \frac{\sum \psi F}{\sum F}$$

式中，F 为汇水面积上各类地面的面种；ψ 为各类地面相对应的径流系数；$\sum F$ 为汇水总面积。

（5）求设计降雨强度　我国常用的降雨强度公式为

$$q = \frac{167 A_1 (1 + c1gP)}{(t + b)^n}$$

式中，q 为设计降雨强度；P 为设计重现期；t 为降雨历时；A_1，c，b，n 为地方参数，由统计方法进行计算确定。

一般公园绿地中 P 为 1～3a，t 为 5～15min。

（6）求单位面积径流量　单位面积径流量是降雨强度与径流系数的乘积，即 $q_0 = q\psi$。

（7）雨水管渠的水力计算　查水力计算图或计算表，确定各管段的管径、坡度、流速、管底标高及管道埋深等，以求得各管段的设计流量。

（8）绘制雨水管道平面图和纵剖面图。

（9）绘出管道系统排水构筑物的结构详图。

六、盲沟排水

1. 盲沟排水的优点

取材方便，可废物利用，造价低廉；不需附加雨水口、检查井等构筑物，地面不留"痕迹"，从而保持了园林绿地草坪及其他活动场地的完整性。

2. 盲沟的布置形式

盲沟的布置形式取决于地形及地下水的流动方向。大致可分为以下四种形式（图 2-8）。

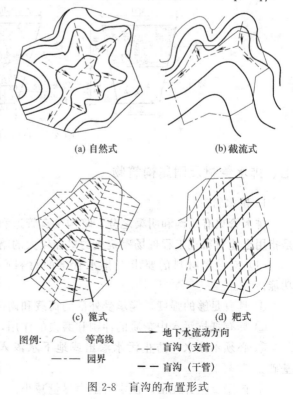

(a) 自然式　　　　(b) 截流式

(c) 篦式　　　　(d) 耙式

图例：　～　等高线　　　→　地下水流动方向
　　　—··—　园界　　　---　盲沟（支管）
　　　—·—　　　　　　　━━　盲沟（干管）

图 2-8　盲沟的布置形式

（1）自然式（树枝式）　适用于周边高中间低的山坞状园址地形。

（2）截流式　适用于四周或一侧较高的园址地形情况。

（3）篦式（鱼骨式）　适用于谷地或低洼积水较多处。

（4）耙式　适用于一面坡的情况。

3. 盲沟的埋深和间距

盲沟的埋深主要取决于植物对地下水位的要求、受根系破坏的影响、土壤质地、冰冻深度及地面荷载情况等因素，通常在 1.2～1.7m 之间；支管间距则取决于土壤种类、排水量和排除速度，对排水要求高、全天候的场地，应多设支管。支管间距一般为 8～24m。

盲沟的埋置深度一般不宜太浅，否则易造成表土中营养成分流失；但也不能太深，否则土方量太大，导致造价增大。

4. 盲沟纵坡

盲沟沟底纵坡不小于 0.5%。只要地形等条件许可，纵坡坡度应尽可能取大些，以利地下水的排除。

5. 盲沟的构造

因透水材料多种多样，盲沟类型也很多。常用材料及构造形式如图 2-9 所示。

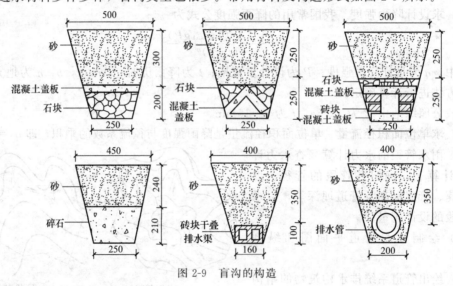

图 2-9　盲沟的构造

七、排水管材及附属构筑物

1. 排水管材

排水管渠有暗沟和明渠之分，暗沟又有管道和沟渠之分。管道由预制管铺设而成，沟渠是指用土建材料在工程现场砌筑成的口径较大的暗沟。

（1）对管渠材料的要求　排水管渠的材料必须满足一定要求，才能保证正常的排水功能。

① 具有足够的强度，能承受外部的荷载和内部的水压。

② 具有抵抗污水中杂质的冲刷和磨损的作用，还应有抗腐蚀的性能。

③ 必须不渗水，防止污水渗出或地下水渗入而污染地下水或腐蚀其他管道、建筑物基础。

④ 内壁要整齐光滑，使水流阻力尽量减小。

⑤ 尽量就地取材，减少成本和运输费用。

（2）排水管材及制品　常用管道多是圆形管，大多数为非金属管材，具有抗腐蚀的性能，且价格便宜。常用管道有以下几类。

① 混凝土管和钢筋混凝土管：制作方便，价低，应用广泛。

② 陶土管：内壁光滑，水阻力小，不透水性能好，抗腐蚀。但易碎，抗弯、拉强度低，节短，施工不便，不宜用在松土和埋深较大之处。

③ 塑料管：内壁光滑，水流阻力小，抗腐蚀性能好，节长，接头少，抗压力不高，用在建筑的排水系统中很多。室外多用小管径排水管。

④ 金属管：常用的铸铁管和钢管强度高，抗渗性强，内壁光滑，抗压抗震性能好，节长，接头少。但价贵，耐酸碱腐蚀性差。常用在压力管上。

2. 排水管渠系统附属构筑物

排水管渠系统附属构筑物，常见的有检查井、跌水井、雨水口、出水口等。

（1）检查井　检查井用来对管道进行检查和清理，同时也起连接管段的作用。检查井常设在管渠转弯、交汇、管渠尺寸和坡度改变处，在直线管段相隔一定距离也需设检查井。相邻检查井之间管渠应成一直线。直线管道上检查井最大间距见表2-8。检查井可分为不下人的浅井和需下人的深井。井口常为600~700mm。构造如图2-10所示。

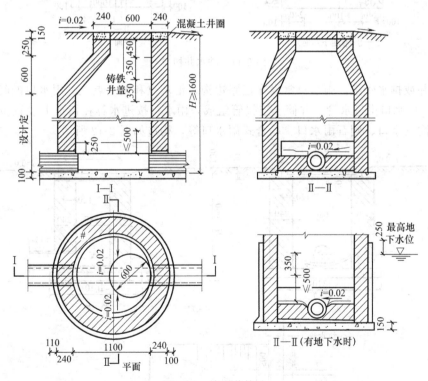

图 2-10　检查井构造

（2）跌水井　跌水井是设有消能设施的检查井。当遇到下列情况且跌差大于1m时需设跌水井：管道流速过大，需加以调节；管道垂直于陡峭地形的等高线布置，按原坡度将露出地面处；离人较低的管道处；管道遇上地下障碍物，必须跌落通过处。常见跌水井有竖管式、阶梯式、溢流堰式等。构造如图2-11所示。

（3）雨水口　雨水口是雨水管渠上收集雨水的构筑物。地表径流通过雨水口和连接管道

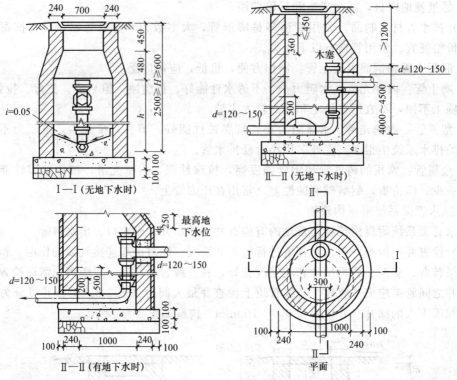

图 2-11　跌水井构造

流入检查井或排水管渠。雨水口常设在道路边沟、汇水点和截水点上。雨水口的间距一般为
25～60m。雨水口由进水管、井筒、连接管组成，雨水口按进水箅在街道上设置位置的不同
可分为边沟雨水口、侧石雨水口、联合式雨水口等，构造如图 2-12 所示。

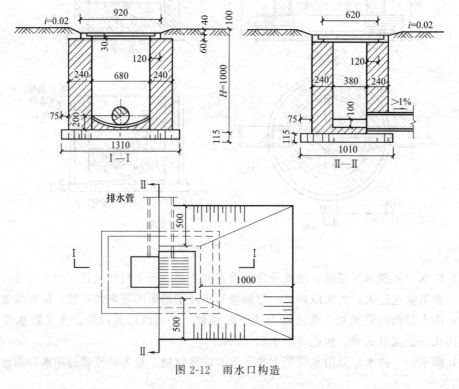

图 2-12　雨水口构造

（4）出水口　出水口的位置和形式应根据水位、水流方向、驳岸形式等而定，雨水管出水口最好不要淹没在水中，管底标高在水体常水位以上，以免水体倒灌。出水口与水体岸边连接处，一般做成护坡或挡土墙，以保护河岸及固定出水管渠与出水口。

园林的雨水口、检查井、出水口，除满足构筑物本身的功能要求外，其外观应作为园景来考虑，可以运用各种艺术造型及工程处理手法来加以美化，使之成为一景。如图 2-13 所示。

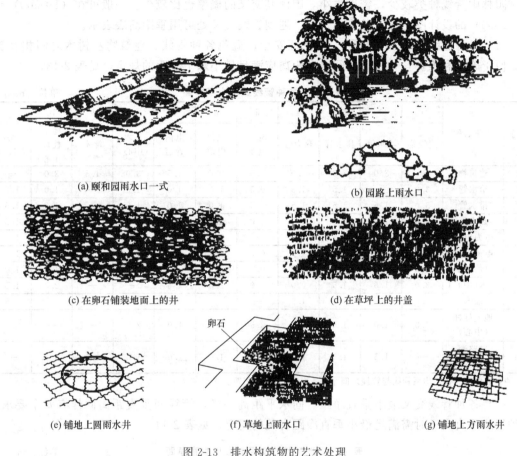

(a) 颐和园雨水口一式　　　　　　　　　　　(b) 园路上雨水口

(c) 在卵石铺装地面上的井　　　　　　　　　(d) 在草坪上的井盖

卵石

(e) 铺地上圆雨水井　　　(f) 草地上雨水口　　　(g) 铺地上方雨水井

图 2-13　排水构筑物的艺术处理

八、园林管线工程的综合布置

管线综合布置的目的是为了合理安排各种管线，综合解决各种管线在平面和竖向上的相互影响，以避免发生矛盾，造成人力、物力、财力和时间上的浪费。

1. 综合布置的原则

（1）地下管线的布置一般是按管线的埋深由浅至深（由建筑物向道路）布置，常用的顺序如下：①建筑物基础；②电信电缆；③电力电缆；④热力管道；⑤煤气管；⑥给水管；⑦雨水管道；⑧污水管道；⑨路缘。

（2）管线的竖向综合应根据小管让大管、有压管让自流管、临时管让永久管、新建管让已建管的原则来布局。

（3）管线平面应做到管线短，转弯小，减少与其他管线的交叉，并同主要建筑物和道路的中心线平行或垂直敷设。

（4）干管应靠近主要使用单位和连接支管较多的一侧敷设。

（5）地下管线一般布置在道路以外，但检修较少的管线（如污水管、雨水管、给水管）也可布置在道路下面。

（6）雨水管应尽量布置在路边，带消防栓的给水管也应沿路敷设。

2. 管线综合的表示方法

一般园林管线的综合布置用管线综合平面图来表示。

园林中管线种类较少，密度也小，因此其交叉的概率也比较少。一般可在（1∶500）～（1∶2000）的设计图上确定其平面位置，遇到管线交叉处可用垂距简表表示。

（1）各种管线最小水平净距　为保证安全，避免各种管线、建筑物和树木之间相互影响，便于施工和维护，各种管线间水平距离应满足最小水平净距的规定，见表2-13。

表 2-13　各种管线最小水平净距　　　　单位：m

顺序	管路名称	1 建筑物	2 给水管	3 排水管	4 热力管	5 电力电缆	6 电信电缆	7 电信管道	8 乔木(中心)	9 灌木	10 地上柱杆(中心)	11 道路侧石边缘
1	建筑物	—	3.0	3.0	3.0	0.6	0.6	1.5	3.0	1.5	3.0	—
2	给水管	3.0	—	1.5	1.5	0.5	1.0	1.0	1.5	—	1.0	1.5
3	排水管	3.0	1.5	1.5	1.5	0.5	1.0	1.0	1.5	—	1.5	1.5
4	热力管	3.0	1.5	1.5	—	2.0	1.0	1.0	2.0	1.0	1.5	1.5
5	电力电缆	0.6	0.5	0.5	2.0	—	0.5	0.2	2.0	—	0.5	1.0
6	电信电缆	0.6	1.0	1.0	1.0	0.5	—	0.2	2.0	—	0.5	1.0
7	电信管道	1.5	1.0	1.0	1.0	0.2	0.2	—	1.5	—	1.0	1.0
8	乔木(中心)	3.0	1.5	1.5	2.0	2.0	2.0	1.5	—	—	2.0	1.0
9	灌木	1.5	—	—	1.0	—	—	—	—	—	—	0.5
10	地上柱杆(中心)	3.0	1.0	1.5	1.5	0.5	0.5	1.0	2.0	—	—	0.5
11	道路侧石边缘	—	1.5	1.5	1.5	1.0	1.0	1.0	1.0	0.5	0.5	—

注：表中所列数字均系管线与管线之间净距；"—"为不需间距。

（2）各种管线交叉最小垂直净距　同水平距离一样，管线间垂直距离同样有安全要求。各种管线垂直交叉时需满足最小垂直净距有关的规定，见表2-14。

表 2-14　地下管线交叉时最小垂直净距　　　　单位：m

埋设在下面的管线名称	安设在上面的管线名称									
	给水管	排水管	热力管	煤气管	电信		电力电缆		明沟(沟底)	涵洞基础底
					电缆	管道	高压	低压		
	净距									
给水管	0.15	0.15	0.15	0.15	0.50	0.15	0.50	0.50	0.50	0.15
排水管	0.15	0.15	0.15	0.15	0.50	0.15	0.50	0.50	0.50	0.15
热力管	0.15	0.15	—	0.15	0.50	0.15	0.50	0.50	0.50	0.15
煤气管	0.15	0.15	0.15	0.15	0.50	0.15	0.50	0.50	0.50	0.15
电信电缆	0.50	0.50	0.50	0.50	0.50	0.25	0.50	0.50	0.50	0.50
电信管道	0.15	0.15	0.15	0.15	0.25	0.15	0.25	0.25	0.25	0.25
电力电缆	0.50	0.50	0.50	0.50	0.50	0.50	0.50	0.50	0.50	0.50

注：1. 电信电缆或电信管道一般在其他管线上面通过。

2. 电力电缆一般在热力管道和电信管缆下面、但在其他管线上面越过。

3. 热力管一般在电缆、给水、排水、煤气管上面越过。

4. 排水管道一般在其他管线下面越过。

（3）地下管线最小覆土厚度。

不同管线的埋深大小取决于管线性质、土壤种类、冰冻深度及上部荷载情况，各种地下管线覆土厚度最小限值见表 2-15。

表 2-15　地下管线的最小覆土深度

管线名称	电力电缆（10kV 以下）	电信		给水管	雨水管	污水管	
		电缆	管道			$D \leqslant 300mm$	$D \geqslant 400mm$
最小覆土厚度/m	0.7	0.8	混凝土管 0.8,石棉水泥管 0.7	在冰冻线以下(在不冰冻地区可埋设较浅)	应埋在冰冻线以下,但不小于 0.7	冰冻线以下 0.30,但不小于 0.70	冰冻线以下 0.50,但不小于 0.70

第四节　园林防水工程

防水工程是建筑工程中的重要组成部分之一，在整个工程中属分部分项工程，具有相对的独立性。

一、园林防水工程的分类

1. 按防水部位分类

① 屋面防水工程。屋面防水工程是指为防止雨水或人为因素产生的水从屋面渗入建筑物所采取的一系列结构、构造和建筑措施。

② 地下防水工程。是指对工业与民用建筑地下工程、防护工程、隧道及地下铁道等建筑物，进行防水设计、防水施工和维护管理等各项技术工作的工程实体。

③ 厨卫房间防水工程。

④ 外墙防水工程。

2. 按其采取的措施和手段不同分类

（1）材料防水　材料防水是依靠防水材料经过施工形成整体封闭防水层来阻断水的通路，以达到防水的目的或增加抗渗漏的能力。材料防水按采用防水材料的不同，分为柔性防水和刚性防水两大类。柔性防水包括卷材防水和涂膜防水。柔性防水材料主要包括各种防水卷材和防水涂料，经过施工将其铺贴或涂布在防水工程的迎水面，达到防水目的。刚性防水主要指混凝土防水，刚性防水材料主要有普通细石混凝土、补偿收缩混凝土等。混凝土防水是依靠增强混凝土的密实性及采取构造措施达到防水目的。

（2）构造防水　构造防水是采取合适的构造形式阻断水的通路，防止水侵入室内的统称。如对各类接缝、各部位和构件之间设置的变形缝以及节点细部构造的防水处理均属于构造防水。

二、防水卷材

防水卷材在我国建筑防水材料的应用中处于主导地位。常用的防水卷材按材料的组成不同一般可分为沥青防水卷材、高聚物改性沥青防水卷材和合成高分子防水卷材三大类。

1. 沥青防水卷材

（1）石油沥青纸胎油毡、油纸　石油沥青纸胎油毡是用低软化点石油沥青浸渍原纸，然后用高软化点石油沥青涂覆油纸两面，再涂或撒隔离材料（石粉或云母片）所制成的一种纸胎防水卷材。表面撒石粉作隔离材料的称为粉毡，撒云母片作隔离材料的称为片毡。

石油沥青纸胎油纸是用低软化点石油沥青浸渍原纸所制成的一种无涂盖层的纯纸胎防水卷材。

（2）玻纤胎沥青防水卷材　玻纤胎沥青防水卷材是以玻璃布和玻纤毡为胎体材料生产防水卷材的总称。

（3）其他胎体材料的沥青防水卷材　石油沥青麻布油毡是以麻布为胎体的防水卷材；石油沥青石棉纸胎油毡是以石棉纸为胎体的防水卷材；聚乙烯膜沥青防水卷材是以聚乙烯膜为胎体，采用浇注工艺生产，再在卷材的两面覆以聚乙烯膜的一种防水材料。

2. 高聚物改性沥青防水卷材

（1）弹性体沥青防水卷材　弹性体沥青防水卷材采用合成橡胶（弹性体）等高分子化合物对沥青进行改性，并以其为浸渍和涂布材料生产的一种防水卷材。常见的有 SBS 改性沥青防水卷材。

（2）塑性体改性沥青防水卷材　塑性体改性沥青防水卷材系采用合成树脂来对沥青改性，具有高温不流淌、低温不脆裂的特性的一种防水卷材。

3. 合成高分子防水卷材

（1）合成橡胶类防水卷材　有三元乙丙橡胶、氯丁橡胶、氯磺化聚乙烯防水卷材等。

（2）合成树脂类防水卷材　有 PVC 聚氯乙烯防水卷材、氯化聚乙烯防水卷材和高密度聚乙烯防水卷材等。

常见的防水卷材胶结材料有沥青胶、冷底子油和合成高分子防水卷材的配套胶黏剂。

三、刚性防水材料

刚性防水层的原材料主要有水泥、砂石、外加剂等，详见表 2-16。

表 2-16　刚性防水层的主要材料

类　　别	材料名称	作　　用
胶凝材料	水泥	1. 在空气中和水硬化,把砂、石子等材料牢固地胶结在一起使混凝土（或砂浆）的强度不断增长； 2. 膨胀水泥使混凝土在硬化过程中产生适度膨胀
集料	砂石子	1. 起骨架作用,使混凝土具有较好的体积稳定性和耐久性； 2. 节省水泥,降低成本
外加剂	减水剂、防水剂、膨胀剂等	在搅拌混凝土时掺入,用以改善混凝土的性能；
金属材料	钢筋、钢丝、钢纤维	1. 增加混凝土防水层的刚度和整体性； 2. 提高防水层混凝土的强度,抑制细微裂缝的开展,提高抗裂性能
块体材料	黏土砖、保温防水块体等	与防水砂浆形成防水薄壳面层
粉状憎水材料	防水粉等	作防水层,可起到防水、隔热、保温作用

在园林工程中除了建筑工程中常见的屋面防水工程、地下防水工程、厨卫房间防水工程和外墙防水工程外，还有水池等工程涉及防水工程。在各类防水工程施工中，为了取得良好的防水效果应注意四方面的工作：

① 认真选择防水材料；

② 精心设计防水方案和构造；

③ 认真组织防水工程施工；

④ 及时进行防水工程维修。

复习思考题

1. 园林用水分为哪几类？对水质各有什么要求？园林用水水源如何解决？
2. 在既定喷灌区域里布置喷头的顺序是什么？
3. 喷灌系统中划分轮灌区的原则是什么？
4. 喷灌系统施工在管槽回填前为什么要进行水压试验和泄水试验？其方法是什么？
5. 为什么园林排水通常采用地面排水方式？防止地表径流冲刷的措施有哪些？
6. 简述雨水管渠设计的步骤和方法。

技能训练一　参观喷灌工程设施

① 选择的实习对象应具有代表性，设施种类较齐全。有条件时应以大、中型喷灌系统为好。隐蔽设施尽可能选择现场施工场合进行。

② 喷灌系统工作时，观察记录喷头的性能，如射程、射角、喷洒角度、喷灌均匀度、单喷头射程与喷头组合间距的关系以及组合喷灌均匀度等。

③ 喷灌系统停歇时，观察控制设备和加压设备，了解设备的种类、作用、主要性能指标及安全操作要领；测绘某一轮灌区管网平面布置草图（包括喷头、各种阀门井、控制井、干管直至系统全部）。

技能训练二　详细调查、观测、分析、总结某一公园的排水系统与排水设施

① 公园最好具有明显的地貌变化兼有管渠排水方式。

② 通过调查、观察、分析、测绘公园汇水区划分情况，标出水流方向，确认汇水线；确认该公园防止径流冲刷的措施和方法；观测雨水口、检查井和出水口等管渠附属构筑物的形式、平面布置及其关系等。

③ 概括总结该公园排水系统及设施的设计思路。

技能训练三　喷灌工程设计和施工

一、实训目的

通过模拟或业务性训练，掌握固定式喷灌系统的设计方法和施工方法。

二、实训材料及用具

图纸、经纬仪、标尺、丈绳、木桩、石灰、铁锹、镐、PVC 管道、PVC 接头、喷头、控制器、安装工具、堵头、压力试验机。

三、实训要求

能进行施工图设计、安装喷灌系统。

四、实训内容及方法

① 分析设计任务书。

② 收集有关资料,进行现场调查。

③ 确认喷灌强度、水滴打击强度、灌溉定额及灌水定额等。

④ 系统选型。

⑤ 管网布置与计算。

⑥ 绘制设计图纸。

⑦ 拟定灌水制度和安全运行措施,核算经济技术指标。

⑧ 编制设计说明书。

五、实训成果

设计一套固定式喷灌系统,完成了固定式喷灌系统的安装。

第三章 园林砌体工程

【知识目标】
　　☆ 了解园林挡土墙的材料、类型。
　　☆ 掌握园林挡土墙、景墙设计与施工技法。
　　☆ 了解花坛砌体与装饰材料种类及性能。
　　☆ 掌握花坛表面装饰设计与施工技法。

【能力目标】
　　☆ 能进行园林挡土墙设计与施工。
　　☆ 能进行园林景墙设计与施工。
　　☆ 能进行花坛设计与施工。

　　砌体工程包括砌砖和砌石。在园林工程建设过程中如花坛、水池、挡土墙、驳岸、围墙、管沟、检查井等构筑物都应用到砌体工程。砖石结构有许多优点，如取材易，施工方便，造价低，可节约钢材、木材和水泥，耐火、隔热、隔声性能好等。同时，它也存在一些缺点，如砖石结构强度低、自重大、抗震性能差等。砖石砌体在园林中被广泛采用，它既是承重构件、围护构件，也是主要的造景元素之一，尤其是砖、石所形成的各种墙体，在分隔空间、改变设施的景观面貌、反映地方乡土景观特征等方面得到广泛而灵活的运用。本章主要讲解园林挡土墙、园林景墙、花坛等砌体工程。

第一节　园林挡土墙和景墙工程

　　挡土墙是防止土坡坍塌、承受侧向压力的构筑物，即在土坡外侧人工修建的防御墙。在园林建设过程中，由于使用功能、植物生长、景观要求等的需要，常将不同坡度的地形按要求改造成所需的场地。在山区、丘陵地区的园林中，挡土墙常常是非常重要的地上构筑物，起着十分重要的作用。在地势平坦的园林中，为分割空间、遮挡视线、丰富景观层次，有时会人工砌筑成墙体，成为造景功能上的景墙。园林挡土墙总是以倾斜或垂直的面迎向游人，其对环境心理的影响要比其他景观工程更为强烈，因而，要求设计者和施工者在考虑工程安全性的同时，必须进行空间构思，仔细处理其形象和表面的质感，即仔细处理细部、顶部和底脚，把它作为风景园林硬质景观的一部分来设计、施工（图3-1）。

一、园林挡土墙的功能作用

　　1. 固土护坡，阻挡土层塌落
　　挡土墙的主要功能是在较高地面与较低地面之间充当泥土阻挡物，以防止陡坡坍塌。当由厚土构成的斜坡坡度超过所允许的极限坡度时，土体的平衡即遭到破坏，发生滑坡与坍塌。因此，对于超过极限坡度的土坡，就必须设置挡土墙，以保证陡坡的安全。

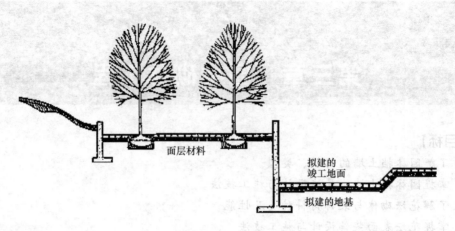

面层材料

拟建的
竣工地面

拟建的地基

图 3-1　园林挡土墙

2. 节省占地，扩大用地面积

在一些面积较小的园林局部，当自然地形为斜坡地时，要将其改造成平坦地，以便能在其上修筑房屋。为了获得最大面积的平地，可以将地形设计为两层或几层台地，这时，上下台地之间若以斜坡相连接，则斜坡本身需要占用较多的面积，坡度越缓，所占面积越大。如果不用斜坡而用挡土墙来连接台地，就可以少占面积，使平地的面积更大些。

3. 削弱台地高差

当上下台地地块之间高差过大，下层台地空间受到强烈压抑时，地块之间挡土墙的设计可以化整为零，分作几层台阶形的挡土墙，以缓和台地之间高度变化太强烈的矛盾。

4. 制约空间和空间边界

图 3-2　巴洛克式园林的"水剧场"景观

当挡土墙采用两面甚至三面围合的状态布置时，就可以在所围合之处形成一个半封闭的独立空间。有时，这种半闭合的空间很有用处，能够为园林造景提供具有一定环绕性的良好的外在环境。如西方文艺复兴后期出现的巴洛克式园林的"水剧场"景观（图3-2），就是在采用幻想式洞窟造型的半环绕式的台地挡土墙前创造出的半闭合喷泉水景空间。

5. 造景作用

由于挡土墙是园林空间的一种竖向界面，在这种界面上进行一些造型造景和艺术装饰，就可以使园林的立面景观更加丰富多彩，进一步增强园林空间的艺术效果。因此，挡土墙可以美化园林的立面（图 3-3）。

二、园林挡土墙的材料与类型

1. 园林挡土墙的材料

在古代有用麻袋、竹筐取土，或者用铁丝笼装卵石成"石龙"，堆叠成庭园假山的陡坡，以取代挡土墙，也有用连排木桩插板做挡土墙的，这些土、铁丝、竹木材料都不耐用，所以

图 3-3　具有造景功能的挡土墙

现在的挡土墙常用石块、砖、混凝土、钢筋混凝土等硬质材料构成。

（1）石块　不同大小、形状和地区的石块，都可以用于建造挡土墙。

石块一般有两种形式：毛石（或天然石块）；料石。

无论是毛石或料石用来建造挡土墙都可使用下列两种方法。

① 浆砌法　就是将各石块用黏结材料粘合在一起。

② 干砌法　就是不用任何黏结材料来修筑挡土墙，此种方法是将各个石块巧妙地镶嵌成一道稳定的砌体，由于重力作用，每块石头相互咬合十分牢固，增加了墙体的稳定性。

（2）黏土砖　黏土砖也是挡土墙的建造材料，它比起石块，能形成平滑、光亮的表面。砖砌挡土墙需用浆砌法。

（3）混凝土和钢筋混凝土　挡土墙的建造材料还有混凝土，既可现场浇筑，又可预制。现场浇筑具有灵活性和可塑性；预制水泥构件则有不同大小、形状、色彩和结构标准。有时为了进一步加固，常在混凝土中加钢筋，成为钢筋混凝土挡土墙，其也可分为现浇和预制两种，外表与混凝土挡土墙相同。

（4）木材　粗壮木材也可以做挡土墙，但须进行加压和防腐处理。用木材做挡土墙，其目的是使墙的立面不要有耀眼和突出的效果，特别能与木结构建筑产生统一感。其缺点是没有其他材料经久耐用，而且还需要定期维护，以防止其受风化和潮湿的侵蚀。木质墙面最易受损害的部位是与土地接触的部分，因此，这一部分应安置在排水良好、干燥的地方，尽量保持干燥。实际工程中应用较少。

2.园林挡土墙的类型

园林中挡土墙一般有如下几类（图 3-4）。

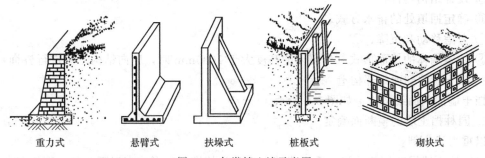

重力式　　　　悬臂式　　　　扶垛式　　　　桩板式　　　　砌块式

图 3-4　各类挡土墙示意图

（1）重力式挡土墙　这类挡土墙依靠墙体自重取得稳定性，在构筑物的任何部分都不存在拉应力，砌筑材料大多为砖砌体、毛石和不加钢筋的混凝土。用不加筋的混凝土时，墙顶宽度至少应为 200mm，以便于混凝土浇筑和捣实。基础宽度则通常为墙高的 1/3 或 1/5。从经济的角度来看，重力墙适用于侧向压力不太大的地方，墙体高度以不超过 1.5m 为宜，否则墙体断面增大，将使用大量砖石材料，其经济性反而不如其他的非重力式墙。园林中通常都采用重力式挡土墙。

（2）悬臂式挡土墙　其断面通常作 L 形或倒 T 形，墙体材料都是用混凝土。墙高不超过 9m 时，都是经济的。3.5m 以下的低矮悬臂墙，可以用标准预制构件或者预制混凝土块加钢筋砌筑而成。根据设计要求，悬臂的脚可以向墙内一侧、墙外一侧或者墙的两侧伸出，构成墙体下的底板。如果墙的底板伸入墙内侧，便处于它所支承的土壤下面，也就利用了上面土壤的压力，使墙体自重增加，可更加稳固墙体。

（3）扶垛式挡土墙　当悬臂式挡土墙设计高度大于 6m 时，在墙后加设扶垛，连起墙体和墙下底板，扶垛间距为 1/2～2/3 墙高，但不小于 2.5m。这种加了扶垛壁的悬臂式挡土墙，即被称为扶垛式挡土墙。扶垛壁在墙后的，称为后扶垛墙；若在墙前设扶垛壁，则叫前扶垛墙。

（4）桩板式挡土墙　预制钢筋混凝土桩，排成一行插入地面，桩后再横向插下钢筋混凝土栏板，栏板相互之间以企口相连接，这就构成了桩板式挡土墙。这种挡土墙的结构体积最小，也容易预制，而且施工方便，占地面积也最小。

（5）砌块式挡土墙　按设计的形状和规格预制混凝土砌块，然后用砌块按一定花式做成挡土墙。砌块一般是实心的，也可做成空心的。但孔径不能太大，否则挡土墙的挡土作用就降低了。这种挡土墙的高度 1.5m 以下为宜。用空心砌块砌筑的挡土墙，还可以在砌块空穴里充填树胶、营养土，并播种花卉或草籽；待花草长出后，就可形成一道生趣盎然的绿墙或花卉墙。这种与花草种植结合一体的砌块式挡土墙，被称做" 生态墙"。

三、园林挡土墙的设计

1. 设计步骤

当土壤的倾斜度超过其自然稳定角时便难以稳固，因此，常常需要建造挡土墙。在对地基状况和土壤剖面进行分析之后，其设计程序如下：

① 估计用来抵抗墙体背面材料所需的力；

② 确定挡土墙和基础的剖面形式，目的是使结构稳固，不至于倾覆和滑动；

③ 根据结构的稳定性分析墙体自身；

④ 检测基础之下所能够承受的最大压力；

⑤ 设计结构构件；

⑥ 确定回填处的排水方式；

⑦ 考虑移动和沉降；

⑧ 确定墙体的饰面形式（当墙体的高度大于 1000mm 时，应向结构专家进行咨询）。

2. 挡土墙的剖面细部构造

挡土墙的剖面细部构造如图 3-5 所示。

3. 园林挡土墙的横断面确定

以重力式为例。

（1）挡土墙横断面的选择　重力式挡土墙常见的横断面形式有以下 3 种（图 3-6）。

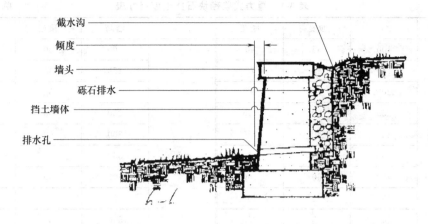

图 3-5　挡土墙的剖面细部构造

图 3-6　重力式挡土墙的几种断面形式

① 直立式。直立式挡土墙指墙面基本与水平面垂直，但也允许有约(10∶0.2)～(10∶1)的倾斜度的挡土墙。直立式挡土墙由于墙背所承受的水平压力大，只适用于几十厘米到2m左右高度的挡土墙。

② 倾斜式。倾斜式挡土墙常指墙背向土体倾斜，倾斜坡度在20°左右的挡土墙。这种形式水平压力相对减少，同时墙背坡度与天然土层比较密贴。倾斜式挡土墙可以减少挖方数量和墙背回填土的数量，适用于中等高度的挡土墙。

③ 台阶式。对于更高的挡土墙，为了适应不同土层深度的土压力和利用土的垂直压力增加稳定性，可将墙背做成台阶形。

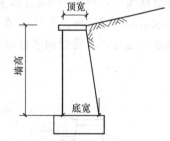

图 3-7　浆砌块石挡土墙尺寸图

（2）挡土墙横断面尺寸的确定　挡土墙横断面的结构尺寸根据墙高来确立墙顶宽和底宽（图 3-7）。表 3-1 中的数据可作为参考。挡土墙力学计算是十分复杂的工作，实际工作中较高的挡土墙（高于 1220mm）则必须经过结构工程师专门计算，保证稳定，方可施工。

4. 挡土墙排水处理

挡土墙后土坡的排水处理对于维持挡土墙的安全意义重大，特别是在雨量充沛和冻土地区，因此应给予十分重视。常用的排水处理方式如下。

（1）地面封闭处理　在墙后地面上根据各种填土及使用情况采用不同地面封闭处理以减少地面渗水。在土壤渗透性较大而又无特殊使用要求时，可做 200～300mm 厚夯实黏土层或种植草皮封闭。还可采用胶泥、混凝土或浆砌毛石封闭。

表 3-1 重力式浆砌块石挡土墙尺寸表　　　　　　　　　　单位：cm

类别	墙高	顶宽	底宽	类别	墙高	顶宽	底宽
1：3 白灰 水泥	100	35	40	1：3 水泥 浆砌	100	30	40
	150	45	70		150	40	50
	200	55	90		200	50	80
	250	60	115		250	60	100
	300	60	135		300	60	120
	350	60	160		350	60	140
	400	60	180		400	60	160
	450	60	205		450	60	180
	500	60	225		500	60	200
	550	60	250		550	60	230
	600	60	300		600	60	270

（2）设地面截水明沟　在地面设置一道或数道平行于挡土墙的明沟，利用明沟纵坡将降水和上坡地面径流排除，减少墙后地面渗水。必要时还要设纵、横向盲沟，力求尽快排除地面水和地下水（图 3-8）。

（3）内外结合处理

① 盲沟。在墙体之后的填土之中，用乱毛石做排水盲沟，盲沟宽不小于 500mm。经盲沟截下的地下水，再经墙身的泄水孔排出墙外。

② 泄水孔。泄水孔一般宽 20～40mm，高以一皮砖石的高度（100～200mm）为准，在墙面水平方向上每隔 2～4m 设一个，竖向上则每隔 1～2m 设一个。混凝土挡土墙可以用直径为 50～100mm 的圆孔或用毛竹竹筒作泄水孔。

③ 暗沟。有的挡土墙由于美观上的要求不允许墙面留泄水孔，则可以在墙背面刷防水砂浆或填一层厚度 500mm 以上的黏土隔水层，并在墙背面盲沟以下设置一道平行于墙体的排水暗沟。暗沟两侧及挡土墙基础上面用水泥砂浆抹面或做出沥青砂浆隔水层，做一层黏土隔水层也可以。墙后积水可以通过盲沟、暗沟再从沟端被引出墙外（图 3-9）。

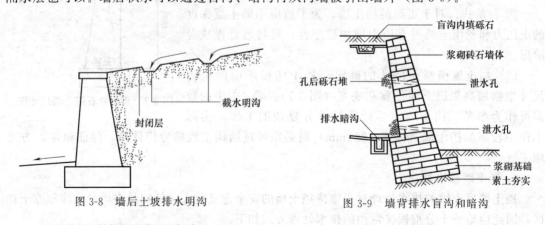

图 3-8 墙后土坡排水明沟　　　　　　　图 3-9 墙背排水盲沟和暗沟

5. 园林挡土墙的美化设计手法

园林挡土墙除必须满足工程特性要求外，更要突出其园林式的"美化空间、美化环境"功能。通过必要的设计手法，打破挡土墙线界面僵化所造成的闭合感，巧妙地重新安排界面曲线的设计，运用周围各种有利条件，把它潜在的"阳刚之美"挖掘出来，设计建造出满足功能、协调环境、有强烈空间艺术感受的挡土墙。

（1）"五化"　化高为低、化整为零、化大为小、化陡为缓、化直为曲（折）。

① 化高为低。土质好，高差在1m以内的台地，尽可能不设挡土墙而按斜坡台阶处理，以绿化作为过渡；即使高差较大，放坡有困难的地方，也可在其下部设台阶式挡土墙，或于坡地上加做石砌连拱式法券，既保证了土坡稳定，空隙处也便于绿化，以保持生态平衡；同时也降低了挡土墙高度，节省工程造价。

② 化整为零。高差较大的台地，挡土墙不宜一次砌筑成，以免造成过于庞大的整体圬工挡土墙，而宜化整为零，分成多阶的挡土墙修筑，中间跌落处设平台绿化，这样多层次分层设置的小墙与原先设置的大挡土墙相比，不仅解除了视觉上的庞大笨重感，而且挡土墙的断面也大大减小，美观与工程经济得到统一。

③ 化大为小。在一些美观上有特殊要求的地段，土质不佳时，则要化大为小，使挡土墙外观由大变小，上部可一分为二，下部变宽大，更稳定，两者之间的联系部分作为绿化带的种植穴或多级跌落式人工瀑布的水潭。总之，应遵循"小、巧、精"原则。

④ 化陡为缓。由于人的视觉所限，同样高度的挡土墙，对人产生的压抑感大小常常由于挡土墙界面到人眼的距离近远的不同而不同，故挡土墙顶部的绿化空间，在直立式挡土墙不能见到时，在为倾斜式挡土墙时则能见到，这样，空间变得开敞了，环境也更显得明快了。

⑤ 化直为曲（折）。曲线比直线更能吸引人的视线，给人以舒美的感觉，在一些特殊场合如纪念碑、露天剧场、音乐池座、球场等，挡土墙可以化直为曲（折），突出动态，结合功能之需成为灵活流畅的空间曲线，亦便于形成空间视觉中心。

（2）结合园林小品，设计多功能的造景挡土墙　将画廊、宣传栏、广告、假山、花坛、台阶、座椅、地灯、塑石标识等与挡土墙统一设计，可以节省费用和缩小挡土墙面积，使之更能强烈地吸引游人，成为环境景观的一部分，分散人们对墙面的注意力，产生和谐的亲切感。

墙顶设置通透栏板而不用实心栏板，以免加剧造成视觉上的沉重感，化实为虚，上下自成虚实对比。

挡土墙上设置梯阶宜用悬壁插板式，垂直于挡土墙布置，充分发挥其在挡土墙上投下光影效果，增加其动向趋势。

（3）精心设计垂直绿化，丰富挡土墙空间环境　挡土墙要为垂绿化提供条件——挡土墙分层，于墙上设置立体花坛、种植穴，使绿化能隐蔽挡土墙之劣处，以其绿化姿态拓展空间；渲染色彩、突出季相；分隔联系，命名景象含蓄，亲切宜人。

挡土墙上垂直绿化推荐的藤蔓花木如下。

① 常绿：木香、金银花、常春藤、络石、枸杞、十姐妹、天蓼、使君子、薜荔；

② 落叶：凌霄花、紫藤、葡萄、爬墙虎、铁线莲；

③ 草本花卉：书带草、萱草、芭蕉、芍药、鸢尾、凤仙、鸡冠花、蜀葵、玉簪、美人蕉。

（4）表现挡土墙面层的质感、纹路、色调，要巧于细部设计　质感的造成可分自然与人工斧凿两种。前者突出一个"粗"字，粗犷夺人。后者突出一个"细"字，细腻耐看。纹路则可藉凹凸纹样、拼缝、形状、深浅、图案、布局、光影造成；而色彩则与石料本色和混凝土配色有关，变化无穷。

四、园林景墙工程

景墙在园林中用于分割空间、遮挡视线，同时也是增加景观、变化空间构图的手段（图3-10）。我国古典园林中的云墙、漏明墙、平墙等是对景墙的较早应用，并在墙上开有漏窗、门洞、空窗等形成空间的渗透和扩展。景墙常与花坛、座凳结合布置，形成活泼、独立的空间（图3-11）。

(a)

(b)

(c)

(d)

(e)

图 3-10　景墙划分空间层次

园林景墙的构造形式与一般墙体相似，建造形式也基本相同（图3-12）。

五、园林挡土墙与景墙施工

园林中常以砖、石砌筑挡土墙或景墙，其施工的工艺程序见图3-13。

图 3-11　与花坛相结合的景墙

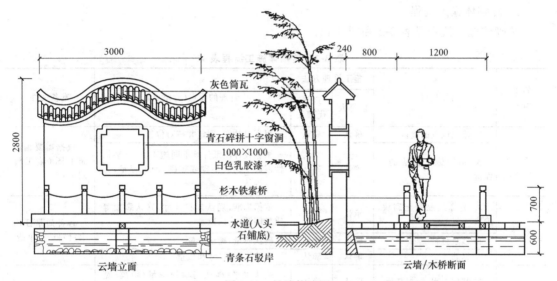

图 3-12　景墙构造图

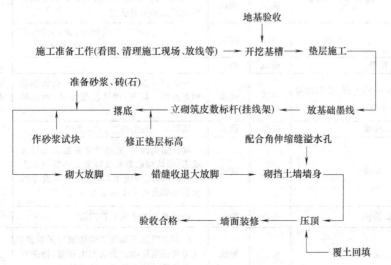

图 3-13　挡土墙施工工艺程序图

1. 施工要求

（1）挡土墙材料要求

① 石材应坚硬，不易风化，毛石等级＞MU10，最小边尺寸≥150mm。黏土砖等级≥MU10，一般用于低挡土墙。

② 砌筑砂浆标号≥M5，浸水部分用 M7.5；墙顶用 1：3 水泥砂浆抹面厚 20mm。

③ 干砌挡土墙不准用卵石，地震地区不准用干砌挡土墙。

（2）条石挡土墙砌筑基本要求

① 地基。应在老土层至实土层上，若为回填土层，应把土夯实。

② 砌筑砂浆。水泥：石灰膏：砂（粗砂）＝1：1：5或1：1：4

③ 墙身应向后倾斜，保持稳定性。用条石砌筑时，应有丁有顺，注意压茬。

④ 墙面上每隔 3～4m 作泄水缝一道，缝宽 20～30mm。

⑤ 墙顶应作压顶，并挑出 60～80mm，厚度由挡土墙高度而定。

2. 砖砌体施工流程

砖砌体施工流程见表 3-2 和图 3-14。

表 3-2　砖砌体施工流程表

施工流程	管理项目	施工管理方法		管理的要点（着眼点）	准备文件
		监督人	现场代理人		
准备	1. 施工位置的确认	确认	确认	根据设计图，测定并核对位置	根据需要编制施工图（施工计划书）
	2. 不同施工方法的工程量	确认	确认	根据设计图纸计算不同施工方法（装饰性混凝土砌块垒砌或砖砌）的工程量，并加以确认	
材料	3. 装饰式混凝土砌块，砖块	承认	承认	依据标准，确认规格尺寸；确认裂损等质量问题；确认数量	各种质量证明书材料调拨申请
	4. 砂浆材料	确认	确认	确认质量；确认数量	
	5. 钢筋	确认	确认	确认形状、尺寸和数量	
施工	6. 基础工程：挖掘基槽	确认	确认	确认水平；确认基槽挖掘量（距离、宽度、深度）	根据需要，编制配筋分项图，根据施工规模，现场采取试样及压缩强度试验报告书
	7. 基础工程：基础地面作业	确认	确认	确认距离、宽度、厚度；确认砾石充填材料的填充和捣固状况	
	8. 基础工程：模板	确认	确认	确认材质；确认形状尺寸；确认污垢和垃圾的附着情况及剥离剂的涂布状况	
	9. 配筋	确认	确认		
	10. 基础工程：基础混凝土的浇筑	确认	确认	根据设计图纸确认配置状态；确认钢筋相互的结合状态；确认浇筑方法；确认捣固状况	
	11. 放线	确认	确认	确认龙门桩的位置；确认形状	
	12. 垒砌	确认	确认	确认铺砌砂浆、充填砂浆的配合及拌和状态；确认铺砌砂浆及砂浆充填的施工方法；确认砖块的吸水状况；确认并遵守每天的垒砌高度和垒砌层数（1.2m/d）	
	13. 养护	确认	确认	确认养护方法和养护期限	
完成	14. 完工形状	确认	确认	计测并确认不同施工方法的完工数量；从美观的角度出发确认完工状态（特别要注意接缝的施工情况和污垢等）	完成形状管理图

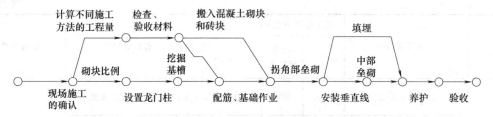

图 3-14　砖砌体施工流程图

3. 石砌体施工流程

石砌体施工流程可参考图 3-14、表 3-3。

表 3-3　石砌体施工流程表

施工流程	管理项目	施工管理方法		管理的要点(着眼点)	准备文件
		监督人	现场代理人		
准备	1. 施工位置的确认	确认	确认	根据设计图测定位置,进行核对;在建筑用地边界部位确认界线	编制施工计划书,根据需要编制施工图
	2. 不同施工方法的工程量及设计图	确认	确认	根据设计图纸,计算出不同施工方法的工程量,进行设计	
材料	3. 石材的形状、尺寸	确认	确认	计测宽度、长度、厚度、备用长度等	石材产地证明书
	4. 石材的材质(质量)	确认	确认	观察规格、制品、质量,注意裂缝、缺陷等	
	5. 不同材料的数量	确认	确认	确认不同石材的需要量	
	6. 基础材料和内侧装填材料	确认	确认	确认材质、粒径、数量	骨料各种试验表
	7. 混凝土材料和灰浆材料	确认	确认	确认质量、数量	混凝土配合报告书,不同场合的试验搅拌及其试验报告书,灰浆(水泥砂)的质量证明书
	8. 排水材料	确认	确认	确认材质、尺寸、数量	排水材料质量证明书
施工	9. 挖方、挖槽、掘削	确认	确认	确认龙门桩;计测基槽挖掘量(距离、宽度、深度)	根据施工规模现场采取试件,准备试件压缩强度试验报告书
	10. 基础作业	确认	确认	确认块石的铺设和捣固状况;确认基础的宽度、厚度,以及砾石填充材料的填塞状态	
	11. 堆砌方法	确认	确认	确认间隙处理状态;确认合缝及堆砌形状是否正确;计测施工量	
	12. 填充施工主体及内侧装填混凝土	确认	确认	确认内侧定线状况;确认厚度和填充状况	
	13. 内侧装填卵石	确认	确认	确认厚度填充砾石材料;确认捣固状况	
	14. 配置伸缩缝	确认	确认	确认伸缩缝间隔、位置	

续表

施工流程	管理项目	施工管理方法		管理的要点（着眼点）	准备文件
		监督人	现场代理人		
施工	15. 设置排水设施	确认	确认	检查配置情况；检查坡度、防止堵塞	根据施工规模现场采取试件，准备试件压缩强度试验报告书
	16. 填埋	确认	确认	确认捣固状态	
	17. 上表面及端部的施工	确认	确认	确认上表面的完工形状；确认端部的完工形状	
	18. 表面施工的状态	确认	确认	观察垒石整体的平衡情况；检查表面施工状态是否美观	
	19. 养护	确认	确认	确认养护法和期限	
完成	20. 竣工形态	确认	确认	根据设计图纸的形状计测；计测不同施工方法竣工量；从审美的角度检查完工情况	完成形状管理图

六、小型园林挡土墙施工实例

1. 材料

建造一个 6m 长、1m 高的挡土墙所需材料如下。

平台块石：84 块，每块 400mm×200mm×200mm；

土壤：0.7m³。

建造一个 6m 长、0.8m 宽的台阶和种植地所需材料如下。

平台块石：116 块，每块 400mm×200mm×200mm；

水泥：75kg；

砂子：405kg。

2. 施工步骤

（1）准备工作

第 1 步：虽然不必用混凝土地基，但挡土墙地基必须水平、压实。从挡土墙的开始处，挖大约 600mm 宽、6m 长的沟。

第 2 步：把土壤堆在一边。如果是渗水良好的黏土，可以重新填充于挡土墙后。否则，就得另外放入 1.2m³ 的土壤或砂子。

第 3 步：开始放置块石之前，用酒精水平仪来检查地面是否平坦。

第 4 步：如果地面有坡度，就把沟做成台阶状，并在低的一面另放一层块石。

（2）挡土墙施工

第 5 步：开始放置块石。在挖掘的坡度与块石层之间留出大约 200mm 宽的缝，并按角度放置，以便每个拐角能安插在一起。这样它们可以连接起来，使墙既具有强度，又有稳定性。最后在墙后用砂子或土壤回填并压实。如果有水渗流或黏土层的问题，最好在土壤下面砌一个碎石和河砂的排水层。

第 6 步：放完一层块石后，用肥沃的土壤填满它们之间的空隙及后边的空间。

第 7 步：把第二排块石放在第一排上面，但稍微靠后。这使得底层块石上的部分孔洞可见，完工后用于种植。

第 8 步：用酒精水平仪确保水平面平坦，也可用建造线维持墙体笔直。

第 9 步：继续放置块石，直至需要的高度。

第 10 步：一旦全部块石放好后，就往填土的块石上浇水，并压实。然后所有的缝隙均可再加土填满。

（3）台阶施工

第 11 步：台阶可以达到希望的宽度。若每排 4 块，宽度是 800mm。因踏面部分重叠 20mm，所以每个块石踏步为 380mm。小坡度上放双排块石也很好，这样台阶可以弯曲。注意，每块块石的空心部分均要等到块石放好后才能铲入砂浆。

第 12 步：压实每步台阶后面的土壤，并确保开始放置下排块石之前其表面绝对水平。

（4）种植容器

第 13 步：沿着台阶竖直摆放额外的块石，并让中空面朝上。必要时，还可把它们堆起来，使块石高于踏步。

第 14 步：用肥沃的土壤填满石孔制作种植容器。

第 15 步：若台阶是弯曲的，则踏步的有些部分可能还有缝隙。这时要用砂浆填满或种上地被植物。

（5）结尾

第 16 步：在墙上和台阶的边缘种上抗逆性强的爬藤或攀援植物，不久这个结构就将被繁茂的枝叶覆盖。

第二节　花坛砌体工程

花坛在庭院、园林绿地中广为存在，常常成为局部空间环境的构图中心和焦点，对活跃庭院空间环境，点缀环境绿化景观起到十分重要的作用。它是在具有一定几何轮廓的植床内，种植各种不同色彩的观花、观叶与观果的园林植物，从而构成一幅富有鲜艳色彩或华丽纹样的装饰图案，以供观赏。在中国古典园林中，花坛是指边缘用砖石砌成的种植花卉的土台子。

花坛作为硬质景观和软质景观的结合体，具有很强的装饰性，可作为主景，也可作为配景。根据它的外部轮廓造型与形式，可分为如下几种形式：独立花坛、组合花坛、立体花坛、异形花坛。花坛在布局上，一般设在道路的交叉口，公共建筑的正前方或园林绿地的入口处，或在广场的中央，即游人视线的交汇处，构成视觉中心。花坛的平、立面造型应根据所在园林空间环境特点、尺度大小、拟栽花木生长习性和观赏特点来定。

花坛边缘的砖石砌体叫边缘石。花坛边缘处理方法很多，一般边缘石有磷石、砖、条石以及假山等，也可在花坛边缘种植一圈装饰性植物。边缘石的高度一般为 100～150mm，最高不超过 300mm，宽度为 100～150mm，若兼作座凳则可增至 500mm，具体视花坛大小而定。

一、花坛砌体材料

大多数砌体系指将块材用砂浆砌筑而成的整体。砌体结构所用的块材有：烧结普通砖、非烧结硅酸盐砖、黏土空心砖、混凝土空心砖、小型砌块、粉煤灰实心中型砌块、料石、毛石和卵石等。花坛砌体材料常用的有：烧结普通砖、料石、毛石、卵石和砂浆等。

1. 烧结普通砖

烧结普通砖是以黏土、页岩、煤矸石、粉煤灰为主要原料，经焙烧而成的，其尺寸为240mm×115mm×53mm。因其尺寸全国统一，故也称标准砖。烧结普通砖分烧结黏土砖和其他烧结普通砖。

（1）烧结黏土砖　烧结黏土砖是以砂质黏土为原料，经配料调制、制坯、干燥、焙烧而成，保温、隔热及耐久性能良好，强度能满足一般要求。烧结黏土砖又分为：实心砖、空心砖（大孔砖）和多孔砖。无孔洞或孔洞率小于15％的砖通称实心砖，也有些地方生产比标准尺寸略小些的实心黏土砖，其尺寸为220mm×105mm×43mm。实心黏土砖按生产方法不同，分为手工砖和机制砖；按砖的颜色可分红砖和青砖，一般来说青砖较红砖结实、耐碱、耐久性好。

为了节省用土和减轻墙体自重，在实心砖的基础上还进行了改造，做成空心砖（大孔砖）和多孔砖，即孔洞率等于或大于15％的砖。根据我国《承重黏土空心砖》（TJ 196—75）的规定，黏土空心砖可分为以下三种型号：

KP_1 标准尺寸为 240mm×180mm×115mm；

KM_1 标准尺寸为 190mm×190mm×90mm；

KP_2 标准尺寸为 240mm×115mm×90mm。

其中，KM_1 型具有符合建筑模数的优点，但无法与标准砖同时使用，必须生产专门的"配砖"方能解决砖墙拐角、丁字接头处的错缝要求；KP_1 与 KP_2 型则可以与标准砖同时使用，多孔砖可以用来砌筑承重的砖墙，而大孔砖则主要用来砌框架围护墙、隔断墙等承自重的砖墙。

黏土砖的强度等级用MU××表示，例如，过去称为100号砖的强度等级用MU10表示。它的强度等级是以它的试块受压能力的大小而定的。根据国家标准GB 5101—93，黏土砖抗压强度分为：MU30、MU25、MU20、MU15、MU10、MU7.5六个强度等级。但实际上我们的工艺水平还达不到MU30、MU25、MU20，一般常用的为MU10和MU7.5。

（2）其他烧结普通砖　其他烧结普通砖包括烧结煤矸石砖和烧结粉煤灰砖等。烧结煤矸石砖是以煤矸石为原料；烧结粉煤灰砖的原料是粉煤灰加部分黏土。它们是利用工业废料制成的，优点是化废为宝、节约土地资源、节约能源。其他烧结普通砖的强度等级与烧结黏土砖相同。

除烧结普通砖外，还有硅酸盐类砖，简称不烧砖。它们是由硅酸盐材料压制成型并经高压釜蒸压而成。其种类有：灰砂砖、粉煤灰砖、矿渣硅酸盐砖等。其强度等级在MU7.5～MU15之间，尺寸与标准砖相同。与烧结普通砖相比，硅酸盐类砖耐久性较差。由于其化学稳定性等因素，使用没有黏土砖广。

园林中的花坛、挡土墙等砌体所用的砖须经受雨水、地下水等侵蚀，故采用烧结黏土实心砖、烧结煤矸石砖等，而灰砂砖、粉煤灰砖、矿渣硅酸盐砖等则不宜使用。

2. 石材

石材的抗压强度高，耐久性好。石材的强度等级可分为：MU200、MU150、MU100、MU80、MU60、MU50等。它是把石块做成70mm立方体，经压力机压至破坏后，得出的平均极限抗压强度值来确定的。石材按其加工后的外形规则程度可分为料石和毛石。

（1）料石　料石亦称条石，系由人工或机械开采的较规划的六面体石块，经人工略加凿琢而成，依其表面加工的平整程度分为毛料石、粗料石、半细料石和细料石四种。毛料石一般仅稍加修整，厚度不小于200mm，长度为厚度的1.5～3倍；粗料石表面凸凹深度要求不大于20mm，厚度和宽度均不小于200mm，长度不大于厚度的3倍；半细料石除表面凸凹深度要求不大于 10mm 外，其余同粗料石；细料石经细加工，表面凸凹深度要求不大于 2mm，其余同粗料石。料石常由砂岩、花岗石、大理石等质地比较均匀的岩石开采琢制，至少有一面的边角整齐，以便互相合缝，主要用于墙身、踏步、地坪、挡土墙等。粗料石部分可选来用于毛石砌体的转角部位，控制两面毛石墙的平直度。

（2）毛石　毛石是由人工采用撬凿法和爆破法开采出来的不规则石块。由于岩石层理的关系，往往可以获得相对平整的和基本平行的两个面。它适宜用于基础、勒脚、一层墙体，此外，在土木工程中用于挡土墙、护坡、堤坝等。

3. 砂浆

砂浆是由骨料（砂）、胶结料（水泥）、掺和料（石灰膏）和外加剂（如微沫剂、防水剂、抗冻剂）加水拌和而成。砂浆是园林中各种砌体材料中块体的胶结材料，使砌块通过它的黏结形成一个整体；砂浆起到填充块体之间的缝隙，把上部传下来的荷载均匀地传到下面去，还可以阻止块体的滑动。同时因砂浆填满了块材间的缝隙，也减少了透气性，提高了砌体的隔热性和抗冻性等。砂浆应具备一定的强度、黏结力和工作度（或叫流动性、稠度）。

砂浆按其强度等级分为：M15、M10、M7.5、M5、M2.5、M1 和 M0.4。砂浆强度是以一组 7cm 立方体试块，在标准养护条件下（温度为 20℃±3℃，湿度为相对湿度 98% 以上环境中）养护 28d 测其抗压极限强度值的平均值来划分其等级的。

（1）砂浆类型　砂浆可分为以下几种。

① 水泥砂浆。即由水泥、砂、水拌和而成的，主要用在受湿度大的墙体、基础等部位。水泥砂浆强度高、耐久性好，但其拌和后保水性差，砌筑前会游离出很多的水分，砂浆摊铺在砖面上后这部分水分将很快被砖吸走，使铺砖发生困难，因而会降低砌筑质量。失去一定水分的砂浆必将影响其正常硬化，减少砖与砖之间的黏结，而使强度降低。因此，在强度等级相同的条件下，采用水泥砂浆砌筑的砌体强度要比用其他砂浆时低。砌体规范规定，当用水泥砂浆砌筑时，各类砌体的强度应按保水性能好的砂浆砌筑的砌体强度乘以小于 1 的调整系数。

② 混合砂浆。是由水泥、石灰膏、砂子（有的加少量微沫剂节省石灰膏）等按一定的重量比例配制搅拌而成的。包括水泥石灰砂浆、水泥黏土砂浆等。这类砂浆具有一定的强度和耐久性，且保水性、和易性较好，便于施工，质量容易保证。是一般墙体中常用的砂浆，主要用于地面以上墙体的砌筑。

③ 石灰砂浆。它是由石灰膏和砂子按一定比例搅拌而成的。强度较低，一般只有 0.5MPa 左右。但作为临时性建筑、半永久性建筑仍可作砌筑墙体使用。不能用于地面以下或防潮层以下的砌体。

④ 防水砂浆。它是在 1:3（体积比）水泥砂浆中，掺入水泥重量 3%～5% 的防水粉或防水剂搅拌而成的。主要用于防潮层、水池内外抹灰等。

⑤ 勾缝砂浆。它是水泥和细砂以 1:1（体积比）拌制而成的。主要用在清水墙面的勾缝。

（2）组成砂浆的材料

① 水泥。水泥为呈粉末状物质，它和适量的水拌和后，即由塑性浆状体逐渐变成坚硬的石状体，是一种水硬性胶凝材料。主要是用石灰石、黏土，含铝、铁、硅的工业废料等辅料，经高温烧制、磨细而成的。具有吸潮硬化的特点，因而在储藏、运输时注意防潮。

目前我国生产的常用水泥有 5 种：硅酸盐水泥、普通硅酸盐水泥、矿渣硅酸盐水泥、火山灰质硅酸盐水泥和粉煤灰硅酸盐水泥。

水泥初凝不得早于45min；终凝不得迟于10h。水泥安定性相当重要，用沸煮法检验必须合格。凡不合格者不能使用，否则硬化后会发生裂缝成为碎块而破坏。因此，对一些水泥厂生产的水泥，必须进行复试，包括安定性检验。水泥强度是用软练法做成试块后，用经抗压试验取得的值作为它的标号。目前我国生产的水泥标号有：225、275、325、425、525、625、725等七个等级。水泥和水拌和后，产生化学反应会放出热量，这种热量称为水化热。水化热大部分在水化初期内（约7d）放出，以后渐渐减少。在浇筑大体积混凝土时，要注意这个问题，防止内外温度差过大引起混凝土裂缝。

② 石灰膏。是用生石灰块料经水化和网滤在沉淀池中沉淀熟化，贮存后为石灰膏，要求在池中熟化的时间不少于7d。沉淀池中的石灰膏应防止干燥、冻结、污染。砌筑砂浆严禁使用脱水硬化的石灰膏。

③ 砂。粒径在5mm以下的石质颗粒，称为砂。砂是混凝土中的细骨料，砂浆中的骨料可分为天然砂和人工砂两类。天然砂是由岩石风化等自然条件作用形成的。可分为：河砂、山砂、海砂等。由于河砂比较洁净，质地较好，所以，配制混凝土时宜采用河砂。人工砂是岩石用轧碎机轧碎后，筛选而成的。但它细粉、片状颗粒较多，且成本也高，只有天然砂缺乏时才考虑用人工砂。一般按砂的平均粒径可分为粗、中、细、特细四类。

将不同粒径的砂子按一定的比例搭配，砂粒之间彼此互相填充使空隙率最小，这种情况就称为良好的颗粒级配，良好的级配可以降低水泥用量，提高砂浆和混凝土的密实度，起到防水的作用。

砌筑砂浆应采用中砂，使用前要过筛，不得含有草根等杂物。此外，对含泥量亦有控制，如水泥砂浆和强度等级等于或大于M5的水泥混合砂浆所用的砂，其含泥量不应超过5%；而强度等级小于M5的水泥混合砂浆所用的砂，其含泥量不应超过10%。

④ 微沫剂。是一种憎水性的有机表面活性物质，是由松香与工业纯碱熬制而成的。它的掺量应通过试验确定，一般为水泥用量的 $0.5 \times 10^{-4} \sim 1 \times 10^{-4}$（微沫剂按100%纯度计）。它能增加水泥的分散性，使水泥石灰砂浆中的石灰用量减少许多。

⑤ 防水剂。作用是与水泥结合形成不溶性材料和填充堵塞砂浆中的孔隙和毛细通路。它分为：硅酸钠类防水剂、金属皂类防水剂、氯化物金属盐类防水剂、硅粉等。应用时要根据品种、性能和防水对象而定。

⑥ 食盐。是作为砌筑砂浆的抗冻剂而用的。

⑦ 水。砂浆必须用水拌和，因此所用的水必须洁净未污染。若使用河水必须先经化验才可使用。一般以自来水等饮用水来拌制砂浆。

二、花坛表面装饰材料

花坛的栽植床面一般高出地面十几厘米，边缘石用以固定土壤以防止水土流失和人为践踏。通过装饰材料可以增加花坛的美观。但花坛边缘的形式要简单，色彩要朴素。花坛表面装饰总的原则应同园林的风格与意境相协调，色调上或淡雅、或端庄，在质感上或细腻、或粗犷，与花坛内的花卉植物相得益彰。

花坛常用的装饰材料有：花坛砌体材料、贴面材料和抹灰材料三大类。

1. 花坛砌体材料

花坛砌体材料主要是砖、石块、卵石等，通过选择砖、石的颜色、质感以及砌块的组合变化、砌块之间勾缝的变化，形成美的外观（如图3-15、图3-16所示）。石材表面加工通过留自然荒包、打钻路、扁光、钉麻丁等方式可以得到不同的表面效果。

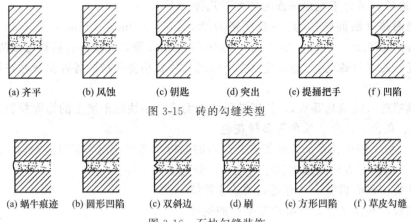

图 3-15　砖的勾缝类型

(a) 蜗牛痕迹　(b) 圆形凹陷　(c) 双斜边　(d) 刷　(e) 方形凹陷　(f) 草皮勾缝

图 3-16　石块勾缝装饰

（1）勾缝类型

① 齐平。齐平是一种平淡的装饰缝，雨水直接流经墙面，适用于露天的情况。通常用泥刀将多余的砂浆去掉，并用木条或麻袋布打光。

② 风蚀。风蚀的坡形剖面有助于排水。其上方 2～3mm 的凹陷在每一砖行产生阴影线。有时将垂直勾缝抹平以突出水平线。

③ 钥匙。钥匙是用窄小的弧线工具压印的更深的装饰缝。其阴影线更加美观，但对于露天的场所不适用。

④ 突出。突出是将砂浆抹在砖的表面。它将起到很好的保护作用，并伴随着日晒雨淋而形成迷人的乡村式外观。可以选择与砖块的颜色相匹配的砂浆，或用麻布进行打光。

⑤ 提桶把手。提桶把手的剖面图是曲线形的，利用圆形工具获得，该工具是镀锌桶的把手。提桶把手适度地强调了每块砖的形状，而且能防日晒雨淋。

⑥ 凹陷。凹陷是利用特制的"凹陷"工具将砖块间的砂浆方方正正地按进去，强烈的阴影线夸张地突出了砖线。本方法只适用于非露天的场地。

（2）勾缝装饰

① 蜗牛痕迹。蜗牛痕迹使线条纵横交错，使人觉得每一块石头都与相邻的石头相配。当砂浆还是湿的时候，利用工具或小泥刀沿勾缝方向划平行线，使砂浆的更光滑、完整。

② 圆形凹陷。利用湿的卵石（或弯曲的管子或塑料水管）在湿砂浆上按入一定深度。这使得每块石头之间形成强烈的阴影线。

③ 双斜边。利用带尖的泥刀加工砂浆，产生一种类似鸟嘴的效果。本方法需要专业人士去完成，以求达到美观的效果。

④ 刷。"刷"是在砂浆完全凝固之前，用坚硬的铁刷将多余的砂浆刷掉。

⑤ 方形凹陷。如果是正方形或长方形的石块，最好使用方形凹陷。方形凹陷需使用专用工具。

⑥ 草皮勾缝。利用泥土或草皮取代砂浆，只有在石园或植有绿篱的清水石墙上才适用。要使勾缝中的泥土与墙的泥土相连以保证植物根系的水分供应。

2. 花坛贴面材料

花坛贴面材料是镶贴到表层上的一种装饰材料。花坛贴面材料的种类很多，常用的有饰面砖、花岗石饰面板、水磨石饰面板和青石板等，园林中还常用一些不同颜色、不同大小的卵石来贴面。

（1）饰面砖　适合于花坛饰面的砖如下几种。

① 外墙面砖（墙面砖），其一般规格为 200mm×200mm×12mm、150mm×75mm×12mm、75mm×75mm×8mm、108mm×108mm×8mm 等，表面分有釉和无釉两种。

② 陶瓷锦砖（马赛克），是以优质瓷土烧制的片状小瓷砖拼成各种图案贴在墙上的饰面材料。

③ 玻璃锦砖（玻璃马赛克），是以玻璃烧制而成的小块贴于墙上的饰面材料，有金属透明和乳白色、灰色、蓝色、紫色等多种花色。

（2）饰面板　用于花坛的饰面板有花岗石饰面板，是用花岗岩荒料经锯切、研磨、抛光及切割而成。因加工方法及加工程序的差异，分为下列 4 种。

① 剁斧板：表面粗糙，具有规则的条状斧纹。

② 机刨板：表面平整，具有相互平行的刨纹。

③ 粗磨板：表面光滑、无光。

④ 磨光板：表面光亮、色泽鲜明、晶体裸露。

不论采用上述哪一种面板，装饰效果都好。

（3）青石板　系水层岩，材质软，较易风化，其材性纹理构造易于劈裂成面积不大的薄片。使用规格一般为长宽 300～500mm 不等的矩形块，边缘不要求很直。青石板有暗红、灰、绿、蓝、紫等不同颜色，加上其劈裂后的自然形状，可掺杂使用，形成色彩富有变化而又具有一定自然风格的装饰效果。

（4）水磨石饰面板　是用水泥（或其他胶结材料）、石屑、石粉、颜料加水，经过搅拌、成型、养护、研磨等工序所制成，色泽品种较多，表面光滑，美观耐用。

3. 花坛抹灰材料

一般花坛的抹灰用水泥、石灰砂浆等材料。它虽然施工简单，成本低，但装饰效果差。比较高级的花坛则用水刷石、水磨石、斩假石、干粘石、喷砂、喷涂及彩色抹灰等，这些材料装饰效果较好。

对于装饰抹灰所用的材料，主要是起色彩作用的石碴、彩砂、颜料及白水泥等。

（1）彩色石碴　是由大理石、白云石等石材经破碎而成的。用于水刷石、干粘石等，要求颗粒坚硬、洁净，含泥量不超过 2%。使用前根据设计要求选择好品种、粒径和色泽，并应进行清洗除去杂质，按不同规格、颜色、品种分类保洁放置。

（2）花岗石石屑　主要用于斩假石面层，平均粒径为 2～5mm，要求洁净，无杂质和泥块。

（3）彩砂　有用天然石屑的，也有烧制成的彩色瓷粒，主要用于外墙喷涂。其颗粒粒径约 1～3mm，要求其彩色稳定性好，颗粒均匀，含泥量不大于 2%。

（4）其他材料

① 颜料。要求耐碱、耐光晒的矿物颜料。掺量不大于水泥用量的 12%，作为配制装饰抹灰色彩的调制材料。

② 107 胶。为聚乙烯醇缩甲醛。是拌入水泥中增加黏结能力的一种有机类胶黏剂。目的是加强面层与基层的黏结，并提高涂层（面层）的强度及柔韧性，减少开裂。

③ 有机硅憎水剂。如甲基硅醇钠。它是无色透明液体，主要在装饰抹灰面层完成后，喷于面层之外，可起到憎水、防污作用，从而提高饰面的洁净及耐久性。也可掺入聚合物水泥砂浆进行喷涂、滚涂、弹涂等。该液体应密封存放，并应避免光直射及长期暴露于空气中。

④ 氯偏磷酸钠。主要用于喷漆、滚涂等调制色浆的分散剂，使颜料能均匀分散和抑制在水泥中游离成分的析出。一般掺量为水泥用量的 1%。贮存要用塑料袋封闭，做到防潮和防止结块。

装饰抹灰所用的材料的产地、品种、批号、色泽应力求相同，能做到专材专用。在配合比上要统一计量配料，并达到色泽一致。选定的装饰抹灰面层对其色彩确定后，应对所用材料事先看样订货，并尽可能一次将材料采购齐，以免不同批、矿的来货不同而造成色差。所用材料必须符合国家有关标准，如白水泥的白度、强度、凝结时间，各种颜料、107 胶、有机硅憎水剂、氯偏磷酸钠分散剂等都应符合各自的产品标准。总之，有些新产品材料在使用前要详细阅读产品说明书，了解各项指标性能，从而可进行检验及按产品说明要求进行操作使用。

三、花坛施工

把花坛及花坛群从图纸上搬到地面上去，就必须要经过定点放线、砌筑花坛边缘石、表面装饰、填土整地、图案放样、花卉栽植等几道工序。要根据施工复杂程度准备工具，常用工具为皮尺、绳子、木桩、木槌、铁锹、经纬仪等，并按规范要求清理施工现场。

（一）定点放线

1. 花坛群的定位与定点

① 根据设计图和地面坐标系统的对应关系，用测量仪器把花坛群中主花坛中心点坐标测设到地面上；

② 把纵横中轴线上的其他中心点的坐标测设下来，将各中心点连线，即在地面上放出花坛群的纵横线；

③ 然后再依据纵横轴线，量出各处个体花坛的中心点，这样就可把所有花坛的位置在地面上确定下来；

④ 每一个花坛的中心点上，都要在地上钉一个小木桩作为中心桩。

⑤ 最后将各处个体花坛的边线放到地面上就可以了。

2. 个体花坛的放线

对个体花坛，只要将其边线放大到地面上就可以了。正方形、长方形、三角形、圆形或扇形的花坛，只要量出边长和半径，都很容易放出其边线来。而椭圆形、正多边形花坛的放线就要复杂一点。对照图 3-17、图 3-18 所示，来看看这两类花坛的放线方法。

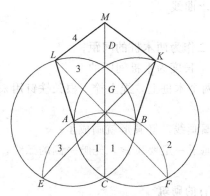

图 3-17　正五边形花坛的放线

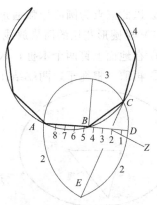

图 3-18　正多边形花坛

（1）正五边形花坛的放线　如图 3-17 所示，已知一个边长 AB。

① 分别以 A、B 为圆心，AB 为半径；作圆交于 C 及 D；

② 以 C 为圆心，CA 为半径，作弧与二圆分别交于 E、F，与 CD 交于 G，连接 EG、FG 并延长之，分别与二圆交于 K、L；

③ 分别以 K、L 为圆心，AB 为半径，作弧交于 M；

④ 分别连接 AL、BK、LM、KM，即为正五边形 $ABKML$。

（2）正多边形花坛的放线　如图 3-18 所示，已知一边为 AB。

① 延长 AB，使 $BD＝AB$，并分 AD 为几等分（本例为九等分）；

② 以 A、D 为圆心，AD 为半径，作弧得交点 E；

③ 以 B 为圆心，BD 为半径，作弧与 EZ 的延长线交于 C；

④ 过 A、B 及 C 点的圆即正几边形（本例为正九边形）的外接圆。

（3）椭圆形花坛的放线　如图 3-19 所示，已知长短轴 AB、CD。

① 以 AB、CD 为直径作同心圆；

② 作若干直径，自直径与大圆的交点作垂线与自直径与小圆交点作水平线相交，即得椭圆轨迹。

（4）以三心拱曲线作椭圆　如图 3-20 所示，已知拱底宽 AB 及拱高 CD。

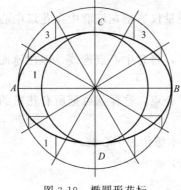

图 3-19　椭圆形花坛

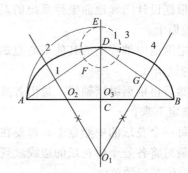

图 3-20　三心拱曲线

① 连接 AD、BD，以 C 为圆心，AC 为半径作弧交 CD 的延长线于 E；

② 以 D 为圆心，DE 为半径画圆得 F 点，作 AF 的中垂线可得 O_1、O_2，（O_3 同理求得）；

③ 以此三点为圆心作弧通过 A、B 及 D，即所求曲线。

（5）椭圆形花坛的简易放线　如图 3-21 所示。

① 在地面上钉两个木桩，取椭圆纵轴长度的 1/2 作为两木桩的间距；

② 再取一根绳子，两端结在一起构成环状，绳子长度为木桩间距的 3 倍；

③ 将环绳套在两个木桩上，绳上拴一根长铁钉用来在地面画线；

④ 牵动绳子转圈画线，椭圆形就画成了；

⑤ 画圆时注意绳子一定要拉紧，先画一侧的弧线，再翻过去画另一侧的弧线。

（二）花坛边缘石的砌筑

花坛工程的主要工序就是砌筑花坛边缘石。

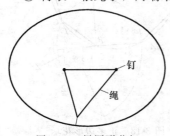

图 3-21　椭圆形花坛

1. 花坛边沿基础处理

① 放线完成后，应沿着已有的花坛边线开挖边缘石基槽。

② 基槽的开挖宽度应比墙体基础宽 100mm 左右，深度根据设计而定，一般在 120～200mm 之间。

③ 槽底土面要整齐、夯实。

④ 有松软处要进行加固，不得留下不均匀沉降的隐患。

⑤ 在砌基础之前，槽底应做一个 30～50mm 厚的粗砂垫层，作基础施工找平用。

2. 花坛边缘石砌筑施工

① 边缘石一般用砖砌筑，高 150～450mm，其基础和墙体可用 1∶2 水泥砂浆、M2.5 混合砂浆砌 MU7.5 标准砖做成。

② 墙砌筑好之后，回填泥土将基础埋上，并夯实泥土。

③ 再用水泥和粗砂配 1∶2.5 的水泥砂浆，对墙抹面，抹平即可，不要抹光；或按设计要求勾砖缝。

④ 最后，按照设计，用磨制花岗石片、釉面墙地砖等贴面装饰，或者用彩色水磨石、水刷石、斩假石、喷砂等方法饰面。

如果用普通砖砌筑，普通砖墙厚度有半砖、一砖、四分之三砖、一砖半、二砖等，常用砌合方法有一顺一丁、三顺一丁、梅花丁、条砌法等。砖墙的水平灰缝厚度和竖向灰缝宽度一般为 10mm，但不应小于 8mm，也不应大于 12mm。灰缝的砂浆应饱满，水平灰缝的砂浆饱满度不得低于 80%。实心黏土砖用作基础材料，这是园林中作花坛砌体工程常用的基础形式之一。它是属于刚性基础，以宽大的基底逐步收退，台阶式的收到墙身厚度，收退多少应按图纸实施，一般有：等高式大放脚每两皮一收，每次收退 60mm（1/4 砖长）；间隔式大放脚是两层一收及间一层一收交错进行。

如果用毛石块砌筑墙体，其基础采用 C7.5～C10 混凝土，厚 60～80mm，砌筑高度由设计而定，为使毛石墙体整体性强，常用料石压顶或钢筋混凝土现浇，再用 1∶1 水泥砂浆勾缝或用石材本色水泥砂浆勾缝作装饰。

3. 其他装饰构件的处理

① 有些花坛边缘还可能设计有金属矮栏花饰，应在边缘石饰面之前安装好。

② 矮栏的柱脚要埋入边缘石，用水泥砂浆浇注固定。

③ 待矮栏花饰安装好后，才进行边缘石的饰面工序。

（三）花坛种植床整理

1. 翻土、去杂、整理、换土

① 在已完成的边缘石圈子内，进行翻土作业。

② 一面翻土，一面挑选、清除土中杂物，一般花坛土壤翻挖深度不应小于 250mm。

③ 若土质太差，应当将劣质土全清除掉，另换新土填入花坛中。

2. 施基肥

花坛栽种的植物都是需要大量消耗养料的，因此花坛内的土壤必须很肥沃。在花坛填土之前，最好先填进一层肥效较长的有机肥作为基肥，然后才填进栽培土。

3. 填土、整细

① 一般的花坛，其中央部分填土应该比较高，边缘部分填土则应低一些。

② 单面观赏的花坛，前边填土应低些，后边填土则应高些。

③ 花坛土面应做成坡度为 5%～10% 的坡面。

④ 在花坛边缘地带，土面高度填至缘石顶面以下 20～30mm，以后经过自然沉降，土面即降到比缘石顶面低 70～100mm 之处，这就是边缘土面的合适高度。

⑤ 花坛内土面一般要填成弧形面或浅锥形面，单面观赏花坛的上面则要填成平坦土面或是向前倾斜的直坡面。

⑥ 填土达到要求后，要把上面的土粒整细、耙平，以备植物图案放线，栽种花卉植物。

四、花坛施工实例

现以组合花坛的施工为例，见图 3-22。该组合花坛均为砖砌，高度为 500mm，宽度为 130mm，基础深 200mm，釉面墙地砖贴面装饰。

要根据施工复杂程度准备工具，常用工具为皮尺、绳子、木桩、木槌、铁锹、经纬仪等，并按规范要求清理施工现场。

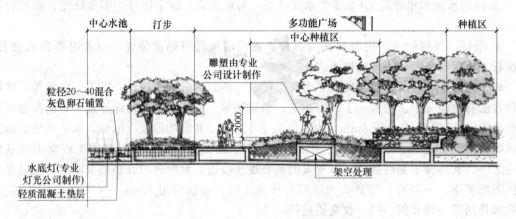

图 3-22 组合花坛的施工图

1. 定点放线

根据设计图和地面坐标系统的对应关系，用测量仪器把花坛群中主花坛中心点坐标测设到地面上，再把纵横中轴线上的其他中心点的坐标测设下来，将各中心点连线即在地面上放出了花坛群的纵横线。据此可量出各处个体花坛的中心，最后将各处个体花坛的边线放到地面上就可以了。

2. 花坛边缘石的砌筑

放线完成后，开挖墙体基槽，槽底土面要整齐、夯实；在砌基础之前，槽底做一个 30mm 厚的粗砂垫层；用砖砌筑墙体；墙砌筑好之后，回填泥土将基础埋上，并夯实泥土；再用水泥和粗砂配成 1:2.5 的水泥砂浆，对墙抹面，抹平即可，不要抹光；最后，按照设计，用釉面墙地砖贴面装饰。

3. 花坛种植床整理

在已完成的边缘石圈子内，填进一层肥效较长的有机肥作为基肥，然后填进栽培土，进行翻土作业，一面翻土，一面挑选、清除土中杂物中。把上面的土粒整细、耙平，以备植物图案放线，栽种花卉植物。

复习思考题

1. 园林挡土墙的功能作用有哪些？
2. 园林挡土墙的材料与类型有哪些？

3. 园林挡土墙的设计和施工注意哪些问题？

4. 花坛砌体材料（包括表面装饰材料）有哪些？

5. 简述花坛的施工工艺。

技能训练一　园林挡土墙或景墙设计与施工

一、实训目的

通过园林挡土墙或景墙设计与施工的实践学习，进一步掌握园林挡土墙或景墙放线的设计要点、装饰设计、结构设计及施工要点。

二、实训材料及用具

（1）设计：绘图纸、绘图笔、图板、三角板；

（2）施工：施工图纸、木桩、皮尺、绳子、模板、石夯（蛙式夯）、水泥、碎石、块石、砂浆、卵石、铁锹、运输工具等。

三、实训要求

以实习小组为单元，进行设计、备料、放线施工。

四、实训内容及方法

教学实训安排与当地园林工程公司的具体工程项目相结合或虚拟一块场地作园林挡土墙或景墙设计与施工。主要内容如下：

1. 按照某环境地段要求设计一园林挡土墙或景墙；

2. 熟悉园林挡土墙或景墙施工图及有关技术要求；

3. 施工场地的清理，材料的准备（包括市场价格的调查）；

4. 利用必要的工具将园林挡土墙或景墙平面形状准确无误地放在地面上；

5. 基槽开挖和验收，砌筑砂浆与抹面砂浆的配制（查工具书）；

6. 砖石的铺砌和按设计要求进行表面的装饰。

五、实训成果

实训报告每小组交一份，内容包括设计图纸、施工组织与施工记录报告。

技能训练二　花坛施工

一、实训目的

通过花坛施工的实践学习，进一步掌握花坛放线的基本要领和砌体花坛的施工要点。

二、实训材料及用具

施工图纸、木桩、皮尺、绳子、模板、石夯（蛙式夯）、水泥、碎石、砂浆、卵石、铁锹、运输工具等。

三、实训要求

以实习小组为单元，进行备料、放线施工。

四、实训内容及方法

教学实训安排与当地园林工程公司的具体工程项目相结合或虚拟一块场地作花坛。主要内容如下：

1. 熟悉花坛施工图及有关技术要求；
2. 施工场地的清理，材料的准备（包括市场价格的调查）；
3. 利用必要的工具将花坛平面形状准确无误地放在地面上；
4. 基槽开挖和验收，砌筑砂浆与抹面砂浆的配制（查工具书）；
5. 砖的铺砌和按设计要求进行表面的装饰；
6. 花坛填土与整理的一般要求。

五、实训成果

实训报告每小组交一份，内容包括施工组织与施工记录报告。

第四章　园林水景工程

【知识目标】
☆ 了解修建水景材料的外观特征和运用。
☆ 掌握运用现代科技、现代材料创造水景的方法以及各种规则水景的具体要求。
☆ 掌握水池与喷泉的设计与施工技法。

【能力目标】
☆ 能够进行管材管件、喷头、水下彩灯以及控制设备的具体操作。
☆ 能够进行计算和各式水景施工图设计。

　　水是园林中最能引人入胜的景色之一，水是生命的符号，它带来生命和思索。水景工程，是与水体造园相关的所有工程的总称。它研究怎样利用水体要素来营造丰富多彩的园林水景形象，一般说来，水景工程主要包括湖池工程、各种水景工程、岸坡工程和喷泉工程等几部分。

第一节　概　　述

　　古今中外，凡景园建造无不涉及水体，水是环境艺术空间创作的一个主要因素，可借以形成各种格局的园林景观，艺术地再现自然。水有四种基本表现形式：一曰流水，其有急缓、深浅之分；二为落水，水由高处下落则有线落、布落、挂落、条落等，可潺潺细流、悠然而落，亦可奔腾磅礴、气势恢弘；三是静水，平和宁静，清澈见底；四则为压力水，喷、涌、溢泉、间歇水等表现一种动态美。用水造景，动静相补，声色相衬，虚实相映，层次丰富，得水以后，古树、亭榭、山石形影相依，会产生一种特殊的魅力。水池、溪涧、河湖、瀑布、喷泉等水体往往又给人以静中有动、寂中有声、以少胜多、发人联想的强感染力。

一、水景的作用

　　园林水景有着多方面的功能和作用，在功能方面不仅满足人们观赏的需要和视觉美的享受，而且还可以使人们在生理上、心理上产生宁静、舒适的感受。水景可调节环境小气候的湿度和温度，对生态环境的改善有着重要作用。水景向来是园林造景中的点睛之笔，有着其他景观无法替代的动感、光韵和声响，所以在园林环境中很多都采用人工的方法来修建水池、人工瀑布、喷泉或与山石结合的自然山水池，使景观环境增加景观层次，扩大空间，增添静中有动的乐趣。但在造园作用方面，概括起来主要有以下几种。

　　1. 系带作用

　　水面具有将不同的园林空间和园林景点联系起来，而避免景观结构松散的作用，这种作用就叫做水面的系带作用，它有线型和面型两种表现形式：线型系带作用例如扬州瘦西湖，其带状水面绵延数千米，一直达到平山堂，众多的景点或依水而建，或深入湖心，或跨水成桥，整个狭长水面和两侧的景点就好像一条翡翠项链；面型系带作用如杭州西湖，把环湖的山、树、塔、庙、亭、廊等众多景点景物和湖面上的苏堤、断桥、白堤、阮公墩等名胜古迹，紧紧地拉在一起，构成了一个丰富多彩、优美动人的巨大风景面如图 4-1。

2. 统一作用

不同平面形状和不同大小的水面，只要相互连通或者相互邻近，就可统一成一个整体。许多零散的景点均以水面作为联系纽带时，水面的统一作用就成了造景最基本的作用。如苏州拙政园中，众多的景点均以水面为底景，使水面处于全园构图核心的地位，所有景物景点都围绕着水面布置，就使景观结构更加紧密，风景体系也就呈现出来，景观的整体性和统一性就大大加强了。

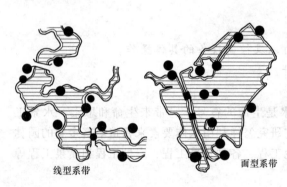

线型系带　　　　　　　面型系带

图 4-1　水面系带作用示意图　　　　　图 4-2　香港帝堡城中的喷水池造景图

3. 焦点作用

飞涌的喷泉、狂跌的瀑布等动态水景，其形态和声响很容易引起人们的注意，对人们的视线具有一种收敛的、吸引的作用，这类水景往往就能够成为园林某一空间中的视线焦点和主景。作为直接焦点布置的水景设计形式有：喷泉、瀑布、水帘、水墙、壁泉等（图 4-2）。

4. 基面作用

大面积的水面视域开阔坦荡可作为岸畔景物和水中景观的基调、底面使用。当水面不大，但水面在整个空间中仍具有面的感受时，水面仍可作为岸畔或水中景物的基面，产生倒影，扩大和丰富空间。如北京北海公园的琼华岛有被水面托起浮水之感。又如西班牙阿尔罕布拉宫中的柘榴院，院中宁静的水面使城堡丰富的立面更加完整和动人。

二、水景的构成

构成水景的成分不仅是水，因为只有水，不能构成水景，至少不能构成具有观赏价值的水景。除了水之外，参与构成水景的还有很多景观要素，如水边或水中的堤、岛、建筑物、构筑物、植物、动物（鱼、水禽）等。

1. 水色光影

园林水体空间中的光影有三种表现。一是水面的波光，在天光辉映下的水面，涟漪阵阵，波光粼粼，水景显得光华灿烂，景色迷人。二是景物在水面的倒影，尤其是晚上月色中的水景倒影，由满池清水托出，让人领会到"虚阁荫桐，清池涵月"的意境，沁人心田，又怡人情怀。三是波光的反射，这是水面独有的特性；光通过水的反射映在水边建筑的顶棚和墙面上，具有闪烁摇曳的装饰效果。在近代建筑中，光影手法也广泛应用到室内庭院空间。

墨西哥人类学博物馆的室内水景，用顶光照射巨大水幕，缥缈的水光雾气，烘托出神幻的意境。在太阳照射下，喷泉、瀑布产生的水雾很容易被折射出一道道绚丽的彩虹，更增添了水景神奇的色彩。

2. 堤岛与山石

水边的堤、岛、礁石、园桥、山，可以作为水面的背景景观，也可以作为倒影而直接加入到水景的构成之中。山景在水景的创造中有时可起到举足轻重的作用。例如杭州西湖，如果没有周围此起彼伏的低山作陪衬，其风景效果将大打折扣。又如桂林漓江风光的构成中，如果少了两岸绵延不绝的峰丛和平原孤峰，其水景就会很平淡、很普通。

3. 植物与动物

植物是园林的最基本要素，当然也是园林水景构成的基本要素。在园林中，常常还可以利用一些动物来增加生态景观的分量，如图 4-3 所示（彩图见插页）。

(a)水草池中植物使池水显得富有生命 　　　　　(b)富有日式庭园风格的养鱼池造景

图 4-3　水景中的植物与动物

4. 建筑物与构筑物

水中或水边的建筑物与构筑物，如亭、廊、楼、榭、舫、桥、汀步、观景台、水坝等，都是水体造景的常用要素。而且，风景建筑还常常担负着水边景点核心的作用。以建筑为主，以水面作前景，结合布置一些树石作衬托，就可以造出一个风景如画的完整景点来，与水面一起构成优美的水景，如图 4-4 所示（彩图见插页）。

（a）印度泰姬陵　　　　　　　　　（b）苏州网师园之池水，以聚为胜，
其建筑结合水景鲜明，是一座伊斯兰风格陵园　　　开阔明朗——"月到风来亭"

图 4-4　水景中的建筑物

第二节 湖池工程

一、水景湖池设计

在园林造景中建造人工湖和水景池，最重要的是做好水体平面形状的设计，其次还要对水体驳岸的结构及构造进行设计；而水景结构中重要的水景附属设施，如观景平台、码头等的设计也要做好。以下仅就水体平面设计和水景附属设施的设计进行介绍。

1. 湖池平面设计

造景湖池的平面形状根据曲线岸边的不同围合情况，水面可设计为多种形状，如肾形、葫芦形、兽皮形、钥匙形、菜刀形、聚合形等（图 4-5）。设计这类水体形状时主要应注意的是：水面形状宜大致与所在地块的形状保持一致，仅在具体的岸线处理给予曲折变化；设计成的水面要尽量减少对称、整齐的因素。

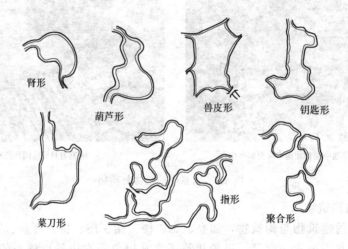

肾形　葫芦形　兽皮形　钥匙形　菜刀形　指形　聚合形

图 4-5　自然式湖池平面示例

2. 水深设计

园林湖池的水深一般不是均一的。距岸边、桥边、汀步边以外宽 1.5～2m 的带状范围内，要设计为安全水深，即水深不超过 0.7m。在湖池中开展划船及游艇等水上活动时，其水深度可控制在 1.5～3.0m 之间。庭院内的水景池不会有划船活动，而是常要在水下栽植荷花、盆植睡莲或饲养观赏鱼等，同时也为降低水池工程造价，水深可设计为 0.7m 左右。

二、水生植物池设计

水生植物池适宜设置在园林湖池边缘低洼处、园路转弯处、游憩草坪上或空间比较小的庭院内。走在池边可以领略到自然的野趣、鲜活的生趣和小巧水灵的情趣。水生植物池为园林环境带来新鲜景象，其池底设计形式有如下两种。

1. 规则式水生植物池设计

规则式水生植物池是用砖砌或用钢筋混凝土做成池壁和池底，水生植物池与一般规则式水池最不同的是池底的设计。前者常设计为台阶状池底，而后者一般为平底。为适合水生植物对池内水深的需要，水池池底要设计成不同标高的梯台形，而且梯台的顶面一般放置栽种基质（图4-6）。

2. 自然式水生植物池设计

自然式水生植物池并不砌筑池壁和池底，是就地挖土做成池塘。开辟自然式水生植物池，宜选地势低洼阴湿之处。首先挖地深80～100cm，将水体平面挖成自然的池塘形状，将池底挖成几种不同高度的台地状［图4-7(a)］。在池边，如果配置一些自然山石，半埋于土中，可以使水景景观显得更有野趣，如［图4-7(b)］。

水生植物的种植与池水深度。不同的水生植物生活在不同的水环境中。例如，鸢尾草、蝴蝶花生长在靠近水池的陆地上；玉蝉花、菖蒲、石菖蒲、水芹、芦苇、莎草等生长在水边；燕子花生长在水深7～8cm处；蒽草、茭笋、灯心草生长在水深5～10cm处；睡莲所需水深为30cm，而它的种子发芽则需10cm水深；莲花、慈姑所需水深为20cm左右。萍蓬草则适合在1m左右深、无暗流的地方生长。还有凤眼兰，它一般漂浮在水面上如［图4-7(c)］。

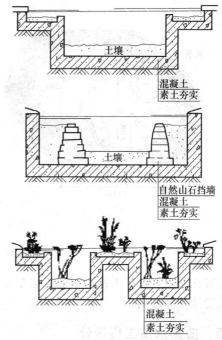

图4-6 规则式水生植物池构造图

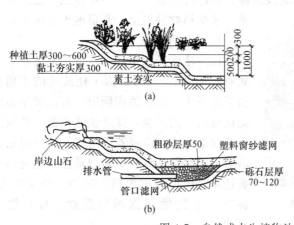

种植土厚300～600
黏土夯实厚300
素土夯实

(a)

岸边山石
排水管
粗砂层厚50
塑料窗纱滤网
管口滤网
砾石层厚70～120

(b)

(c)

图4-7 自然式水生植物池（单位：mm）

三、休闲泳池设计

休闲泳池除了要满足游泳、纳凉的要求之外，还要整洁、美观、具有一定观赏性。布置泳池的位置应当在阳光充足、平坦、排水良好的地方。休闲泳池的平面设计形状一般设计成多种规则形或不规则形［如图4-8(a)、图4-8(b)］，其面积可在300～1000m² 之间。自然形式的游泳池的边缘向密封的排水管倾斜，以便将泥浆、雨水、碎石等排出游泳池。由天然材料精心设计而成的池边，再加上有条不紊的植物，给人以浑然一体的感觉。供休闲娱乐的泳池，其设计水深一般为1.5m，也可将水深设计为一头深一头浅。泳池的池底、池壁可用钢筋混凝土砌筑，其表面要用防水砂浆抹面。池壁及其岸顶的表面，一般可用浅色的防滑釉面砖贴面装饰。泳池至少要有一段岸边设计为宽岸，宽度在2.5m以上，地面用防滑釉面砖或

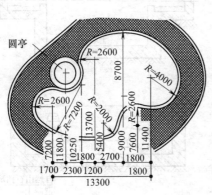

(a)　　　　　　　　　　　　　　　(b)

图 4-8　庭园泳池的平面与实景图示例

马赛克铺装，还可再铺垫一层人造草皮。铺装的宽岸上可设立一些遮阳伞，伞下放置躺椅，供游泳者休息用。

四、造景水池工程设计

（一）人工浅水池

一般水深在 1m 以内的造景水池，称为浅水池。它包括儿童戏水池和小泳池、造景喷水池、水生植物种植池、观鱼池等（图 4-9）。

1. 人工浅池细部设计

（1）池壁压顶形式　常见的池壁压顶形式有六种（图 4-10）。为了使波动的水面很快平静下来，形成镜面倒影，可以将水池壁做成有沿口的压顶，使之快速消能，并减少水花向上溅溢。压顶若无沿口，有风时浪碰击沿口，水花飞溅，有强烈动感，也有另一番情趣。压顶做成坡顶、圆顶、平顶均可，讲究一点则做双饰面与贴面，视觉效果更佳。

图 4-9　广州星河湾小区景观叠水观鱼池

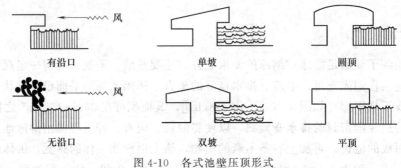

图 4-10　各式池壁压顶形式

（2）溢流壁沿（图 4-11）

① 方角。使水流溅落有前冲感，形成富有层次与角度的水幕。

② 圆角。水流垂直下落，形成平衡水幕。

③ 双圆角。能适应水面平滑柔顺地下落，避免干扰已形成的静水面倒影。

2. 池底装饰

池底可利用原有土石，亦可用人工铺砌砂土砾石或钢筋混凝土池底，再在其上选用深颜色的池底镶嵌材料，以示水深。如池底加做镶嵌浮雕，则更显得生动活泼。故园林中庭园水池池底常用白色浮雕，如美人鱼、贝壳、海蛎之类，构图颇具新意，突出了装饰效果，渲染了庭园的寓意和气氛（图4-12，彩图见插页）。

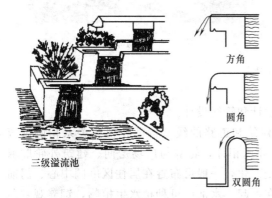

图 4-11 各式溢流壁沿做法

图 4-12 香港某平台水池，以海洋为主题，生动的池底图案更加烘托出水的可赏性

3. 水池面装饰小品

具有特色造型增加生活情趣的石灯、石塔、小亭等雕塑小品，结合功能需要的拟荷叶、仿树桩的汀步、跳石等，结合系船缆绳之需的模拟动物的小憩座椅，这一切都起到点缀园景和活跃庭园气氛的作用（图4-13）。

（二）岸壁式造景水池

（1）黄砂（砂岩）与湖石砌筑岸壁（图4-14）。

图 4-13 广州新世纪棕榈园住宅区中人工水池

图 4-14 天然石块所形成的静水驳岸

（2）树桩混凝土池壁。树桩可以是杉木，也可以是内配构造筋的水泥混凝土的仿塑树桩，直径一般控制在 $\phi100 \sim 150mm$ 左右较为得体（图4-15）。

（3）卵石和砂。为制造海滩气氛，卵石和砂、砂石宜分层分带布置，不可混杂。粒径由粗到细向岸边小路摊分，并注意水位线的控制（图4-16）。

（4）人工仿自然岸壁式水池。在一些园林工程中，岸壁式水池常做成倾斜护坡形和垂直形，尽可能仿自然岸壁的坡度和走向。

图 4-15　由水泥混凝土的仿塑树桩制成　　　　　　图 4-16　浆砌卵石池岸

五、水池的设计及施工

水池设计包括平面设计、立面设计、剖面设计和管线设计。

水池平面设计主要是与所在环境的气氛、建筑和道路的线型特征和视线关系相协调统一。水池的平面轮廓要"随曲合方",即体量与环境相称,轮廓与广场走向、建筑外轮廓取得呼应与联系。水池的形式各异,设计风格千变万化,一般可布置在居住区庭园中心、门前或门侧、园路尽端以及与亭、廊、花架等组合在一起。水池中可种植水生植物,饲养观赏鱼和设置喷泉、灯光等如(图 4-17)。

图 4-17　广州逸泉山庄中心庭园中的静水水池造景,曲
线宛转,与小桥、亭廊、石景、植栽紧密结合成景

(一)水池结构设计要点

不论规则式、自然式、综合式的水池,都要力求造型简洁大方而又具有个性的特点。水池平面设计主要显示其平面位置和尺度。标注池底、池壁顶、进水口、溢水口和泄水口、种植池的高程和所取剖面的位置。设循环水处理的水池要注明循环线路及设施要求(图 4-18)。池壁顶可做成平顶、拱顶和挑伸、倾斜等多种形式。立面反映竖向变化(图 4-19)。

(二)水池的施工要点

(1)首先确定水池的用途　是用于观赏,还是嬉水或养鱼,其水池结构设计均不同。如为嬉水,其设计水深应在 30cm 以下,池底作安全防滑处理。养鱼池应确保水质,水深宜在 30～50cm,并设置越冬用鱼巢。另外,为解决水质问题,除安装过滤装置外,还务必作水除氯处理[图 4-20(a),彩图见插页]。

(2)池底处理　如水深 30cm 以上的水池以及游泳池等,其池底清晰可见,所以应考虑

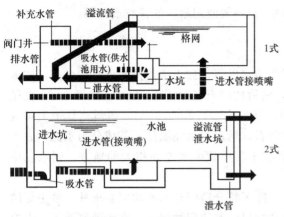

图 4-18　为模式管线布置图　　　　　　图 4-19　庭园的水池渐次抬高，形成竖向的变化

(a) 某小区中的儿童戏水池，
要保持水质的清洁，并通过色彩变化与小品的搭配增加情趣

(b) 某小区的水池底部
嵌砌卵石，加上池中倒影，甚具特色

图 4-20　水池的施工

对池底作相应的艺术处理。浅水池一般可采用与池床相同的饰面处理，或贴锦砖。普通水池常采用水洗砾石饰面或嵌砌卵石的方法处理［图 4-20(b)，彩图见插页］。

（3）确定水源种类（自来水、地下水、雨水等）以及是否需要循环装置　一般地下水、雨水无需循环，不必安装循环装置，让其自由排放。

（4）确定是否需要安装过滤装置　对养护费有限但又需经常进行换水、清扫的小型水池，可安装氧化灭菌装置，原则上可不再安装过滤装置。但考虑到藻类的生长繁殖会污染水质，最好还是配备为宜。

（5）确保循环、过滤装置的场所和空间　水池应配备泵房或水下泵井。小型池的泵井规模一般为 1.2m×1.2m，井深 1m 左右。

（6）设置水下照明　配备水下照明时，池水一般需没过灯具 5～10cm，因此池水深度应保证达到 30cm 以上。另外，水下照明设置尽量采用低压型。

（7）水景用配管、配线与建筑用管线的连接　首先，在规划设计中应注意瀑布、水池、溪流等水景设施的给排水管线与建筑内部设施管线的连接，以及调节阀、配电室（站）、控制开关的设置位置。其二，对确保水位的浮球阀、电磁阀、溢水管、补充水管等配件的设置应避免破坏景观效果。其三，水池的进水口与出水口应分开设置，以确保水循环均衡。

（8）水池的防渗漏　如需在池中种植水草，可在隔水层上覆盖 30～50cm 左右的覆土再进行种植。如在水中修筑叠石，则需在隔水层之上抹涂一层具有保护作用的灰浆。而蜻蜓池一类的生态调节水池中，可利用黏土类的截水材料防渗漏，某些水池为防止植物根系生长时扎破池底，造成池水渗漏，还须设置防根层（垫），一般使用耐腐的橡胶或塑料。

（三）常见水底工程要点

1. 池底施工要素

（1）一般施工过程 池底计划面，应在霜作用线以下，如土壤为排水不良的黏土，或地下水位甚高时，在地下的碎石层厚 10～20cm，壁后的碎石层厚 10～15cm，并埋 10cm 直径混凝土管，将地下水导出。池底基础下的地面，则向中心线作 1‰～2‰ 倾斜。至于无霜或排水良好的地区，则无此必要。可在池底铺排卵石，然后用水泥灌注，其成分为水泥∶砂∶碎石＝1∶2∶4。水泥底应有 15～30cm 厚，如在土质松软或水池面积大的地方，则水泥中应加强钢筋。

（2）常见工程问题 一个水池设计的好坏，除了符合造园艺术与功能要求外，最主要的工程上的问题是要防漏与防裂。关键在于基础和材料的水稳定性保证。在水池底面下，水池的混凝土用 C20 干硬性混凝土，Ⅰ级钢筋，保护层 20mm，水池用普通硅酸盐水泥，标号≥325 号，混凝土抗冻标号 D50，抗渗标号不低于 S2，严格控制砂石中的含泥量及贝壳杂质，以减少渗漏现象，尤其对喷水池结构，更要注意施工质量（图 4-21）。

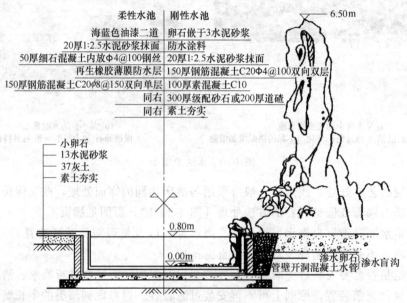

图 4-21 两种水池池底施工剖面对比图（单位：mm）

（3）柔性结构水池 柔性结构防水材料以柔克刚，另辟蹊径，使水池设计与施工进入了一个新的阶段。实际上水池若是一味靠加厚混凝土和加粗加密钢筋网片是无济于事的，这只会导致工程造价的增加，尤其是在北方水池的渗漏冻害，采用柔性不渗水的材料做水池夹层较好。目前在工程实践中使用的有如下几种。

① 沥青玻璃布席水池（图 4-22）

a. 材料。玻璃纤维布。最好属中性，碱金属氧化物不超过 0.5%～0.8%，玻璃布孔目 8mm×8mm～10mm×10mm；矿粉用石灰石矿

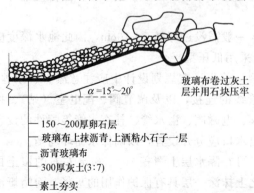

图 4-22 沥青玻璃布席水池（单位：mm）

粉，无杂质；黏合剂，沥青 0 号：3 号＝2：1，调配好后再与矿粉配比，沥青 30%，矿粉 70%。

b. 工序。沥青、矿粉分别加热到 100℃；将矿粉加入沥青锅内拌匀；将玻璃纤维布放入拌和锅内，浸蘸均匀再慢慢拉出，并使黏结在布上的沥青层厚度控制在 2～3 mm，拉出后立即洒滑石粉，并用机械辊压均压实，每块席长 40m 左右。

c. 施工方法。将土基夯实，铺 300mm 厚灰土（3：7），再将沥青席铺在其上，搭接长为 50～100mm。同时用火焰喷灯融焊牢，端头用块石压固牢，并随即洒铺小石屑一层。而后在表层散铺 150～200mm 厚卵石一层即可。

② 三元乙丙橡胶薄膜水池。三元乙丙橡胶薄膜水池（如图 4-23），是对传统的钢筋混凝土水池材料的革新，又叫"三元乙丙防水布"，厚度为 3～5mm。能经受温度 -40～-80℃，拉伸强度 >7.35N/mm²，施工方便，可以冷作用，大大减轻劳动强度。自重轻，不漏水，更适用于展览馆等临时性水池建筑，也适用于屋顶花园水池而不致增加屋顶层的负荷。

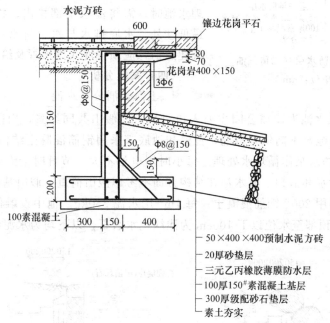

图 4-23 三元乙丙橡胶薄膜水池（单位：mm）

③ 再生橡胶薄膜水池。为了使柔性水池降低造价和对旧橡胶的再生利用，继三元乙丙薄膜之后，又推出了再生橡胶薄膜这一新材料，已用于北京长城宾馆庭园水池的施工中，效果良好。

④ 油毛毡防水层（二毡三油）水池。见图 4-24。

2. 池壁

池壁有垂直及坡形两种。而规划池壁，一般均采用垂直形，其优点是使低等水生植物无从寄生，同时易于保持水面洁净。垂直形的池壁，可用砖石或水泥砌筑。作水泥池壁时，应先作模型板以固定它，池壁厚 15～25cm，水泥成分与池底同。池的内壁可镶以瓷砖、罗马砖等，作成图案加以装饰（图 4-25）。

3. 顶石

池壁顶上应以砖、石块、石板、大理石或水泥斩假石等作顶石。顶石或与地面平，或高出地面。当顶石与地面平时，应注意勿使土壤流入池内，可将池边地面稍向外做出一定的坡

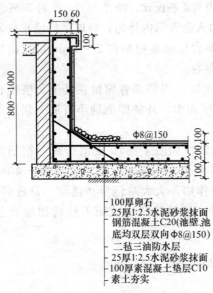

图 4-24 油毛毡防水层（二毡三油）
水池（单位：mm）

100厚卵石
25厚1:2.5水泥砂浆抹面
钢筋混凝土C20(池壁,池底均双层双向Φ8@150)
二毡三油防水层
25厚1:2.5水泥砂浆抹面
100厚素混凝土垫层C10
素土夯实

度。有时在适当位置上，将顶石部分放宽，以便容纳盆钵或雕像的摆饰。

4. 给水

池中必须经常贮满水，并需为流动之水，水池内排出及蒸发的水分，应能随时补充，方不损池景之美。水的来源有自来水及沟渠水两种。

5. 排水

为使过多的水或陈腐的水排出，应有排水设备。排水口有两种：一为水平溢水，一为水底排水。水平排水为保持池水的一定深度而设，入水量超过水平排水口时，则水自该排水口溢出；为防树叶杂物流入管内阻塞，可考虑附滤网。水底排水，是在清理水池时，需将池水全部排出，排水口设置于池底最低洼处。水底排水与水平排水可联合设置。在池底建造前，应预先埋入排水管及给水管。

（四）案例分析

1. 上海黄浦公园水池

如图 4-26，该水池为黄浦公园主要入口对景，与假山共同组景，山落瀑于池中。公园东临黄浦江，为防池水不向低处渗漏，池壁和池底都采用钢筋混凝土结构。假山中设泵房，置跃进牌 2.2kW 的水泵作循环水处理。每小时用电量不大，节日时全天开机。池底西北高而东南低，便于泄水和清扫。其水池在结构方面不考虑假山荷重，假山基础设于水池受力范围以外。水池结构用 200# 钢筋混凝土。每 $1m^3$ 用水泥 350kg。池中设雕像处加双向 Φ12@200 底筋。池壁自顶部至水位以下 100cm 为浅绿色水磨石，以下均为水泥粉光。

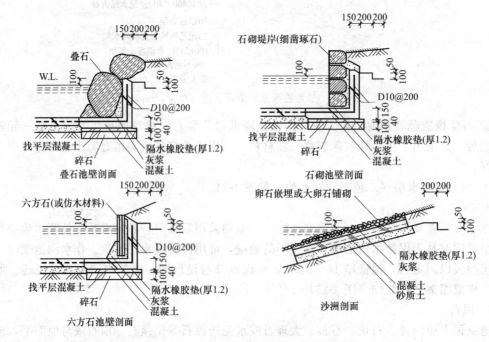

图 4-25 水池池壁剖面（单位：mm）

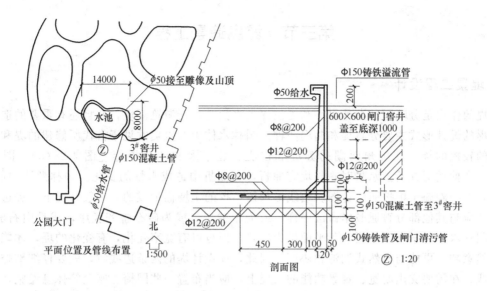

图 4-26　上海黄浦公园水池设计图（单位：mm）

2. 广州流花湖公园水池

如图 4-27，位于该园青年活动区流花冰室附近。这个空间以水池为中心。外围布置花架走道和休息亭。用钢筋混凝土做成薄板仿石桥，板桥将水池分隔为大小两个水面，水池轮廓线比较自然流畅。池边和池中散点着具有广东园林特色的黄腊石。池中有单射流喷水自石隙喷出。从平面上可以看出池底有深浅、缓陡的坡度变化。水较深处置睡莲两盆。池边道路以喷泉为中心作放射线分割。园路宽度亦随池边有收有放地变化。草地上点缀预制钢筋混凝土仿木纹步石，加以各种植物种植，形成多种造园因素所构成的浑然一体的独立景区。

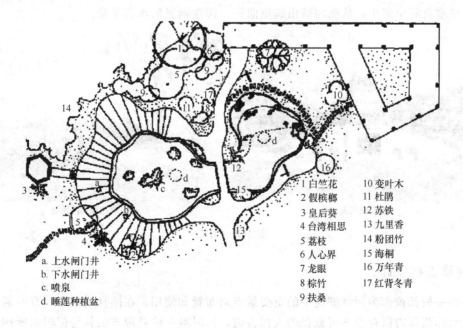

1 白兰花	10 变叶木
2 假槟榔	11 杜鹃
3 皇后葵	12 苏铁
4 台湾相思	13 九里香
5 荔枝	14 粉团竹
6 人心界	15 海桐
7 龙眼	16 万年青
8 棕竹	17 红背冬青
9 扶桑	

a. 上水闸门井
b. 下水闸门井
c. 喷泉
d. 睡莲种植盆

图 4-27　广州流花湖公园水池平面图

第三节　堤岛造景工程

一、堤景工程设计

堤的作用是分隔园林湖池水面和提供深入水面的步行游览环境，并且还有重要的造景作用。堤的设计形式主要分直堤和曲堤两种。园林水体中的直堤常见于古代所修建的堤和现代所建的较短的堤，如杭州西湖的苏堤和白堤、北京颐和园西堤等［图 4-28（a）、图 4-28（b）］。弯曲的堤在营造水景时，长堤宜曲折，在曲折中造成水景的变化。园林湖池中的堤，主要是由挖湖施工中按照设计图所绘线形预留不挖的土埂而形成的。一般情况下，堤边驳岸的做法应与其他部分普通驳岸做法一样，或为土驳岸，或为砖石整齐驳岸，或是山石驳岸。作为园林水体造景所设的堤，其平面虽为带状，但也可有宽窄变化，有变化的堤，才能更具有自然意趣，更能与自然式湖池相协调。因此，在设计堤的两条边线时，就要仔细推敲，谨慎画线。在需要突出游览、观景功能的长堤上，应当布置一些园椅、座凳等休息设施，以方便游人休息、观景。黄石市磁湖东岸长堤的设计就很有创意。该项设计是在长 1200m 的长堤最佳观景段顺序布置了 8 个观景点，每个观景点的平面形状都是一样大小的半圆形，每个观景点也都有一个景名，如"画境观塔"、"鱼跃鸟飞"、"磁堤飞虹"等（图 4-29）。堤上绿化常以柳树为主，也可配植一些水杉、池杉来突出植物景观的竖向变化。在堤边，可配植几种匍地的或下垂型的灌木，如匍地柏、迎春、黄馨、金钟花、榆叶梅、珍珠梅、五色梅等。但是，对其中的匍地柏、榆叶梅等不耐水淹的树木，要注意栽得高一些。以花树为主来设计堤景，也是常见的配植方法。例如，在栽得稍高一点，保证不受水淹的情况下，将湖堤设计为梅堤、桃花堤、梨花堤、樱花堤、桂花堤、芙蓉堤等，到了开花季节，湖面上景色将会格外艳丽。堤中设桥，宜为拱桥；堤边适宜处还可设亭榭。堤岸贴近水面处可使石块挑出水面，凹凸结合，高低错落形成水洞水穴。一则增加层次，二则使水面延伸进洞中，好像源源不绝的泉水自洞中流出，从而勾画出蜿蜒曲折、深邃幽奥的水面景象。

(a) 杭州西湖白堤

(b) 北京颐和园西堤

图 4-28　直堤

二、岛景工程设计

岛屿一般都被作为园林湖池中的重要景点来布置和使用。在园林规划中，有时遇到规划的湖池水体范围内留存有不可砍伐的大树古树，这时唯一的处理方法就是把树木所在地点划为岛屿的用地范围。这样一来，岛屿建成后就有了现成的大树古树景观，使水景生色不少。

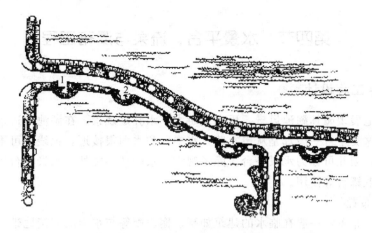

图 4-29　湖北省黄石市磁堤平面图

1—画境观塔；2—湖光帆影；3—鱼跃鸟飞；4—鹅戏春水；5—磁堤飞虹

在一般情况下，岛屿的位置宜选在水体用地范围内地势较高处。但若是规划的湖池形状使岛屿不宜布置在地势较高处，就要根据湖池形状的要求来安排岛屿位置了。确定岛屿位置时要注意，不能在水面居中的地方设岛屿。一定要避开大面积水域的中心位置，要偏于一侧布置，以避免不自然、水景效果缺少变化、单调呆板（如图 4-30）。园林中岛屿的造型形象各异，可以为平岛、林岛、水草岛，也可以是山岛、石岛、环岛（岛中有池）等，还可采取以建筑景观为主的水阁、水心榭、湖心亭等岛屿形式。这些形式中，平岛、水草岛、亭阁岛三类岛的形状，都是水中的一块平地。林岛上的地面起伏不平，种着一片树林。山岛上地面的坡度很陡，岛形隆起呈小山形状，也有的山岛是呈直立的山峰状。石岛，是由巨大的山石（或人工拼砌成的巨石）平、斜卧在水面而构成的。环岛，又可叫空心岛，实际上是

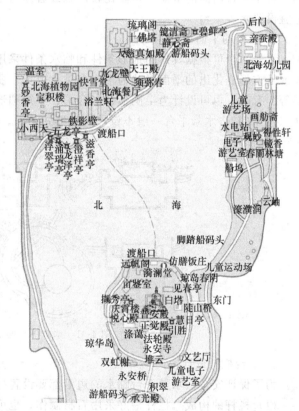

图 4-30　北京北海公园平面图

在岛内含有池塘等小水体，其空间形式是一种层次性的复合空间。在岸线设计、驳岸构造等方面，园林岛屿的岸边做法与湖堤、湖岸完全一样。岛屿上的植物配植应根据岛屿面积大小分别进行设计。面积小，可采用孤植方法配植冠大荫浓、树势雄伟的大树；或者配植一个风景树丛，也有很好的水景效果。岛屿面积比较大时，则可采用较多的树种配植成风景树群甚至风景林。岛上设置亭阁，不宜放在岛的正中位置（岛屿地面太小则例外）。大岛上还可在其岸上布置弯曲的游廊。岛的位置距湖岸较近时，应设置园桥加以连接。林岛、水草岛、太陡太小的山岛、石岛，一般按孤岛对待，不必用桥连接。

第四节　水景平台、流泉与瀑布工程

一、水景平台工程设计

为了更好地展现园林湖池风景，更方便游人临水驻足观景，在湖池水边常常需要修建一些观景平台。这类平台一般都是从岸上跨入水中，和水面很接近，视线也可不受阻挡，临水赏景十分方便，因此可称为水景平台。除了观赏水景的功能之外，水景平台还可作为露天茶饮园地、露天歌舞台等使用。

1. 平台的布置

水景平台的布置，一般在临水的建筑如亭、榭、廊等与水面的交接地带。但在堤边、岛屿边，和作为最佳观景点的湖边凸岸前，都可以设置水景平台。在水边布置平台有一个原则，就是平台前面的水面一定要比较广阔或者纵深条件比较好。前方水体空间狭小的地方不适宜设置水景平台。

2. 平台的平面设计

水景平台可根据具体的地形条件和临水条件采用多种规则的平面形状。一般以长方形平面或长方形变化出的平面形状为主，多见长方形、曲尺形、凸字形、凹字形、回字形、转折形等。有时，也可设计为半圆形、半环形、半矩圆形等形状，还可设计成方圆组合的复杂形状（图4-31）。水景平台一般不设计为自然式平面。

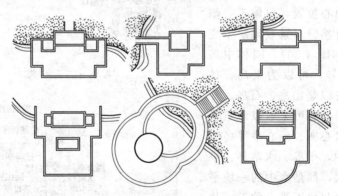

图 4-31　水景平台的平面设计

3. 平台栏杆设计

为了保证安全，水景平台临水的边沿都要设置栏杆。

（1）栏杆的构成　栏杆最好采用石材制作，也可以用混凝土仿石栏杆构件制作，还可以用金属管材制作。石栏杆主要由望柱、栏板、地伏三部分构成。望柱的形状一般可分为柱身和柱头两部分。柱头的造型种类很多，常见的有素方头、莲瓣头、金瓜头、卷云头、盘龙头、仙人头、狮子头、麻叶头等。

（2）栏杆的尺寸设计　先均分平台边长为若干份，使每份长度在 1.2～1.8m 之间，并以此作为相邻两望柱的中线间距。这一尺寸减去望柱直径，就是第一间栏板的宽度。栏板的高度则取其宽度的1/2。望柱的直径可根据柱高确定，应为柱高的2/11。柱头部分的高度不超过全柱高的1/3，柱身部分的高度应为全柱高度的2/3左右。望柱总高一般在 66～120cm。地伏的宽度为 1.5 倍柱径，高度则为其宽度的1/2。

4. 平台的结构设计

水景平台有钢筋混凝土结构，即采用钢筋混凝土将柱、梁、板构件装配连接而成，也有采用室外防腐木拼装。具体设计可按建筑设计有关规范进行。

二、溪泉工程设计

溪涧和泉水属于园林中的小型水景，它们可以为园林内某些局部环境带来清新的、别致的、有趣的和富于亲切情调的景观特色。

1. 溪涧设计

溪、涧都是小型的带状水体。溪与涧略有不同的是：溪的水底及两岸主要由泥土筑成，岸边多水草；涧的水底及两岸则主要由砾石和山石构成，岸边少水草。在溪涧的平面线形设计中，要求线形曲折流畅，回转自如；两条岸线的组合既要相互协调，又要有许多变化，要有开有合，使水面富于宽窄变化。溪涧水面的宽窄变化可以使水流的速度也出现缓急的变化。总之，溪涧的宽窄变化将会使水景效果更加生动自然，更加流畅优美（图4-32）。

2. 泉水设计

地下水出露于地表即为泉水，水出露地表的方式不同，就形成泉的不同形态，地下水若从水池池底涌出，即成为涌泉；若是从池底喷出，就是喷泉；如果水从岩石缝隙中通过山壁流下，是为壁泉；细水从岩缝流出，自上向下滴落，即称为滴泉，这些泉水的形式都可以在园林中仿造。其中，喷泉的设计在本章第六节专门研究，这里只对其他泉水形式的设计作个简单介绍。

（1）涌泉　溪涧的源头，在设计中常可拓宽成为小水池，并将水源的出水口隐藏在池底或池壁，源头水从池底、池壁石缝中涌出或流出，即成为涌泉。或者，在庭院内或园景小广场上修建专门的规则型泉池，池水的补给水从池底进入池内，形成涌泉。在涌泉形式中，还有一种被称为"珍珠泉"的水景。在珍珠泉里，清澈透底的泉水下面，经常从水草或石缝中冒起一串串珍珠般明亮的水泡，从水底跳腾着跃起到水面，十分可爱。用人工方法仿造珍珠泉景观也不难，只要将水池底部做成深色，栽植一些水草，在水下石缝中隐藏起给水管的管口，在管口处，装上一个加气喷头并接入一根吸气管，或者，在水中设置一个空气泵也行，就可以仿造出珍珠泉如图4-33所示。

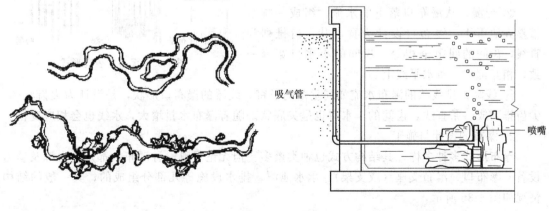

吸气管

喷嘴

图4-32　溪涧的线形设计　　　　　　　图4-33　珍珠泉装置示意图

（2）壁泉　园林中仿造的壁泉，一般布置在庭院中或路边树丛前，作为园林小景致使用，但也可兼作净手处，在广场喷泉群旁边也可布置壁泉，作陪衬泉景使用。壁泉的背景，

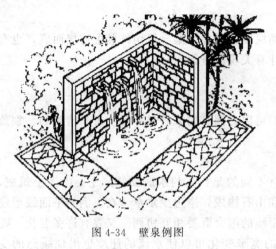

图 4-34 壁泉例图

设计为假山石壁、乱石墙、砖墙都可以（图 4-34）。给水管从墙壁内或从墙壁后面引入，水管阀门安排在后墙脚下。出水口设在墙壁壁面上，做成短槽形、水平缝隙形或各种龙头形、狮头形等造型。壁泉吐水的形式有丝状、网状、带状及喷雾状等。

（3）滴泉　在假山内、石墙内安装给水管，出水口分散设在假山石上部或石墙上部，出水水量较小，水从石块的凸点往下滴落，水滴分散或滴水成线。水滴溅落在下面的水池中，叮咚有声，别有情趣。滴泉水池的做法可以按照壁泉水池一样处理，但滴泉可以适应空间更小的环境，占地面积甚至可以小到 $1\sim2\text{m}^2$，如可用作室内水景装饰、庭院角落造景等。

三、瀑布工程设计

园林中人造瀑布的原理和壁泉、滴泉一样，都是将清水提升到一定高度，然后依靠水自身的重力向下跌落。但瀑布的水量更大、流水更急、气势更猛，水景效果与滴泉、壁泉大不一样。园林瀑布的落水口位置较高，一般都在 2m 以上。若落水口太低，就没有瀑布的气势和特色，就不被人叫做瀑布而常被称为是"跌水"。

1. 瀑布的形式

瀑布的设计形式种类比较多。瀑布种类的划分依据，一是可从流水的跌落方式来划分，二是可从瀑布口的设计形式来划分。

（1）按瀑布跌落方式分，有直瀑、分瀑、叠瀑和滑瀑四种。

（2）按瀑布口的设计形式来分，瀑布可有布瀑、带瀑和线瀑三种（见图 4-35）。

① 布瀑。瀑布的水像一片又宽又平的布一样飞落而下。瀑布口的形状设计为一条水平直线。

② 带瀑。从瀑布口落下的水流，组成一排水带整齐地落下。瀑布口设计为宽齿状，齿排列为直线，齿间的间距全相等。齿间的小水口宽窄一致，相互都在一条水平线上。

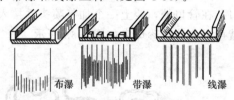

图 4-35 瀑布的表现形式

③ 线瀑。排线状的瀑布水流如同垂落的丝帘。线瀑的瀑布口形状，是设计为尖齿状的。尖齿排列成一条直线，齿间的小水口也呈尖底状。随着瀑布水量增大，水线也会相应变粗。

2. 瀑布的设计与施工

瀑布形式多种多样，其结构方式也种类繁多。但无论是哪一种瀑布，都是由水源及动力设备、瀑布口、瀑布支座（或支架）、承水池潭、排水设施等几部分组成的，其一般的结构情况如图 4-36 所示。

一般瀑布的落差越大，所需水量越多。反之，则需水量减少。承瀑潭内的水量，循环速度则由水泵调节，因此，为便于调节水量，应选用容量较大的水泵。

瀑布的基本构造，如图 4-37 所示。

（1）水槽　水槽设于假山上有隐蔽的地方，水经过水槽，再由水槽口落下。水的供给量

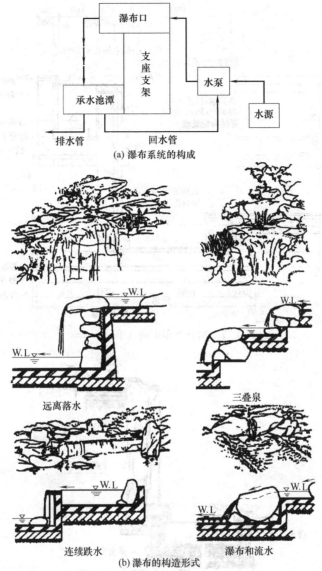

(a) 瀑布系统的构成

远离落水

三叠泉

连续跌水

瀑布和流水

(b) 瀑布的构造形式

图 4-36　瀑布系统构成与表现形式

在每秒钟能有 1 立方米左右者，可用重落、离落、布落等，如仅有 0.1 立方米的水量，可用传落、丝落。

（2）出水口　自然式落水的出水口应模仿自然，不必设于假山的最高处。在出水口处，应用树木及岩石加以隐蔽。出水口的左右两端，应稍高于出水口的水面。若设计其沿垂直墙面滑落，应考虑抛物线因素，适当加大承瀑潭的进深。对高差小、落水口较宽的瀑布，如果减少水量，瀑流常会呈幕帘状滑落，并在瀑身和墙体间形成低压区，致使部分瀑流向中心集中，"哗哗"作响，还可能割裂瀑身，需采取预防措施（如加大水量或将落水口处山石作拉道处理，凿出细沟，使瀑布呈丝带状滑落。）

（3）瀑布面　瀑布水面，高与宽的比例以 6：1 为佳。落下的角度，视落下的形式及水量而定，最大为 90°直角，瀑布水面宽最小不得低于高的十分之一。瀑布面应全部以岩石装饰其表面，内壁面可用 1：3：5 的混凝土，高度及宽度较大时，则应加钢筋。瀑布面内可点缀植物，在瀑布面外的上端及左右两侧则宜多栽植树木，使瀑布水色更为壮观。

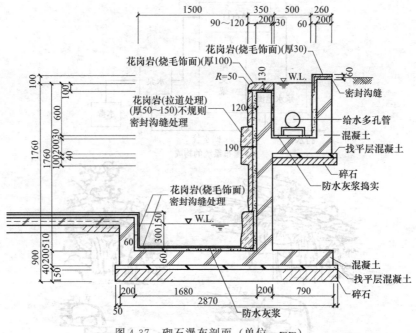

图 4-37 砌石瀑布剖面（单位：mm）

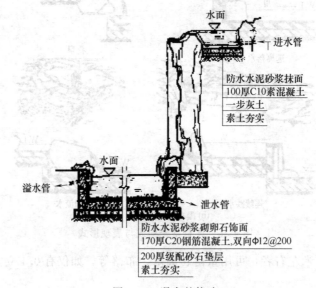

图 4-38 瀑布的构造

（4）蓄水池 瀑布流下处，大型瀑布当设深潭，小型者设蓄水池，池中散布石块，种植水草，并连以水流引导流下之水至附近溪流、河、湖泊等。为了防止落水时水花四溅，一般的经验是使受水池的宽度不小于瀑身高度的 2/3，即

$$B \geqslant 2/3H$$

式中，B 为瀑布的水池潭的宽度；H 是瀑身高度。

瀑布与瀑布口的构造情况如图 4-38 所示。在处理瀑布口形状与瀑布水形的时候，要特别认真研究瀑布落水的边沿。光滑平整的水口边沿，其瀑布就像透明的玻璃片垂落而下。如果水口边沿粗糙，水流不能呈片状平滑地落下，而是散乱一团洒落下去。此外，另一个需要注意的设计因素是瀑布所在位置上的光线情况如何。如果有强烈的光线照射在瀑布的背面，则瀑布会

(a)广州西苑瀑布　　　　　　　　　　　　(b)广州白天鹅宾馆瀑布

图 4-39　瀑布实例

显得晶莹剔透、光彩闪烁，水景效果更能引人入胜。瀑布例子如图 4-39 所示（彩图见插页）。

第五节　驳岸和护坡工程

驳岸是指在园林水体中为了稳定岸壁、保护河岸不被冲刷或水淹所设置的构筑物（护岸），同时也是园林水景的一部分，水景岸坡应与周边环境相协调统一。

一、驳岸工程

1. 驳岸工程概述

园林水体要求有稳定、美观的水岸以维持陆地和水面一定的比例关系，防止陆地被淹或水岸坍塌而扩大水面，因此在水体边缘必须建造驳岸与护坡。

驳岸可分为湖底以下地基部分、常水位至湖底部分、常水位与最高水位之间的部分和不受淹没的部分。湖底地基直接坐落在不透水的坚实地基上是最理想的。否则由于湖底地基荷载强度与岸顶荷载不相适应而造成均匀或不均匀沉陷可使驳岸出现纵向裂缝甚至局部塌陷。另外，由于受到风浪的冲刷与风化及岸坡顶部受压都会使驳岸受到影响甚至破坏。

2. 驳岸的形式与应用

园林水体岸坡设计中，首先要确定岸坡的设计形式，然后才根据具体建设条件进行岸坡的结构设计，最后才能完成岸坡的设计。

（1）依据断面形状划分　水体驳岸的断面形状决定其外观的基本形象，据此来划分，则园林内的水体岸坡有下述几种。

① 垂直岸。岸壁基本垂直于水面。在岸边用地狭窄时，或在小面积水体中，采用这种驳岸形式可节约岸边用地。在水位有涨落变化的园林水体中，这种驳岸不能适应水位的涨落。枯水期岸口显得太高。

② 悬挑岸。岸壁基本垂直，岸顶石向水面悬挑出一小部分，水面仿佛延伸到了岸口以下。这种驳岸适用于广场水池、庭院水池等面积较小的、水位能够人为控制的水体中。

③ 斜坡岸。岸壁成斜坡状，岸边用地需比较宽阔。这种驳岸比较能适应水位的涨落变化。并且岸景比较自然。

（2）按照景观特点划分　如果以景观特点为划分依据，园林水体岸常见有以下十种。

① 草皮驳坡。岸坡由低缓的草坡构成。由于岸坡低浅，能够很好突出水体的坦荡、辽

阔特点。而且坡岸上青草绿茵，景色优美自然，风景效果很好，工程造价不高，因此，这种岸坡在园林湖池水体中应用十分广泛。

② 山石驳岸。采用天然山石，不经人工整形，顺其自然石形砌筑成崎岖、曲折、凹凸变化的自然山石驳岸 ［图 4-40（a）］。这种驳岸适用于水石庭院、园林湖池、假山山涧等水体。

(a) 山石驳岸　　　　　　　　　(b) 整形石砌驳岸

图 4-40　两种水体岸坡

③ 干砌大块石驳岸。这种驳岸不用任何胶结材料，而只是利用大块石的自然纹缝进行拼接镶嵌。在保证砌叠牢固的前提下，使块石前后错落，多有变化，以造成大小深浅形状各异的石峰、石洞、石槽、石孔、石峡等。由于这种驳岸缝隙密布，生态条件比较好，有利于水中生物的繁衍和生长，因而广泛适用于多数园林湖池水体。

④ 浆砌块石驳岸。采用水泥砂浆，按照重力式挡土墙的方式砌筑块石驳岸，并用水泥砂浆抹缝，使岸壁壁面形成冰裂纹、松皮纹等装饰性缝纹。这种驳岸能适应大多数园林水景。

⑤ 整形石砌体驳岸。利用加工整形成规则形状的条石，整齐地砌筑成条石砌体驳岸 ［图 4-39（b）］。这种驳岸规则整齐、工程稳固性好，但造价较高，多用于较大面积的规则式水体中。

⑥ 石砌台阶式岸坡。结合湖岸坡地地形或游船码头的修建，用整形条石砌筑成梯级形状的岸坡。这样不仅可适应水位的高低变化，还可以利用阶梯作为休息座凳，吸引游人靠近水边赏景、休息或垂钓，以增加游园的兴趣。

⑦ 砖砌池壁。用砖砌体做成垂直的池岸，砖砌体墙面常用水泥砂浆抹面，以加固墙体、光洁墙面和防止池水渗漏。这种池壁造价较高，适用于面积较小的造景水池。

⑧ 钢筋混凝土池壁。以钢筋混凝土材料做成池壁和池底，这种池岸的整齐性、光洁性和防渗漏性都最好，但造价高，适宜于重点水池和规则式水池。

⑨ 板桩式驳岸。使用材料较广泛，一般可用混凝土桩、板等砌筑。这种岸坡的岸壁较薄，因此不宜用于面积较大的水体，多适用于局部的驳岸处理。

⑩ 卵石及其贝壳岸坡。将大量的卵石、砾石与贝壳按一定级配与层次堆积于斜坡的岸边，既可适应池水涨落和冲刷，又带来自然风采。

3. 水体驳岸设计

不同园林环境中，水体的形状、面积大小和基本景观各不相同，其岸坡的设计形式和结构形式也相应有所不同。在什么样的水体中选用什么样的岸坡，要根据岸坡本身的适用性和环境景观的特点而确定。在规则式布局的园林环境中，如园景广场、园林门景广场中，水体一般要选择整齐性、光洁性良好的岸坡形式，如钢筋混凝土池壁、砖砌池壁、整形石砌驳岸等。一些水景形式如喷泉池、瀑布池、滴泉池、休闲泳池等，也应采用这些岸坡形式。

4. 水体驳岸施工

水体驳岸的施工材料与施工做法，随岸坡的设计形式不同而有一定的差别。但在多数岸坡种类的施工中，也有一些共同的要求。在一般岸坡施工中，都应坚持就地取材的原则。

（1）施工方法　按结构形式水体驳岸可分为重力式、后倾式、板桩式和混合式等几种。驳岸实际上就是水边的挡土墙，其施工方法可参考第三章园林砌体中的挡土墙做法。

（2）施工中的注意事项　园林水体岸坡工程施工过程中，为了保证工程质量和施工安全，应当注意为排除地面渗水或地面水在岸墙后的滞留，应考虑设置泄水孔。泄水孔的分布可为等距离的，平均 3～5m 长可设置一个。在孔后可设过滤层，以防阻塞（同挡土墙做法）。

5. 各种类型驳岸设计实例

（1）北京颐和园东堤与后溪河的驳岸　颐和园驳岸基本有两种，即昆明湖东堤的条石驳岸和后溪河的山石驳岸。如图 4-41（a）所示为颐和园条石驳岸断面结构图。又如图 4-41（b）所示，是颐和园后溪河山石驳岸的横断面结构图。昆明湖面积辽阔、风流较大，东堤相当于截水坝。因东堤外地面高程低于昆明湖常水位高程。鉴于这一带建筑布局都是整形式，采用花岗石做的条石驳岸外观整洁，坚固耐用，但造价昂贵。

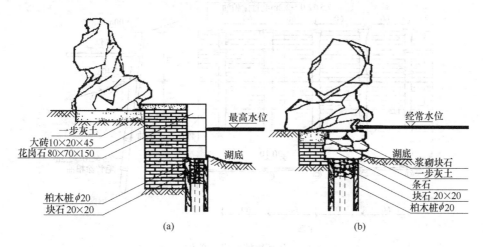

图 4-41　颐和园驳岸横断面图（单位：cm）

（2）北京动物园的驳岸　如图 4-42 所示。北京的紫竹院公园、陶然亭公园多采用这种驳岸类型。其特点是在驳岸的背水面铺了宽约 50cm 的级配砂石带。因为级配砂石间多空隙，排水良好。即使有积水，冰冻后有空隙容纳冻后膨胀力，这便可以减少冻土对驳岸的破坏。湖底以下的基础用块石浇灌混凝土，使驳岸地基的整体性加强而不易产生不均匀沉陷。这种块石近郊可采。基础以上浆砌块石勾缝。水面以上形成虎皮石外观也很朴素大方。岸顶用预制混凝土块压顶，向水面挑出 5cm 较美观。预制混凝土方砖顶面高出高水位约 30～40cm，这也适合动物园水面窄、挡风的土山多、风浪不大的实际情况。驳岸并不是绝对与水平面垂直，可有 1∶10 的倾斜。每间隔 15m 设一条伸缩缝。虎皮石缝宽度以 2～3cm 为宜。石缝有凹缝、平缝和凸缝等不同做法。

（3）上海竹桩驳岸　江南一带盛产毛竹。毛竹平直、坚实且有韧性。如图 4-43 所示，以毛竹杆为桩，毛竹板材为板墙，构成竹篱挡墙。因地选材，造价经济且具有一定使用年

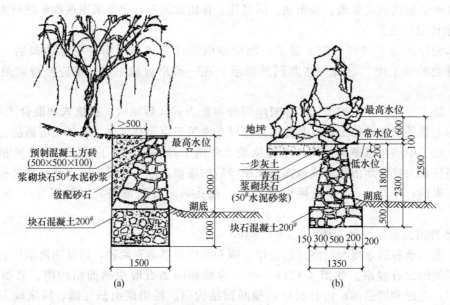

图 4-42　北京动物园驳岸

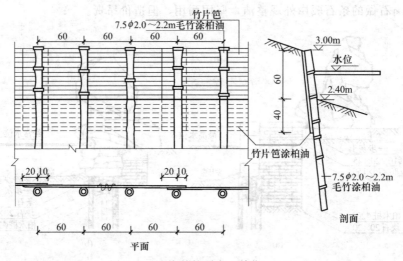

图 4-43　上海竹桩驳岸（单位：cm）

限。上海地区冬天土地不冻，水不结坚冰，没有冻胀破坏，土质偏黏，为了防腐可涂一层柏油。竹桩顶齐竹节截断以防止雨水存积。但这种驳岸只能作为临时驳岸措施。因这种驳岸不耐风浪冲击和淘刷。竹篱缝不密实，风浪可将岸土淘刷出来，日久则岸篱分开，岸线后退而竹桩离岸居于水中，这样就起不了驳岸的作用。竹桩驳岸也不耐游船撞击，但由于造价经济、施工期短，可在一定年限内使用，然后再逐渐更换为永久性驳岸。盛产木材的地方亦可做成木板桩驳岸或木桩驳岸。

（4）上海虹口公园驳岸设计　图 4-44 是一套比较完整、细致的驳岸设计。从图 4-44（a）"分区平面图"上可以看出在全园的常水位线上，根据各自所处的地形条件递次确定了 28 个断面的位置。两个相邻断面点之间为一个区间。这样可将全园划为 25 个区间。这25 个区间又根据原有地形条件、土质情况概括为 7 种驳岸断面设计的类型［图 4-44（b）～图4-44（h）］。

二、护坡工程

如河湖坡岸并非陡直而不采用岸壁直墙时，则可采用各种材料和方式对斜坡进行防护。护坡主要用来防止滑坡、减少地面水和风浪的冲刷，以保证岸坡的稳定。如图 4-45 和图 4-46 所示。

1. 编柳抛石护坡

采用新截取的柳条呈十字交叉编织。编柳空格内抛填 20～40cm 厚的块石，块石下设 10～20cm 厚的砾石层以利于排水和减少土壤流失。柳格平面尺寸为 0.3m×0.3m 或 1m×1m，厚度为 30～50cm，柳条发芽便成为保护性能较强的护坡设施。编柳时在岸坡上用铁钎

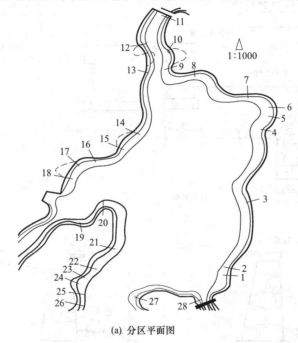

(a) 分区平面图

(b) Ⅰ型

(c) Ⅱ型

图 4-44

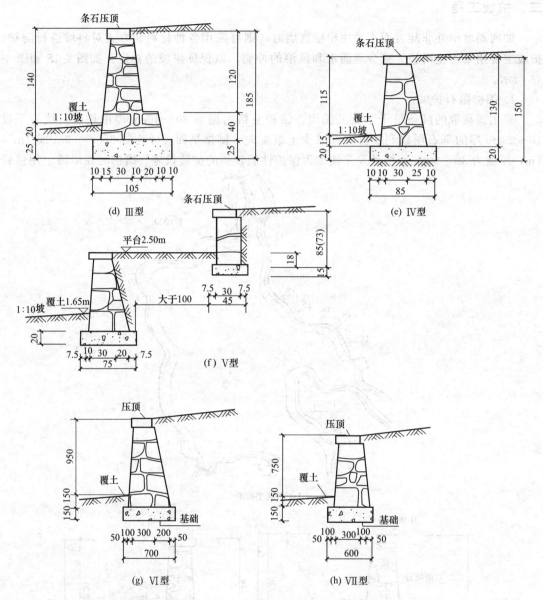

注: 1. 平面未经详细测量, 采用断面平面位置需联系设计部门逐段放样决定。

　　2. 覆土面需填实, 表面1:10坡度。

　　3. 所注标高按城建局新做窨井, 井角以3.15m标高为准。

　　4. 块石驳岸截面大于500mm, 用细混凝土灌浆。小于500mm用150$^{\#}$水泥砂浆基础75$^{\#}$混凝土。

　　5. 每30m左右处做三油二毡伸缩缝一道(截面变化边), 每20m毛竹出水口。

图 4-44　上海虹口公园驳岸设计

开间距为 30～40cm、深度为 50～80cm 的孔洞。在孔洞中顺根的方向打入顶面直径为 5～8cm 的柳橛子。柳橛顶高出块石顶面 5～15cm。

　　2. 块石护坡

　　如图 4-47 所示, 先整理岸坡, 选用直径 18～25cm 的块石, 最好是长宽边比为 1:2 的长方形石料。要求石料密度大、吸水率小。块石护坡还应有足够的透水性以减少土壤从护坡

图 4-45　水池旁的散铺卵石营造出天然
湖泊才有的那份随意和自然

图 4-46　草皮护坡在水面上缓坡在（1：20）～（1：5）
间起伏变化显得自然优美

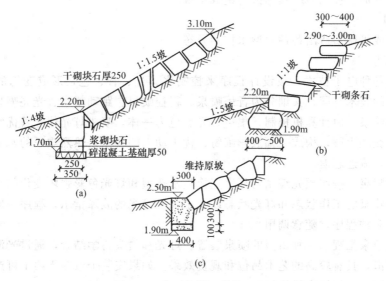

图 4-47　块石护坡（单位：mm）

上面流失。需要在块石下面设倒滤层垫底，并在护坡坡脚设挡板。在水流速不大的情况下，块石可设的砂层在砾石层上。否则应以碎石层作倒滤的垫层。如单层石铺石厚度为 20～30cm 时，垫层可采用 15～25cm。如水深在 2m 以上则可考虑下部护坡用双层铺石。如上层厚 30cm，下层厚 20～25cm，砾石或碎石层厚 10～20cm。

第六节　喷泉工程

喷泉起源于希腊时代的饮用水源，到罗马时代产生了雕刻和装饰造型喷泉。随着时代的发展，它在现代居住庭园中的应用愈来愈广。

一、喷泉概述

从造景作用方面来讲，喷泉首先可以为园林环境提供动态水景，丰富城市景观。这种水景一般都被作为园林的重要景点来使用。例如在西方传统的大规模宫廷园林中，喷泉群以及依附于喷泉的大型雕塑，就总是园林的主要景物，总是在园林中广泛布置着。其次，喷泉对它旁边一定范围内的环境质量还有改良作用。它能够增加局部环境中的空气湿度，减少空气尘埃，有利于改善环境质量，有益于人们的身心健康。它可以陶冶情怀，振奋精神，培养审美意识和情趣。正因为这样，喷泉在艺术上和技术才能够不断地发展，不断地创新，不断地得到人们的喜爱。近年来又出现了许多运用新技术手段制作的新型喷泉，丰富多彩，引人入胜。

二、喷泉类型

喷泉的类型很多，根据其工程设计手法大致可分为以下几种。

1. 普通装饰性喷泉

它由各种花形图案组成固定的喷水形。

2. 与雕塑结合的喷泉

喷泉的喷水形、柱式与雕塑等共同组成景观。

3. 水雕塑

即用人工或机械塑造出各种大型水柱的姿态。

4. 自控喷泉

多是利用各种电子技术，按设计程序来控制水、光、音、色，形成变幻的、奇异的景观。根据具体的技术不同，又细分为音乐喷泉、程控喷泉、跑动喷泉、光亮喷泉等。

（1）音乐喷泉　由计算机控制，集声、光、色为一体，喷头灯光伴随着优雅的乐曲，梦幻般地起伏，交映生辉，构成一幅五彩缤纷、优美动人的场景，热烈欢乐的水姿令人心旷神怡、叹为观止，流连忘返。

（2）程控喷泉　按照预先编制的程序变换喷水造型和灯光色彩强弱变化的喷泉工程，可适时显示各个喷泉的工作状态和灯光状态以及水泵和灯光的故障指示，程序一般可以随时修改，也可储存多种程序，随意调用。

（3）光亮喷泉工程　一种新型的喷泉装置。灯光和喷头科学结合，通过光源反射使喷出的水柱透明光滑，具有较高的艺术品位和观赏效果。如果安装个数多于两个可产生追逐、跟踪等效果，程序可根据用户需要编制。

5. 水幕电影

主要由水幕发生器、投影机（放映机）组成。水幕高达二十余米，宽 30～50 米，各种VCD 光盘或水幕专用影均可在水幕上播放，影视效果奇特、新颖，并是极佳的广告宣传工具，各种广场及阔旷的水面均可安装水幕电影。

随着喷泉机械的创新、喷头设计的改进和喷泉与电子设备、声光设备等的结合，喷泉的自动化、智能化和声光化都将有更大的发展，将会带来更加美丽，更加奇妙和更加丰富的视觉体验。

三、喷头种类

目前，国内外经常使用的喷头式样根据其喷头造型、喷泉图案等综合起来可分为以下几种。

1. 万向直射喷头

单喷嘴，直射流。水柱晶莹透明，线条明快流畅。射流轴线可以作 ±10° 的调节，安装调试灵活方便，组成图案的能力强（如图 4-48，彩图见插页）。

2. 集流直射喷头

喷水时射流集中，粗壮高大，气势宏伟。常用来作喷水池中心水柱的主喷头（如图 4-

图 4-48　万向直射喷头图示案例

图 4-49　集流直射喷头图示案例

49，彩图见插页）。

3. 三层花喷头

由中心直上和三圈不同层次的可调直流喷头组成，喷水形成中心水柱和两层外向辐射的抛物线状。由于每个喷嘴角度可调，因而水姿调试造型灵活多变（如图 4-50，彩图见插页）。

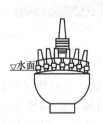  

图 4-50　三层花喷头图示案例

4. 凤尾喷头

在一个配水室上，安装一排小喷嘴，喷水造型如凤尾，水流舒展柔媚（如图 4-51，彩图见插页）。

5. 银缨喷头

喷嘴围成一圈，喷水时形成一圈外向的抛物线水柱，喷水形酷似缨穗，银光闪闪（如图 4-52，彩图见插页）。

6. 开屏喷头

开屏喷头常用的有双开屏喷头和三开屏喷头，喷头上有两排或三排喷嘴。双开屏喷头特点：喷头上有两排喷嘴，左右各喷出一排扇形抛物线水柱（如图 4-53，彩图见插页）。

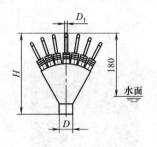
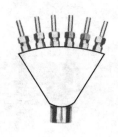

图 4-51　凤尾喷头图示案例

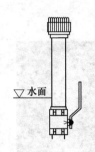

图 4-52　银缨喷头图示案例

图 4-53　开屏喷头图示案例

7. 变形喷头

喷头形状的变化，使水花形成多种花式。变形喷头的种类很多，它们共同的特点是在出水口前面有一个可以调节的、形状各异的反射器。射流通过反射器，起到使水花造型的作用，从而形成各式各样的、均匀的水膜，如牵牛花形、半球形、扶桑花形、伞形等（如图4-54，彩图见插页）。

8. 扇形喷头

喷水时水流自扁平的喷嘴喷洒，形成扇形的水膜（如图4-55，彩图见插页）。夜晚在水下彩灯的照射下，尤如五彩缤纷的孔雀开屏，绚丽多彩。可单独使用，也可多个组合造型。

9. 吸力喷头

此种喷头是利用压力水喷出时，在喷嘴的喷口处附近形成负压区。由于压差的作用，它能把空气和水吸入喷嘴外的环套内，与喷嘴内喷出的水混合后一并喷出。这时水柱的体积膨大，同时因为混入大量细小的空气泡，形成白色不透明的水柱。它能充分反射阳光，因此光彩艳丽。夜晚如有彩色灯光照明则更为光彩夺目。吸力喷头从结构上分类，可分为吸水喷头、加气喷头和吸水加气喷头；从造型上分类，可分为玉柱喷头、雪松喷头、涌泉喷头、鼓

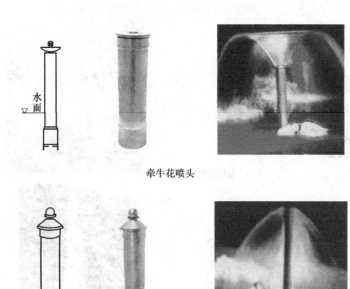

牵牛花喷头

伞形喷头

图 4-54　变形喷头图示案例

图 4-55　扇形喷头图示案例

泡喷头（不带管涌泉喷头）等（如图 4-56，彩图见插页）。

10. 蒲公英喷头

这种喷头是在圆球形壳体上，装有很多同心放射状喷管，并在每个管头上装有一个半球形变形喷头。喷水时在光照射下，酷似水晶宝石，球体停喷时造型似蒲公英，独立或组合成景，银光闪闪，气势壮观。对水质要求高，必须装滤网，灯光效果好（如图 4-57，彩图见插页）。

11. 旋转喷头

它利用压力水由喷嘴喷出时的反作用力或其他动力带动回转器转动，使喷嘴不断地旋转运动，从而丰富了喷水造型，喷出的水花或欢快旋转或飘逸荡漾，形成各种扭曲线型，婀娜多姿（如图 4-58，彩图见插页）。常见的有水平旋转喷头（又称扭转喷头）、垂直旋转喷头（又称风车喷头）。

12. 喷雾喷头

这种喷头内部装有一个螺旋状导流板，使水具有圆周运动，水喷出后，形成细细的弥漫

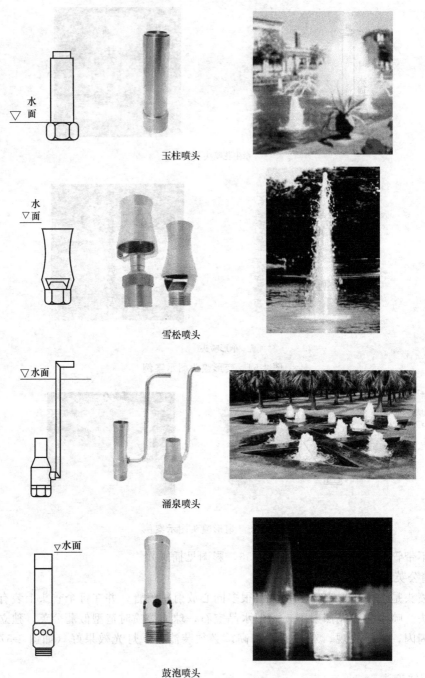

玉柱喷头

雪松喷头

涌泉喷头

鼓泡喷头

图 4-56　各种吸力喷头图示案例

的雾状水滴。每当天空晴朗，阳光灿烂，在太阳对水珠表面与人眼之间连线的夹角为 $40°36'\sim42°18'$ 时，明净清澈的喷水池水面上，就会伴随着朦胧的雾珠，呈现出彩色缤纷的虹。它辉映着湛蓝的天空，景色十分瑰丽（如图 4-59，彩图见插页）。

13. 摇摆喷头

摇摆喷头塑造了喷泉的动感造型，在灯光的照耀下飘舞灵动（如图 4-60，彩图见插页）。

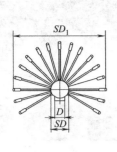  

图 4-57 蒲公英喷头图示案例

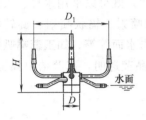  

扭转喷头

 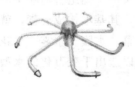

风车喷头

图 4-58 旋转喷头图示案例

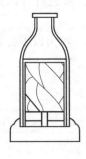  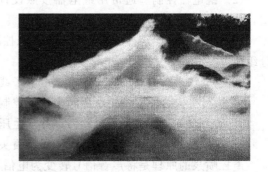

图 4-59 喷雾喷头图示案例

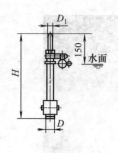 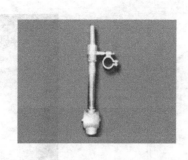 

图 4-60　摇摆喷头图示案例

14. 组合式喷头

由两种或两种以上形体各异的喷嘴，根据水花造型的需要，组合成一个大喷头，叫组合式喷头，它能够形成较复杂的花形。水形的组合造型也有很多方式，既可以采用水柱、水线的平行直射、斜射、仰射、俯射，也可以使水线交叉喷射、相对喷射、辐状喷射、旋转喷射，还可以用水线穿过水幕、水膜，用水雾掩藏喷头，用水花点击水面等等。如玉蕊喇叭花喷泉喷头是在喇叭形水膜中心有一水柱垂直喷出形成花蕊，水花晶莹透明，花蕊洁白如玉，很像一朵盛开的扶桑。

四、喷泉的水型设计

1. 喷泉水型的基本样式

喷泉水型是由不同种类的喷头、喷头的不同组合与喷头的不同俯仰角度几个方面因素共同影响形成的。从喷泉水型的构成来讲，其基本构成要素，就是由不同形式喷头喷水所产生的不同水形，即水柱、水带、水线、水幕、水膜、水雾、水花、水泡等。而由这些水形要素按照设计的图样进行不同的组合，就可以造出千变万化的水型来。

喷泉的水姿形式见表 4-1。

2. 喷泉的控制方式

喷泉喷射水量、喷射时间的控制和喷水图样变化的控制，主要有以下三种方式。

(1) 手阀控制　这是最常见和最简单的控制方式，在喷泉的供水管上安装手控调节阀，用来调节各管段中水的压力和流量，形成固定的喷水姿。

(2) 继电器控制　通常用继电器按照设计时间程序控制水泵、电磁阀、彩色灯等的起闭，从而实现可以自动变换的喷水水姿。

(3) 音响控制　声控喷泉是利用声音来控制喷泉变化的一种自控泉。它一般由以下几部分组成。

① 声电转换、放大装置。通常是由电子线路或数字电路、计算机组成。

② 执行机构。通常使用电磁阀来执行控制指令。

③ 动力设备。用水泵提供动力，并产生压力水。

④ 其他设备。主要有管路、过滤器、喷头等。

声控喷泉的原理是将声音信号转变为电信号，经放大及其他一些处理，推动继电器或其电子开关，再去控制设在电路上的电磁阀的启闭，从而达到控制喷头水流动的通断。这样，随着声音的变化，人们可以看到喷水大小、高矮和形态的变化。它能把人们的听觉和视觉结

表 4-1 喷泉的水姿形式

名称	喷泉水型	备注	名称	喷泉水型	备注
单射型	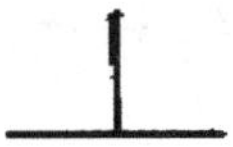	单独布置	水幕型		在直线上布置
拱顶型		在圆周上布置	向心型		在圆周上布置
圆柱型		在圆周上布置	篱笆型		在直线或圆周上布置
编织型		在圆周上向内布置	编织型		在圆周上向外布置
屋顶型		布置在直线上	旋转型	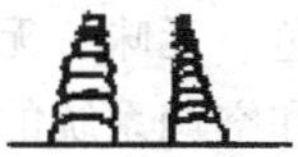	单独布置
圆弧型		布置在曲线上	吸力型		有吸水型；吸气型；吸水气型
喷雾型		单独布置	洒水型		在曲线上布置
扇型		单独布置	孔雀型		单独布置
半球型		单独布置	牵牛花型		单独布置
多层花型		单独布置	蒲公英型		单独布置

合起来，使喷泉喷射的水花随着音乐优美的变化旋律而翩翩起舞。这样的喷泉因此也被喻为"音乐喷泉"或"会跳舞的喷泉"。

五、彩色喷泉的灯光布置

1. 喷泉照明的特点

喷泉照明与一般照明不同。一般照明是要在夜间创造一个明亮的环境，而喷泉照明则是要突出水花的各种风姿。因此，它要求有比周围环境更高的亮度，而被照明的物体又是一种无色透明的水，这就要利用灯具的各种不同的光分布和构图，形成特有的艺术效果，形成开朗、明快的气氛，供人们观赏。

2. 喷泉照明的方式和手法

（1）固定照明和变化照明

① 固定照明。灯光不变化。

② 变化照明。闪光照明或灯光明暗变化及部分灯亮、部分灯暗的变化。

（2）水上照明和水下照明

① 水上照明。水上射灯将不同颜色的光线投射到水柱上，对于高大的水柱采用这种方式照明效果较好，适宜大型喷泉照明。

② 水下照明。水下彩灯是一种可以放入水中的密封灯具，有红、黄、蓝、绿等颜色。水下彩灯一般装在水面以下 5～10cm 处，光线透过水面投射到喷泉水柱上，水柱有晶莹剔透的透明感，同时也可照射出水面的波纹。如果采用多种颜色的彩灯照射，水柱呈现出缤纷的色彩。

六、喷泉的给排水系统

喷泉的水源应为无色、无味、无有害杂质的清洁水。因此，喷泉除用城市自来水作为水源外，其他像冷却设备和空调系统的废水等也可用为喷泉的水源。

喷泉用水的给排方式，简单地说可以有以下几种。

1. 对于流量在 2～3L/s 以内的小型喷泉，可直接由城市自来水供水，使用过后的水排入城市雨水管网，如图 4-61(a)。

2. 为保证喷水具有稳定的高度和射程，给水需经过特设的水泵房加压，喷出后的水仍排入城市雨水管网。同时为了保证喷水具有必要的稳定的压力和节约用水，对于大型喷泉，一般采用循环供水。循环供水的方式可以设水泵房，如图 4-61(b)，也可以将潜水泵直接放在喷水池或水体内低处，循环供水如图 4-61(c) 所示。

3. 在有条件的地方，可以利用高位的天然水源供水，用毕后排除，如图 4-61(d)。为了保持喷水池的卫生，大型喷泉还可设专用水泵，以供喷水池水的循环，使水池的水不断流动，并在循环管线中设过滤器和消毒设备，以清除水中的杂物、藻类和病菌。

七、喷泉的设计

从设计尺寸与规模大小来说，喷泉池的设计取决于园林总体规划与详细规划中对观赏功能和实用功能的要求，但是这与水池所处地理位置的风向、风力、气候湿度等关系极大，它直接影响了水池面积和形状的确定［如图 4-62(a)、图 4-62(b)］。

1. 喷泉池平面设计

喷泉池平面设计，主要应与所在环境的格调、建筑和道路的线型特征以及视线关系等环境因素相互协调统一。其平面轮廓要"随曲合方"即在以曲线为主的环境中水池多设计为圆形、椭圆形；在以直线为主的环境中则多设计为方形、长方形及其组合形状，池形要与环境相称，水池轮廓与广场走向、建筑外轮廓等要取得呼应与联系的协调关系。在设计风速下应保证水滴不致大量被风吹失。回落到水面的水花也应避免大量溅至池外［如图 4-63(a)、图 4-63(b)］。所以，水池的尺寸一般应比计算要求每边再加大 0.5～1.0m。在喷泉池立面设计中，要做好喷泉各立面的高度变化和立面景观变化，水池池壁顶与人接触，则应考虑坐池边观赏水池的需要。池壁顶可做成平顶、拱顶和挑伸、倾斜等各种形式。水池深度的确定应以

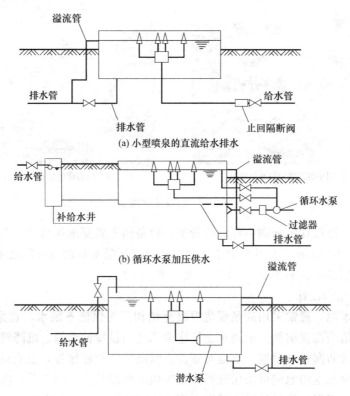

(a) 小型喷泉的直流给水排水

(b) 循环水泵加压供水

(c) 潜水泵循环加压供水

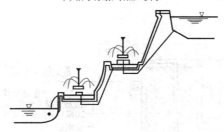

(d) 利用高位水供水

图 4-61　喷泉的给排水系统

(a) 日本兵库县尼崎市,加气喷头与巨型花岗岩所形成的带有奇幻色彩的造影效果

(b) 日本滋贺县的组合喷泉造型,意为希望之泉

图 4-62　日本喷泉设计

(a) 广州中海康城居住小区喷泉

(b) 深圳西海岸居住小区中心喷泉

图 4-63　居住小区喷泉

设计水深为依据，而设计水深则一般应按管道、设备的布置要求而确定。多数喷泉水池的设计水深都在 $500\sim1000$mm。在设有潜水泵时，还应保证吸水口的淹没深度不小于 0.5m。不论何种形式，池底都应有不小于 0.01 的坡度，坡面都向着集水坑。

2. 喷泉池的结构设计

对于大中型水池，最常采用的是现浇混凝土结构。为保证不漏水，宜采用防水混凝土。为防止裂缝，应适当配置钢筋。大型水池还应考虑适当设置伸缩缝、沉降缝，这些构造缝应设止水带，用柔性防漏材料填塞。水池与管沟、水泵房等相连接处，也宜设沉降缝并同样进行防漏处理。喷泉水池的池壁可采用花岗石、釉面砖贴面装饰，但要采用防水砂浆。池底和池壁的构造做法，根据具体设计可有不同。图 4-64 和图 4-65 中对池壁、池底的做法分别给出了实例。

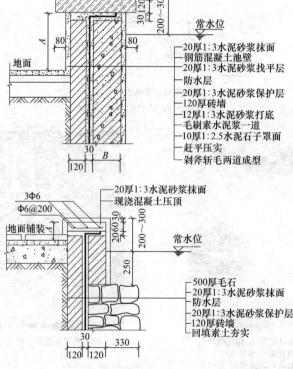

图 4-64　喷水池两种池壁做法（单位：mm）

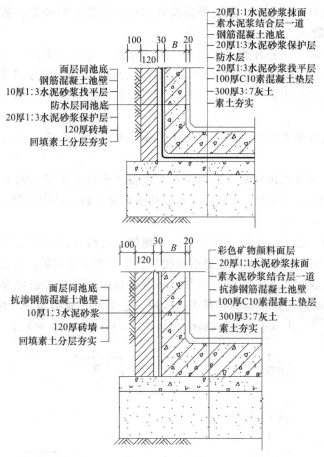

图 4-65　喷水池两种池底做法（单位：mm）

　　管道穿池底和外壁时要采取防漏措施，一般是设置防水套管。在可能产生振动的地方，应设柔性防水套管。水池设置溢水口的目的在于维持一定的水位和进行表面排污，保持水面清洁，常用溢水口形式有堰口式、漏斗式、管口式、连通管式等，也可根据具体情况选择。大型水池若设一个溢水口不能满足要求时，可设若干个，但应均匀布置在水池内，溢水口的位置应不影响美观，而且便于清除积污和疏通管道。溢水口外应设格栅或格网，以防止较大漂浮物堵塞管道。格栅间隙或筛网网格直径应不大于管道直径的 1/4。为便于清扫、检修和防止停用时水质腐败或结冰，水池应设泄水口，水池应尽量采用重力方式泄水，也可利用水泵的吸水口兼作泄水口，利用水泵泄水。泄水口的入口也应设格栅或格网，其栅条间隙和网格直径也以不大于管道直径的 1/4 为好，当然也可根据水泵叶轮的间隙决定。

　　3. 喷泉施工注意事项

　　喷泉工程的施工程序一般是按照设计先将喷泉池和地下水泵房修建起来，并在修建过程中结合着进行必要的给水排水主管道安装。待水池、泵房建好后，再安装各种喷水支管、喷头、水泵、控制器、阀门等，最后才接通水路，进行喷水试验和喷头及水形调整。除此之外，在整个施工过程中，还要注意以下一些问题。

　　① 喷水池的地基若是比较松软，或者水池位于地下构筑物（如水泵地下室）之上，则池底、池壁的做法应视具体情况，进行力学计算之后再做出专门设计。

　　② 池底、池壁防水层的材料，宜选用防水效果较好的卷材，如氯化聚乙烯防水卷材等。

③ 水池的进水口、溢水口、泵坑等要设置在池内较隐蔽的地方。泵坑位置、穿管的位置宜靠近电源、水源。

④ 在冬季冰冻地区，各种池底、池壁的做法都要求考虑冬季排水出池，因此，所有管道均应有一定坡度，一般不小于0.02，水池的排水设施一定要便于人工控制。

⑤ 池体应尽量采用干硬性混凝土，严格控制砂石中的含泥量，以保证施工质量，防止漏透。

⑥ 较大水池的变形缝间距一般不宜大于2cm。水池设变形缝应从池底、池壁一直沿整体断开。

⑦ 变形缝止水带要选用成品，采用埋入式塑料或橡胶止水带。施工中浇注防水混凝土时，要控制水灰比在0.6以内，每层浇注均应从止水带开始，并应确保止水带位置准确，嵌接严密牢固。

⑧ 施工中必须加强对变形缝、施工缝、预埋件、坑槽等薄弱部位的施工管理，保证防水层的整体性和连续性，特别是在卷材的连接和止水带的配置等处，更要严格技术管理。

⑨ 施工中所有预埋件和外露金属材料，必须认真做好防腐防锈处理。水景工程在城市形象和园林景观形象的塑造中能够起很大的作用，它是美化城市园林环境的一个重要手段。

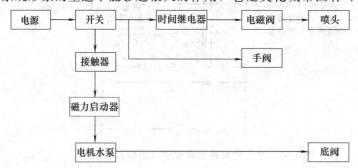

(a) 喷泉管路程序图

(b) 喷泉喷水程序图

图 4-66　喷泉设计实例

它的造景作用并不局限于城市和园林的室外环境，它还可以在室内造景，可以将富于自然趣味的水景景观引入室内，装饰室内空间，美化室内环境。正如在许多公共建筑室内景园的建造中，一般都用水景作为基本园景，建造以水为主的室内园林。因此，室内水景工程也是园林水景工程的一个组成部分。

八、喷泉设计实例

该喷泉坐落于某公园中心，设计要求以公园原有"母与子"雕塑为主体（雕塑高出水面为 2.5m），喷泉设计要烘托主题，喷水花形起陪衬作用。喷泉两侧各有一弧形花廊，它在视觉上起引导作用，使其产生强烈的内聚力，共同组织空间。根据设计要求和对环境的分析，设计喷水池直径 15m。沿池壁设有 6 组 18 个直流式仰角 30°的喷头，组成一朵盛开的百合花。在水池与雕塑间，分别设 6 组，每组由 4 种喷头组成，能喷射出像扶桑花、菊花、曼陀罗花、昙花的花形。采用自动控制，这些花形能自动切换变化，有时还能映出美丽的彩虹，以此表现今天孩子欢快、幸福的生活，其装置如图 4-66 所示。

复习思考题

1. 水景的作用和水景的构成有哪些？
2. 简述水池的设计及施工工艺。
3. 简述岛景工程设计及施工工艺。
4. 简述水景平台工程设计及施工工艺。
5. 简述溪泉工程设计及施工工艺。
6. 简述瀑布工程设计及施工工艺。
7. 喷泉类型有哪些？喷泉的水型设计应注意哪些问题？

技能训练 喷泉的安装

一、安装施工程序

由于喷泉设备的安装需在施工现场进行，且为露天作业，所以对管道、电气、水下灯等凡有条件者均应采取提前预制加工的方法，这是确保工程进度和工程质量的关键。

二、主要工艺流程

1. 预制及加工主要工艺流程

（1）预制管道 放样画线→切割下料→钢管弯曲→主管打孔→立管套丝→泵口加工→焊接立管→焊接法兰→一次清洗→二次镀锌→运往施工现场。

（2）喷头加工 熔铜→铸造→车床车削→抛光处理→防腐处理→合格入库。

（3）控制设备 元件检测→线路板焊接→整板调试→组件安装→整机调试→老化试验→合格入库。

（4）配电设备 机箱加工→电气设备安装与连线→合格出厂。

2. 现场设备安装主要工艺流程

（1）管路及设备安装 管路拼装→水泵固定→检漏试验→二次清洗→系统接驳→管道二次防腐处理→待系统调试。

（2）灯光安装　灯具定位→灯具接线→系统检测调线。

（3）电缆的铺设及防水连接　泵、灯、接线按图纸规定走线→连接接线盒→泵灯按图编号→电缆沿电缆沟铺设到控制室→系统调试。

（4）配电控制设备安装　控制及配电设备在控制室按图就位→按线缆编号→将负载设备接入控制设备的相应端子→电控柜接零线→线路、电气设备检查绝缘。

三、实训作业

分组安装一组小型的喷泉设备。

第五章　园林山石工程

【知识目标】
　　☆ 了解山石的概念及材料。
　　☆ 了解山石工程的作用。
　　☆ 了解假山的类型及布置要点。
　　☆ 掌握置石的形式和施工工艺。
　　☆ 掌握塑山塑石的施工工艺。

【能力目标】
　　☆ 能进行置石的设计和施工。
　　☆ 能进行塑山塑石的设计和施工。

第一节　山石工程概述

　　假山是中国传统园林的重要组成部分，它历史悠久，姿态丰富，独具魅力，所以在各类园林中得到了广泛的应用。

一、山石的种类

　　传统假山是指人工堆置的地形和置石两部分内容，而塑山、塑石在现代园林中大量出现。

　　人工堆置的地形是人工再造的山景或山水景物的统称，它以造景、游览为主要目的，以自然山水为蓝本，以自然山石为主要材料。

　　置石是以具有一定观赏价值的自然山石为材料，进行独立造景或作为配景布置，而不具备完整山形的山石景物，它主要表现山石的个体美或局部组合美。

　　一般来说，假山的体量大而集中，布局严谨，可观可游，令人有置身于自然山林之感。置石则体量较小，布置灵活，以观赏为主，同时也结合一些功能方面的要求。

二、假山的功能

　　假山和置石在中国园林中运用广泛，虽然其堆叠形状千姿百态，堆叠的目的各有不同，但具体而言，假山和置石主要有以下几方面的功能作用。

　　1. 构成自然山水园的主景

　　作为自然山水园的主景，在采用主景突出的布局方式的园林中，或以山为主景，或以山石为驳岸的水池作主景。整个园子的地形骨架、起伏、曲折皆以此为基础来变化。

　　2. 划分和组织园林空间

　　用假山对园林空间进行分隔和划分，将空间分成大小不同、形状各异富于变化的形态。通过假山的穿插、分隔、夹拥、围合、聚汇等，在假山区创造出山路的流动、山坳的闭合、峡谷的纵深、山洞的拱穹等。用山水结合来组织空间，使空间更富于性格的变化。例如，颐和园仁寿殿和昆明湖之间的地带，是宫殿区和居住、游览区的交界，堆了一座假山，这座假山在分隔空间的同时结合了障景处理。在宏伟的仁寿殿后面，把园路收缩得很窄，并采用"之"字线形穿山而形成谷道。一出谷口则辽阔、疏朗、明亮的昆明湖突然展开在面前。这种"欲放先收"的造景手法取得了很好的实际效果。

3. 点缀、陪衬、装饰园林景色

山石的这种作用在我国南、北方各地园林中均有所见，尤以江南私家园林最为突出。如苏州留园，其东部庭院的空间基本上是用山石和植物装点的，或以山石作花台，或以石峰凌空，或于粉墙前散置，或以竹、石结合作为廊间转折的小空间和窗外的对景。

4. 实用功能——小品作用

用山石做护坡、挡土墙、驳岸和花台等。在坡度较陡的土山坡地常散置山石以护坡。这些山石可以阻挡和分散地表径流。降低地表径流的流速，从而减少水土流失。在坡度更陡的山上往往开辟成自然式的台地，在山的外侧所形成的垂直土面多采用山石做挡土墙。自然山石挡土墙的功能和规整形式挡土墙的基本功能相同，而自然山石挡土墙在外观上曲折、起伏、凸凹多变。

5. 作为室内外器具、陈设

利用山石做诸如石桌、石几、石凳、石鼓、石栏等器具，既不怕日晒夜露，又可结合造景，为游人提供方便。例如现置无锡惠山山麓唐代之"听松石床"，床、枕兼得于一石，石床另端又有李阳冰所题的篆字"听松"，是实用与造景相结合的好例子。

此外，山石还用作室内外楼梯（称为云梯）、园桥、汀石和镶嵌门、窗、墙等。

三、假山的材料

1. 山石种类

（1）湖石　一种湖石产于湖崖中，是由长期沉积的粉砂及水的溶蚀作用所形成的石灰岩。其颜色浅灰泛白，色调丰润柔和，质地轻脆易损。该石材经湖水的溶蚀形成大小不同的洞、窝、环、沟；具有圆润柔曲、嵌空婉转、玲珑剔透的外形，叩之有声。湖石以产于苏州太湖之西洞庭山的太湖石为最优。

另一种湖石产于石灰岩地区的山坡、土中或河流岸边，是石灰岩经地表水风化溶蚀而生成的；其颜色多为青灰色或黑灰色，质地坚硬，形状变异。目前各地新造假山所用的湖石，大多属于这一种。湖石多呈环形或扇形。湖石的这些形态特征决定了它特别适于用做特置的单峰石和环透式假山。在不同的地方和不同的环境中生成的湖石，其形状、颜色和质地都有一些差别。

（2）黄石　为一种呈茶黄色的细砂岩，以其黄色而得名。质重、坚硬、形态浑厚沉实、拙重顽夯，且具有雄浑挺拔之美。其产于很多山区，但以江苏常熟虞山质地为佳。采下的单块黄石多呈方形或长方墩状，少有极长或薄片状者。由于黄石节理接近于相互垂直，所形成的峰面具有棱角锋芒毕露，棱之两面具有明暗对比、立体感强的特点，无论掇山、理水都能发挥出其石形的特色。

（3）青石　青石在北京园林假山叠石中较常见，在北京西郊洪山口一带都有出产。属于水成岩中呈青灰色的细砂岩，质地纯净杂质少。由于是沉积而成，岩石内就有一些水平层理。水平层的间隔一般不大，所以石形大多为片状，而有"云片"的称谓。石形也有一些块状的，但成厚墩状者较少。这种石材的石面有相互交织的斜纹，不像黄石那样一般是相互垂直的直纹。青石多用于假山和蹬道。

（4）石笋　颜色多为淡灰绿色、土红灰色或灰黑色。质重而脆，是一种长形的砾岩。修长呈条柱状，立于地上即为石笋，顺其纹理可竖向劈分。石柱中含有白色砾石，如白果般大小。石面上"白果"未风化的，称为龙岩；若石面砾石已风化个个小穴窝，则称为凤岩。石面还有不规则的裂纹。石笋石产于浙江与江西的常山、玉山一带。石笋多与竹类配置，亦可作独立小景布置。

（5）钟乳石　多为乳白色、乳黄色、土黄色等颜色；质优者洁白如玉，作石景珍品；质色稍差作假山。钟乳石质重、坚硬，是石灰岩被水溶解后又在山洞、崖下沉淀生成的石灰石。石形变化大。石内较少孔洞，石的断面可见同心层状构造。这种山石形状千奇百怪，石面肌理丰腴，用水泥砂浆砌假山时附着力强，山石结合牢固，山形可根据设计需要随意变化。钟乳石广泛出产于我国南方和西南地区。

（6）石蛋　即大卵石，产于河床之中，经流水的冲击和相互摩擦磨去棱角而成。大卵石的石质有花岗石、砂岩、流纹岩等，颜色白、黄、红、绿、蓝等各色都有。

这类石多用做园林的配景小品，如路边、草坪、水池旁等的石桌石凳；棕榈、蒲葵、芭蕉、海芋等植物处的石景。

（7）黄蜡石　是具有蜡质光泽、圆光面形的墩状块石，也有呈条状的。其产地主要分布在我国南方各地。此石以石形变化大而无破损、无灰砂，表面滑若凝脂、石质晶莹润泽者为上品。一般也多用做庭园石景小品，将墩、条配合使用，成为更富于变化的组合景观。

（8）水秀石　水秀石颜色有黄白色、土黄色至红褐色，是石灰岩的砂泥碎屑，随着含有碳酸钙的地表水被冲到低洼地或山崖下沉淀凝结而成。石质不硬，疏松多空，石内含有草根、苔藓、枯枝化石和树叶印痕等，易于雕琢。其石面形状有纵横交错的树枝状、草秆化石状、杂骨状、粒状、蜂窝状等凹凸形状。

其他还有木化石、松皮石、石珊瑚等。木化石颜色有灰白色、灰色和褐色，古老质朴；松皮石石身细长如笋，上有层层纹理和斑点，纳五彩于一石之上；更有一种纯绿者，纹理犹如松树皮，显得古朴苍劲。我国石品丰富，各地均有观赏品质极佳的种类。

2. 胶结石材

胶结石材是指将山石黏结起来掇石成山的一些常用黏结性材料，如水泥、石灰、砂和颜料等，市场供应比较普遍。黏结时拌和成砂浆，受潮部分使用水泥砂浆，水泥与砂配合比为 $(1:1.5)\sim(1:2.5)$；不受潮部分使用混合砂浆，水泥∶石灰∶砂＝1∶3∶6。水泥砂浆干燥比较快，不怕水；混合砂浆干燥较慢，怕水，但强度较水泥砂浆高，价格也较低廉。

3. 塑石

塑石是采用钢筋混凝土等结构仿造石材的形状、质地、纹理、颜色等人工制作的石材。它具有施工灵活、造型的可塑性强、表现力强等优点。

四、假山材料的开采与运输

1. 开采

山石的开采因山石种类和施工条件的差异而有所不同，现在多用掘取、浮面挑选和爆破等方法采石。

对于半埋土中的山石，一般采用挖掘法，挖时要沿石周慢慢掘取，这样可确保山石的完整。对于浅埋土中的石头或天然裸露的单块山石，稍加开掘即可。但埋于土中较深而且属于整体岩系的，则应根据山石具体的走向及埋深程度来确定山石的取舍。可通过声音来判断山石的埋深。如果石料在河道中，一般需要特殊的机具如拖船等才能取石。

对于形态奇特的山石，如湖石、钟乳石等，最好用凿取的方法开采。通过开凿将其从整体中分离出来。开凿时要求开凿面最小，以减少人工的痕迹。由于这类石料质地较脆，玲珑剔透部分多，一不小心就会损坏其观赏价值，因此，开采时要十分小心，避免过大震动。开采后对特别容易损坏之处要用木板或其他材料包装保护。

黄石、青石类山石材料有一定的棱角，可用爆破的方法开采，一方面能提高工效，另一方面又能得到理想的石形。爆破开眼孔时，上孔直径 5cm，孔深 25cm，一般要求炸成 0.5～1t/块，少量可大些，但不能炸得过碎，影响山石特有的价值。

2. 运输

山石运输多采用机吊、车船运输。开采后，应先做安全性保护，而后用钢丝绳通过葫芦吊或起重机进行吊装运输。吊装运输前要综合考察整条运输线路，尤其是桥涵，看是否能满足运输要求。装车时，可先在车箱内铺一层软质材料，如泥土、砂子等，并将开凿景观差的一面向下，加以稳固措施。到目的地后要及时安装，并避免多次吊运。

第二节 置 石

置石用材较少，结构简单，对施工技术的要求不高，因此容易实现。置石的布置特点是：以少胜多，以简胜繁，量少质高，用简单的形式体现较深的意境，达到寸石生情的艺术效果。置石设于草坪、路旁，以石代桌凳，自然美观；设于水际，别有情趣；旱山造景而立置石，镌之以文人墨迹，则意境陡生；台地草坪置石，既是园路向导，又可保护绿地。

依布置形式不同，置石可以分为如下几类。

一、特置

特置是指将体量较大、形态奇特，具有较高观赏价值的山石单独布置成景的一种置石方式，亦称单点、孤置山石。如杭州的绉云峰（图 5-1）、苏州留园的三峰（冠云峰、瑞云峰、岫云峰）、上海豫园的玉玲珑、北京颐和园的青芝岫、广州海幢公园的猛虎回头、广州海珠花园的飞鹏展翅（图 5-2）、苏州狮子林的嬉狮石等都是特置山石名品。

图 5-1 绉云峰

图 5-2 飞鹏展翅

特置山石应选用体量大、轮廓分明、姿态多变、色彩鲜明、具有较高观赏价值的山石。

特置山石常用做入门的障景和对景，或置于廊间、亭侧、天井中间、漏窗后面、水边、路口或园路转折之处。特置山石也可以和壁山、花台、岛屿、驳岸等结合布置。现代园林中的特置多结合花台、水池或草坪、花架来布置。特置好比单字书法或特写镜头，本身应具有比较完整的构图关系，古典园林中的特置山石常镌刻题咏和命名。

特置山石布置的要点在于相石立意，山石体量与环境应协调，前置框景、背景衬托和利用植物弥补山石的缺陷等。

特置山石在工程结构方面要求稳定和耐久，其关键是掌握山石的重心线以保持山石的平衡。传统做法是用石榫头定位，石榫头必须在重心线上，其直径宜大不宜小，榫肩宽 3cm 左右，榫头长度根据山石体重大小而定，一般从十几厘米到二十几厘米。榫眼的直径应大于榫头的直径，榫眼的深度略大于榫头的长度，这样可以保证榫肩与基磐接触可靠稳固。吊装山石前需在榫眼中浇入少量黏合材料，待石榫头插入时，黏合材料便可自然充满空隙。在养护期间，应加强管理，禁止游人靠近，以免发生危险。

没有合适的自然基座时，亦可以采用混凝土基础施工方法加固峰石，方法如下：先在挖好的基础坑内浇注一定体量的块石混凝土基础，并留出榫眼，待基础完全干透后，再将峰石吊装，并用黏合材料粘牢。养护稳定后在混凝土上拼接与峰石纹理相同的山石，形成看起来很自然的基座（图 5-3）。

二、散置

散置是仿照山野岩石自然分布之状而施行点置的一种手法，亦称"散点"，见图 5-4。散置并非散乱随意点摆，而是断续相连的群体。散置山石时，要有疏有密、远近适合、彼此呼应，切不可众石纷杂、零乱无章。

图 5-3　整形基座的特置图

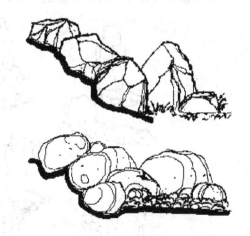

图 5-4　散置山石

散置的运用范围甚广，在土山的山麓、山坡、山头，在池畔水际，在溪涧河流中，在林下，在花径，在路旁，均可以散点山石而得到意趣。北京北海琼华岛南山西路山坡上有用房山石做的散置，处理得比较成功，不仅起到了护坡作用，同时也增添了山势的自然变化。

此外，日式园林中平庭石组的构图和布置手法值得借鉴。散置时采用不等三角形构图法，见图 5-5。

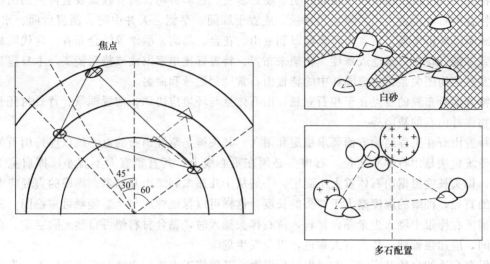

图 5-5 日本平庭的不等三角形构图法

三、对置

指山石沿建筑中轴线两侧作对称布置，以陪衬环境，丰富景色。对置在北京古典园林中运用较多，如颐和园仁寿殿前的山石布置等；也可布置于路口或桥头两侧等。对置的石材其形状、质地、纹理、颜色等大体一致，大小不近相同。

四、群置

群置是指运用数块山石互相搭配点置，组成一个群体，亦称聚点（图 5-6）。这类置石

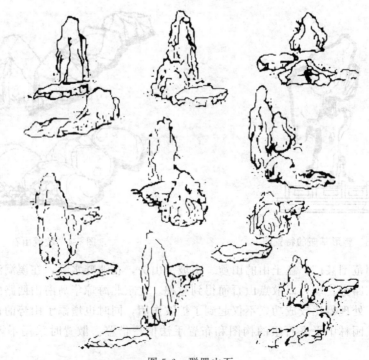

图 5-6 群置山石

的材料要求可低于对置，但要组合有致。有时可将山石成列组合，沿墙壁造景，极似山水盆景，称之列置。

群置常用于园门两侧、廊间、粉墙前、路旁、山坡上、小岛上、水池中，或与其他景物结合造景。如苏州藕园二门两侧，几块山石和松枝结合护卫园门，共同组成诱人入游的门景。避暑山庄卷阿胜境遗址东北角尚存山石一组，寥寥数块却层次多变，主次分明，高低错落，具有寸石生情的效果。

群置的关键手法在于一个"活"字，这与我国国画石中所谓"攒三聚五"、"大间小、小间大"等方法相仿。布置时要主从有别，宾主分明，搭配适宜，根据"三不等"原则（即石之大小不等，石之高低不等，石之间距不等）进行配置。如图5-7～图5-9所示。

图 5-7　两块山石相配　　　　　　图 5-8　五块山石相配

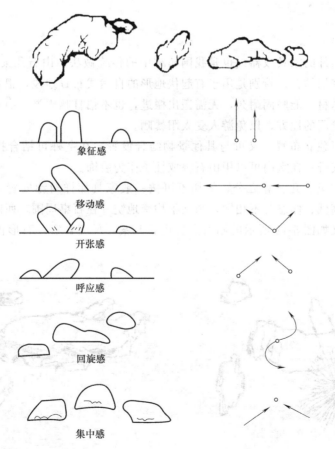

图 5-9　三块山石相配及配石示例

群置山石还常与植物相结合，配置得体，则树石掩映，妙趣横生，景观之美，足可入画（图 5-10）。

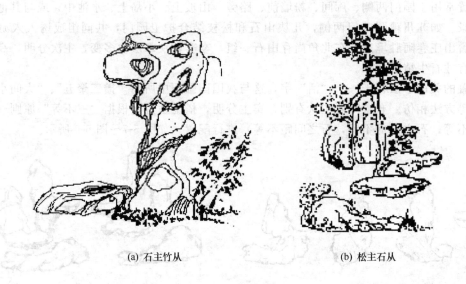

(a) 石主竹丛   (b) 松主石丛

图 5-10 树石相配

五、山石器设

用山石做室内外的家具或器设也是我国园林中的传统做法。山石几案不仅有实用价值，而且又可与造景密切结合。特别是用于有起伏地形的自然式布置地段，很容易和周围环境取得协调，既节省木材又能坚固耐久，无需搬出搬进，也不怕日晒雨淋。山石几案宜布置在林间空地或有树木遮阴的地方，以免游人受太阳暴晒。

山石器设既可独立布置，又可与其他景物结合设置。在室外可结合挡土墙、花台、水池、驳岸等统一安排；在室内可以用山石叠成柱子作为装饰。

山石几案虽有桌、几、凳之分，但切不可按一般家具那样对称安置。如图 5-11 所示，几个石凳大小、高低、体态各不相同，却又很均衡地统一在石桌周围，西南隅留空，植油松一株以挡西晒。又如图 5-12 所示的湖石点置山石几案，尺度合宜，石形古拙多变，渲染了仙人洞府的气氛。

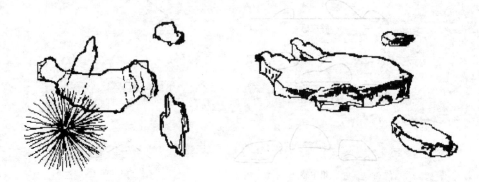

图 5-11 青石几案布置

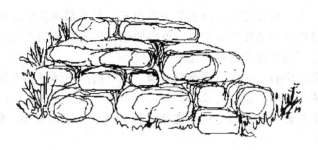

图 5-12　湖石几案

六、山石与园林建筑、植物相结合的布置

1. 山石踏跺和蹲配

山石踏跺和蹲配是中国传统园林的一种装饰美化手法，用于丰富建筑立面、强调建筑出入口。中国传统建筑出入口的石级常用自然山石做成踏跺，不仅具有台阶的功能，而且有助于处理从人工建筑到自然环境之间的过渡，北京的假山师傅称为"如意踏跺"。石材宜选择扁平状的，以各种角度的梯形甚至是不等边的三角形则会更富于自然的外观。每级在 10～30cm，有的还可以更高一些。每级的高度和宽度不一定完全一样，应随形就势，灵活多变，同时两旁设有垂带。山石每一级都向下坡方向有 2% 的倾斜坡度以便排水。石级断面要上挑下收，以免人们上台阶时脚尖碰到石级上沿。同时石级表面不能有"兜脚"。用小块山石拼合的石级，拼缝要上下交错，以上石压下缝。踏跺有石级规则排列的，也有相互错开排列的；有径直而上的，也有偏斜而入的。

蹲配常和如意踏跺配合使用。高者为"蹲"，低者为"配"，一般蹲配在建筑轴线两旁有均衡的构图关系。从实用功能上来分析，它可兼备垂带和门口对置的石狮、石鼓之类装饰品的作用。蹲配在空间造型上则可利用山石的形态极尽自然变化（图 5-13）。

2. 抱角和镶隅

建筑的墙面多成直角转折，这些拐角的外角和内角的线条都比较单调、平滞，故常以山石来美化这些墙角。对于外墙角，山石成环抱之势紧包基角墙面，称为抱角（图 5-13）；对于墙内角则以山石填镶其中，称为镶隅（图 5-14）。

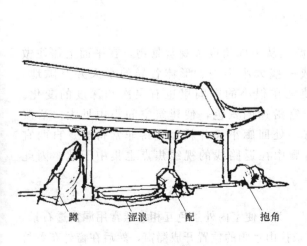

图 5-13　抱角与蹲配

镶　隅

图 5-14　镶隅

经过这样处理，本来是在建筑外面包了一些山石，却看似建筑坐落在自然的山岩上。山石抱角和镶隅的体量均需与墙体所在的空间取得协调。山石抱角的选材应考虑如何使石与墙接触的部位，特别是可见的部位能吻合起来。

江南私家园林多用山石做小花台来镶填墙隅。花台内点植体量不大却又潇洒、轻盈的观赏植物。由于花台两面靠墙，植物的枝叶必然向外斜伸，从而使本来比较呆板、平直的墙隅变得生动活泼而富于光影、风动的变化。这种山石小花台一般都很小，但就院落造景而言，它却起了很大的作用。

3. 粉壁置石

即以墙作为背景，在面对建筑的墙面、建筑山墙或相当于建筑墙面前基础种植的部位作石景或山景布置。因此也有称"壁山"、"粉壁理石"（图5-15）。

图 5-15　粉壁理石

在江南园林的庭院中，这种布置随处可见。有的结合花台、特置和各种植物布置，式样多变。苏州网师园南端"琴室"所在的院落中，于粉壁前置石，石的姿态有立、蹲、卧的变化，加以植物和院中台景的层次变化，使整个墙面变成一个丰富多彩的风景画面。

粉壁置石在施工时应注意以下几个方面要求。

（1）壁山与围墙或山墙的基础应是分开的，因为二者的地基承载负荷不同，沉降系数也不相同。

（2）石块与墙体之间应尽量留有空当，山石不倚墙、不欺墙，以免对墙产生侧向推移而造成危险。

（3）应处理好壁山的排水，在山石与墙体之间不宜留有可存水的坑窝，以避免造成雨水渗入墙体。

4. 廊间山石小品

园林中的廊为了争取空间的变化或使游人从不同角度去观赏景物，在平面上往往做成曲折回环的半壁廊，在廊与墙之间形成一些大小不一、形体各异的小天井空隙地。其可以发挥山石小品"补白"的作用，使之在很小的空间里也有层次和深度的变化。同时诱导游人按设计的游览顺序入游，丰富沿途的景色，使建筑空间小中见大，活泼无拘。上海豫园东园"万花楼"东南角有一处回廊小天井就处理得非常得当。自两宜轩东行，有圆洞门作为框景猎取此景；自廊中往返路线的视线焦点也集中于此，因此位置和朝向处理得法。

5. 门窗漏景

门窗漏景又称为"尺幅窗"和"无心画"，为了使室内外景色互相渗透常用漏窗透石景。这种手法是清代李渔首创的。他把内墙上原来挂山水画的位置开成漏窗，然后在窗外布置竹石小品之类，使真景入画，较之画幅生动百倍。

以"尺幅窗"透取"无心画"是从暗处看明处，窗花有剪影的效果，加以石景以粉墙为背景，从早到晚，窗景因时而变。苏州留园东部"揖峰轩"北窗三叶均以竹石为画。微风拂夹，竹叶翩洒，阳光投入，修篁弄影。小空间显得十分精美、深厚，居室内而得室外风景之美。

6. 山石花台

山石花台是用自然山石堆叠挡土墙，形成花台，其内种植花草树木。其主要作用有三：首先，降低地下水位，使土壤排水通畅，为植物生长创造良好的条件；其次，可以将花草树木的位置提高到合适的高度，以免太矮不便观赏；再者，山石花台的形体可随机应变，小可占角，大可成山，花台之间的铺装地面即是自然形式的路面。这样，庭院中的游览路线就可以运用山石花台来组合。

第三节　假　　山

一、假山的类型

假山根据所用材料、规模大小可分为以下三类。

1. 土包山

以土为主，以石为辅的堆山手法。常将挖池的土掇山，并以石材做点缀，达到土、石、植物浑然一体，富有生机。

2. 石包山

以石为主，外石内土的小型假山，常构成小型园林中的主景。

3. 掇山小品

根据位置、功能常分为以下几种。

（1）厅山　厅前堆山，以小巧玲珑的石块堆山，单面观，其背粉墙相衬，花木掩映。

（2）壁山　以墙堆山，在墙壁内嵌以山石，并以藤蔓垂挂，形似峭壁山。

（3）池石　池中堆山，园林第一胜景也。若大若小，更有妙境，就水点其步石，从巅架以飞梁，洞穴潜藏，穿石径水，峰峦缥缈，漏月招云。

二、假山的布置要点

1. 山水结合，相得益彰

山水是中国自然园林的主要组成部分。水无山不流，山无水不活，山水结合，刚柔相济，动静结合。"水得地而流，地得水而柔"、"山无水泉则不活"、"有水则灵"等都是强调山水的结合。避免出现"枯山"、"童山"或乱石一堆而缺乏自然的活力，应形成山水环抱之势。上海豫园黄石大假山，以幽深曲折的山涧破山腹然后流入山下的水池；苏州环秀山庄，山峦拱伏构成主体，弯月形水池环抱山体两面，一条幽谷山涧穿贯山体再入池。这些都是山水结合的成功之作。

2. 相地合宜，造山得体

山的体量、质地、造型、组合形式等均应与自然环境相协调。大园可造游览之大山，庭院多造观赏的小山，大者须雄伟，高耸者须秀拔，低矮者须平远。

3. 巧于因借，混假于真

要因地制宜、充分利用环境条件造山，根据周围环境条件，因形就势，灵活地加以利用。在真山附近造假山是用"混假于真"的手段取得"真假难辨"的造景效果。例如，位于无锡惠山东麓的"寄畅园"借九龙山、惠山于园内作为远景，在真山前面造假山，如同一脉相贯；"颐和园"后湖则在万寿山之北隔长湖造假山，真假山夹水对峙，取假山与真山山麓相对应，极尽曲折收放之变化，令人莫知真假，特别是自东向西望时，西山为远景，效果更为逼真。

4. 主宾分明，相辅相成

先立主体，确定主峰的位置和大小，再考虑如何搭配次要景物，进而突出主体景物。布局时，应先从园之功能和意境出发，再结合用地特征来确定宾主关系，切忌不顾大局和喧宾夺主。"拙政园"、"网师园"、"秋霞圃"等皆以水为主，以山辅水，建筑的布置主要考虑和水的关系，同时也照顾和山的关系。而"瞻园"、"个园"、"静心斋"等却以山为主景，以水和建筑辅助山景。

5. "三远"变化，移步换景

假山在处理主次关系的同时还必须结合"三远"的理论来安排。宋代郭熙《林泉高致》说："山有'三远'：自山下而仰山巅谓之高远；自山前而窥山后谓之深远；自近山而望远山谓之平远。"苏州环秀山庄的湖石假山就是从整体着眼，局部着手，在有限的地盘上掇出极似自然的山水景。整个山体可分三部分，主山居中而偏东南，客山远居园之西北角，东北角又有平岗拱伏，这就有了布局的三远变化。

6. 远看山势，近观石质

既要强调布局和结构的合理性，又要重视细部处理。"势"指山水轮廓、组合与所体现的态势特征。山的组合，要有收有放，有起有伏；山渐开而势转，山欲动而势大；山外有山，形断而意连；远观整体轮廓，求得合理的布局。"质"指的是石质、石性、石纹、石理。掇山所用山石的石质、纹理、色泽、石性均须一致，造型变化使假山符合自然之理，作假成真。

7. 寓情于石，情景交融

掇山很重视内涵与外表的统一，常采用象形、比拟和激发联想的手法创造意境。所谓"片山有致，寸石生情"。中国自然山水园的外观是力求自然的，但其内在的意境又完全受人的意识支配。"一池三山"、"仙山琼阁"等寓为神仙境界；"峰虚五老"、"狮子上楼台"、"金鸡叫天门"等地方性传统程式；"十二生肖"及其他各种象形手法；"武陵春色"等寓意隐逸的追索等。

三、假山的设计原则和技法

1. 假山创作原则

假山创作最根本的法则是"有真为假，做假成真"。这是中国园林所遵循的"虽由人作，宛自天开"的总则在掇山方面的具体化。"有真为假"说明了掇山的必要性；"做假成真"提出了对掇山观赏的要求。"真"和"假"的区别在于真山既成岩石以后，便是"化整为零"的风化过程或溶融过程，本身具有整体感和一定的稳定性。假山正好相反，是由单体山石掇成的，就其施工而言，是"集零为整"的工艺过程。必须在外观上注重整体感，在结构方面注意稳定性，因此才说假山工艺是科学性、技术性和艺术性的综合体。

2. 叠山设计技法

技法是为造景效果服务的。不同的园林背景环境应采取不同的造型形式，选择最合适的方法。完成所要表现的对象，需要考虑的因素很多，要求把科学性、技术性和艺术性统筹考虑。可归纳为以下四种方法。

（1）构思法　成功的叠山造景与科学构思是分不开的，以形象思维、抽象思维指导实践，造景主题突出，才会使环境与造型和谐统一，形成格调高雅的艺术品。这样的叠山造景方法、构思难度虽大，但施工效果好。在设计之前应查阅大量资料，借鉴前人成功的叠山造景设计及前人画稿蓝本，丰富人们的想象空间与创造能力，以此指导设计。构思造型以前应对环境构成的诸多因素加以统筹考虑，如地形地貌、四季气候、古树、建筑环境等因素，绘制能反映出实际效果、形、色、光、质的设计草图，并以此来参照施工。

（2）移植法　这是叠山造景常用的一种方法，即把前人成功的叠山造型取其优秀部分为我所用，这种方法较为省力，同时也能收到较好的效果。但采用此方法应与创作相结合，否则，将失去造景特点，犯造型雷同之病。

（3）资料拼接法　此法是先将石形选角度拍摄成像、标号，然后拼组成若干个小样，优选组合定稿。这种方法成功率高，设计费用低，设计周期短，值得提倡。此方法很像智力游戏"七巧板"，随意拼接可组合变化出很多不同的叠山造型，又利于选石，节省施工时间。运用这种设计方法时，要留下一个想象空间，在施工过程中调整完成，避免施工过程中的效果与构思相悖。

（4）立体造型法（模型法）　在特殊的环境中与建筑物体组合，或有特殊的设计要求时，常用立体法提供方案，以此选择。这是一种重要的设计手段。因它只是环境中的一部分，要服从选景整体关系，因而仅作为施工放线的参考。

四、假山的结构

假山的外形虽然千变万化，但就其基本结构而言是相同的，一般分为基础、中层和收顶三部分。

1. 基础

（1）基础类型　假山如果能坐落在天然岩石基础上是最理想的，其他情况下都需要做人工基础。做法主要有以下几种。

① 桩基。这是一种传统的基础做法，特别是水中的假山或山石驳岸用得很广泛。桩基施工详见驳岸工程有关内容。

② 灰土基础。北方园林中位于陆地上的假山多采用灰土基础。灰土基础有比较好的凝固条件，灰土凝固后不透水，可以减少土壤冻胀破坏。灰土基础的宽度应比假山底面宽度宽出约 0.5m 左右，术语称为"宽打窄用"。以保证假山的重力沿压力分布的角度均匀地传递到素土层。灰槽深度一般为 50～60cm。2m 以下的假山一般是打一步素土，打一步灰土（一步灰土即灰土厚 20～30cm，踩实后再夯实到 10～15cm）；2～4m 高的假山用一步素土、两步灰土。灰土的比例采用 3∶7。

③ 毛石或混凝土基础。现代的假山多采用浆砌毛石或混凝土基础。这类基础耐压强度大，施工速度快。在基础坚实的情况下可利用素土槽浇注，基槽宽度同灰土基。陆地上选用不低于 C10 的混凝土，水中采用 C15 水泥砂浆砌块石，混凝土的厚度陆地上约 10～20cm，水中基础约为 50cm。水泥、砂和碎石配合的重量比约为 (1∶2∶4)～(1∶2∶6)。如遇高大的假山酌加其厚度或采用钢筋混凝土代替砂浆混凝土。毛石应选未经风化的石料，用 C15 水泥砂浆浆砌，砂浆必须填满空隙，不得出现空洞和缝隙。如果基础为较软弱的土层，要对基土进行特殊处理，做法是先将基槽夯实，在素土层上铺钉石 20cm 厚。尖头向下夯入土中 6cm 左右，其上再铺设混凝土或砌毛石基础。

（2）拉底　在基础上铺置底层自然山石，术语称为拉底。假山空间的变化都立足于这一层，所以，"拉底"为叠山之本。如果底层未打破整形的格局，则中层叠石亦难于变化，此层山石大部分在地面以下只有小部分露出地表，不需要形态特别好的山石。但由于它是受压最大的自然山石层，所以拉底山石要求有足够的强度，宜选用顽夯、未风化的大石。拉底时要达到向背得宜、曲折错落、断续相间、密连互咬、垫平稳固。

2. 中层

中层即底石以上、顶层以下之间的部分。这部分体量最大，是观赏的主要部位，用材广泛，单元组合和结构变化多端，山体的各种形态多出自此层。假山的堆叠也是一个艺术创作的过程，对于中层施工来说是艺术创作的主要发挥部分。

掇山无论其规模大小都是由一块块形态、大小不一的山石拼叠起来的。掇山施工中，应对每一块石料的特性有所了解，观察其形状、大小、重量、纹理、脉络、色泽等，并熟记在心，在堆叠时先在想象中进行组合拼叠，然后在施工时能信手拿来并发挥灵活机动性，寻找合适的石料进行组合。

3. 收顶

收顶即处理假山最顶层的山石，是假山立面上最突出、最集中视线的部位，顶部的设计和施工直接关系到整个假山的艺术形象。从结构上讲，收顶的山石要求体量大的，以便紧凑收压。从外观上看，顶层的体量虽不如中层大，但有画龙点睛的作用，因此要选用轮廓和体态都富有特征的山石。收顶一般有峰顶、峦顶、崖顶和平顶四种类型。

（1）峰顶　峰顶又可分为：剑立式，上小下大，竖直而立，挺拔高矗；斧立式，上大下小，形如斧头侧立，稳重而又有险意；流云式，峰顶横向挑伸，形如奇云横空，参差高低；斜立式，势如倾斜山岩，斜插如削，有明显的动势；分峰式，一座山体上用两个以上的峰头收顶；合峰式，峰顶为一主峰，其他次峰、小峰的顶部融合在土峰的边部，成为主峰的肩部等。

（2）峦顶　峦顶可以分为圆丘式峦顶，顶部为不规则的圆丘状隆起，像低山丘陵，此顶由于观赏性差，一般主山和重要客山多不采用，个别小山偶尔可以采用；梯台式峦顶，形状为不规则的梯台状，常用大块板状山石平伏压顶而成；玲珑式峦顶，山顶有含有许多洞眼的玲珑型山石堆叠而成；灌丛式峦顶，在隆起的山峦上普遍栽植耐旱的灌木丛，山顶轮廓由灌丛顶部构成。

（3）崖顶　山崖是山体陡峭的边缘部分，既可以作为重要的山景部分，又可作为登高望远的观景点。山崖主要可以分为：平顶式崖顶，崖壁直立，崖顶平伏；斜坡式崖顶，崖壁陡立，崖顶在山体堆砌过程中顺势收结为斜坡；悬垂式崖顶，崖顶石向前悬出并有所下垂，致使崖壁下部向里凹进。

（4）平顶　园林中，为了使假山具有可游、可憩的特点，有时将山顶收成平顶。其主要类型有平台式山顶、亭台式山顶和草坪式山顶。

所有这些收顶的方式都在自然地貌中有本可寻。收顶往往是在逐渐合凑的中层山石顶面加以重力的镇压，使重力均匀地分层传递下去。往往用一块收顶的山石同时镇压下面几块山石，如果收顶面积大而石材不够时，就要采取"拼凑"的手法，并用小石镶缝使成一体。在掇山施工的同时，如果有瀑布、水池、种植池等构景要素，应与假山一起施工，并通盘考虑施工的组织设计。

4. 做脚

做脚就是用山石堆叠山脚，它是在掇山施工大体完工以后，于紧贴拉底石外缘部分拼叠山脚，以弥补拉底造型的不足。根据主山的上部造型来造型，既要表现出山体如同土中自然生长的效果，又要特别增强主山的气势和山形的完美。

假山山脚的造型应与山体造型结合起来考虑，施工中的做脚形式主要有凹进脚、凸出脚、断连脚、承上脚、悬底脚、平板脚等造型形式。当然，无论是哪一种造型形式，它在外观和结构上都应当是山体向下的延续部分，与山体是不可分割的整体。即使采用断连脚、承上脚的造型，也还要"形断迹连，势断气连"，在气势上连成一体。

五、掇山施工

(一) 施工准备

1. 石料的选择

石料的选择应在充分理解设计意图后，根据假山造型规划设计的需要而决定。依据山石产地石料的形态特征，于想象中先行拼凑哪些石料可用于假山的何种部位，并要通盘考虑山石的形状与用量。

为方便掇山施工，石料运到工地后应分块平放在地面上以供"相石"之需。同时，按大小、好坏、掇山使用顺序将石料分门别类，进行有秩序的排列放置。

2. 工具的准备

(1) 手工工具与操作　手工工具如铁铲、箩筐、镐、钯、灰桶、瓦刀、水管、锤、杠、绳、竹刷、脚手架、撬棍、小抹子、毛竹片、钢筋夹、木撑、三角铁架、手拉葫芦等。

(2) 机械工具　假山堆叠需要的机械包括混凝土机械、运输机械和起吊机械。小型堆山和叠石用手拉葫芦就可完成大部分工程，而对于一些大型的叠石造山工程，吊装设备尤显重要。

3. 假山结构配件

(1) 平稳设施和填充设施　为安置底面不平的山石，在找平山石以后，于底下不平处垫以一至数块控制平稳和传递重力的垫片，称为"刹"或"重力石"、"垫片"。

(2) 铁活加固设施　常用熟铁或钢筋制成，用于在山石本身重心稳定的前提下加固，如图 5-16 所示。铁活要求用而不露，不易发现。常用的有以下几种。

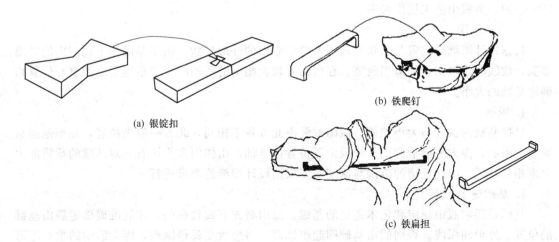

(a) 银锭扣

(b) 铁爬钉

(c) 铁扁担

图 5-16　铁活加固设施

① 银锭扣。为生铁铸成，有大、中、小三种规格，主要用以加固山石间的水平联系。先将石头水平向接缝作为中心线，再按钮锭扣大小划线凿槽打下去，其上接山石而不外露。

② 铁爬钉。用熟铁制成，用以加固山石水平向及竖向的连接。

③ 铁扁担。多用于加固山洞，作为石梁下面的垫梁。铁扁担之两端成直角上翘，翘头略高于所支承石梁的两端。

④ 马蹄形吊架和叉形吊架。见于江南一带。扬州清代宅园"寄啸山庄"的假山洞底，由于用花岗石做石梁只能解决结构问题，外观极不自然，用这种吊架从条石上挂下来，架上再安放山石，便接近自然山石的外貌。

（二）掇山基本技法

假山的叠石技法（或称手法），因地域不同，常将其分成北、南两派，即以北京为中心的北方流派和以太湖流域为中心的江南流派。北派传有："安、连、接、斗、拚、拼、悬、剑、卡、垂"的"十字诀"。又流传有"安连接斗拚，拼悬卡剑垂，挑飘飞戗挂，钉担钩榫扎，填补缝垫刹，搭靠转换压"的"三十字诀"。江南一带则流传为"叠、竖、垫、拼、挑、压、钩、挂、撑"的"九字诀"。其实其造型技法大致相同，都是假山在堆叠过程中山石与山石之间相互结合的一些基本形式和操作的造型技法。目前这些基本叠石技法在假山施工过程中经常使用，并被列入了我国《假山工职业技能岗位鉴定规范》。

（三）施工流程

1. 工艺流程

制作模型→施工放线→挖槽→基础施工→拉底→中层施工→扫缝收顶与做脚→检查验收→使用保养。

2. 假山模型制作

（1）熟悉图纸。图纸包括假山底层平面图、顶层平面图、立体图、剖面图及洞穴、结顶等大样图。

（2）按（1∶20）～（1∶50）的比例放大底层平面图，确定假山范围及各山景的位置。

（3）选择、准备制作模型材料。可选择石膏、水泥砂浆、橡皮泥或泡沫塑料等可塑材料。

（4）制作假山模型。根据设计图纸尺寸要求，结合山体总体布局、山体走向、山峰位置、主次关系和沟壑、洞穴、溪涧的走向，尽量做到体量适宜、布局精巧，能充分体现出设计的意图，为掇山施工提供参考。

3. 施工放线

根据设计图纸的位置与形状在地面上放出假山的外形形状。由于基础施工比假山的外形要宽，放线时应根据设计适当放宽。在假山有较大幅度的外挑时，要根据假山的重心位置来确定基础的大小。

4. 挖槽

根据基础的深度与大小挖槽。假山堆叠南北方各不相同，北方一般满拉底，基础范围覆盖整个假山；南方一般沿假山外形及山洞位置设基础，山体内多为填石，对基础的承重能力要求相对较低。因此挖槽的范围与深度需要根据设计图纸的要求进行。

5. 基础施工

基础是影响假山稳定和艺术造型的基础，掇山必先有成竹在胸，才能准确确定假山基础的位置、外形和深浅。否则假山基础即起出地面，再想改变就很困难，因为假山的重心不可超出基础之外。

6. 拉底

拉底又称起脚，有使假山的基础稳固和控制其平面轮廓的作用。拉底的材料要求大块、坚实。

7. 中层施工

(1) 拼叠山石的基本原则　石料通过拼叠组合，或使小石变成大石，或使石形组成山形，这就需要进行一定的技术处理使石块之间浑然一体，做假成真。在叠山过程中要注意以下方面。

① 同质。同质指掇山用石，其品种、质地、石性要一致。

② 同色。同质石料的拼叠在色泽上也应一致才好。

③ 接形。将各种形状的山石外形互相组合拼叠起来，既有变化而又浑然一体。正确的接形除了石料的选择要有大有小、有长有短等变化外，石与石的拼接面应力求形状相似，讲究就势顺势。如向左则先用石造出左势，如向右则先用石造出右势；欲高先接高势，欲低先出低势。

④ 合纹。纹是指山石表面的纹理脉络。当山石拼叠时，合纹不仅仅指山石原来的纹理脉络的衔接，而且还包括外轮廓的接缝处理。

⑤ 过渡。山石的"拼整"操作，常常是在千百块石料的拼整组合过程中进行的，因此，即使是同一品质的石料也无法保证其色泽、纹理和形状上的统一。因此在色彩、外形、纹理等方面有所过渡，这样才能使山体具有整体性。

(2) 中层施工的技术要点

① 接石压茬。山石上下的衔接要求石石相接、严丝合缝。

② 偏侧错安。在下层石面之上，再行叠放应放于一侧，破除对称的形体，避免成四方、长方、正品或等边、等三角等形体。要因偏得致，错综成美。

③ 仄立避"闸"。将板状山石直立或起撑托过河者，称为"闸"。山石可立、可蹲、可卧，但不宜像闸门板一样仄立。仄立的山石很难和一般布置的山石相协调，显得呆板，而且向上接山石时接触面较小，影响稳定。

④ 等分平衡。掇山到中层以后，平衡的问题就很突出了。《园冶》中"等分平衡法"和"悬崖使其后坚"便是此法的要领。无论是挑、挎、悬、垂等，凡有重心前移者，必须用数倍于"前沉"的重力稳压内侧，把前移的重心再拉回到假山的重心线上。

(3) 勾缝和胶结　太湖石宜用色泽相近的灰白色灰浆勾缝。此外勾缝的做法还有桐油石灰（或加纸筋）、石灰纸筋、明矾石灰、糯米浆拌石灰等多种，湖石勾缝再加青煤，黄石勾缝后刷铁屑盐卤等，使之与石色相协调。

现代掇山广泛使用 1∶1 水泥砂浆，勾缝用"柳叶抹"，有勾明缝和暗缝两种做法。一般是水平向缝都勾明缝，在需要时将竖缝勾成暗缝，即在结构上结成一体，而外观上若有自然山石缝隙。勾明缝务必不要过宽，最好不要超过 2cm，如缝过宽，可用随形之石块填后再勾浆。

8. 收顶

即处理假山最顶的山石。从结构上讲，收顶的山石要求体量大，以便合凑收压。从外观上，顶层的轮廓和体态有画龙点睛的作用。其主、次、宾、配彼此有别，错落有致。

9. 做脚

具体做脚时，可以采用点脚法、连脚法或块面脚法三种做法（图 5-17)。

(1) 点脚法　主要运用于具有空透型山体的山脚造型。所谓点脚，就是先在山脚线处用

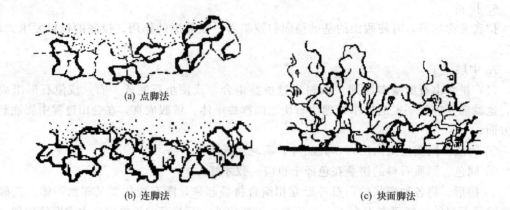

图 5-17　山脚的做法

山石做成相隔一定距离的点，点与点之上再用片状石或条状石盖上。这样就可在山脚的一些局部造出小的空穴，加强假山的深厚感和灵秀感。

（2）连脚法　做山脚的山石依据山脚的外轮廓变化，成曲线状起伏连接，使山脚具有连续、弯曲的线形，同时以前错后移的方式呈现不规则的错落变化。

（3）块面脚法　一般用于拉底厚实、造型雄伟的大型山体，如苏州的藕园主山山脚。这种山脚也是连续的，但与连脚法不同的是，做出的山脚线呈现大进大退的形象，山脚突出部分与凹陷部分各自的整体感都要强，而不是连脚法那样小幅度的曲折变化。

第四节　塑山、塑石

塑山、塑石是指在传统灰塑山石和假山的基础上采用混凝土、玻璃钢、有机树脂等现代材料和石灰、砖、水泥等非石材料经人工塑造的山石总称。塑山包括塑山和塑石两类。园林塑山在岭南园林中出现较早，如岭南四大名园（佛山梁园、顺德清晖园、番禺余荫山房、东莞可园）中都不乏灰塑假山的身影。近几年，经过不断的发展与创新，塑山已作为一种专门的假山工艺，在园林中得到广泛运用。

一、塑山、塑石的特点

塑山在园林中得以广泛运用，与其"便""活""快""真"的特点是密不可分的。

便——塑山所用的砖、水泥等材料来源广泛，取用方便，可就地解决，无需采石、运石。

活——塑山在造型上不受石材大小和形态限制，可完全按照设计意图进行山石造型。

快——塑山的施工期短，见效快。

真——好的塑山无论是在色彩还是质感上都能取得逼真的石山效果。

当然，由于塑山所用的材料毕竟不是自然山石，因而在神韵上还是不及石质假山。还有，混凝土硬化后表面有细小的裂纹，表面皴纹的变化不如自然山石丰富，不如石材使用期长，需要经常维护等。

二、塑山、塑石的分类

人工塑山根据其结构骨架材料的不同，可分为：砖骨架塑山，即以砖作为塑山的结构骨架，适用于小型塑山及塑石；钢骨架塑山，即以钢材、铁丝网作为塑山的结构骨架，适用于大型假山。

三、塑山施工

1. 塑山的工艺流程

（1）砖骨架塑山

放线→挖土方→做基础→浇混凝土垫层→做砖骨架→打底→造型→面层批荡及上色修饰→成型。

（2）钢骨架塑山

放线→挖土方→做基础→浇混凝土垫层→焊接钢骨架→做分块钢架、铺设铁丝网→双面混凝土打底→造型→面层批荡、上色修饰→成型。

2. 塑山施工的步骤与要点

（1）基架设置 根据山形、体量和其他条件选择基架结构，如砖石基架、钢筋铁丝网基架、混凝土基架或三者结合基架。坐落在地面的塑山要有相应的地基处理，坐落在室内的塑山要根据楼板的结构和荷载条件进行结构计算，包括地梁和钢材梁、柱及支撑设计等。基架多以内接的几何形体为桁架，以作为整个山体的支撑体系，并在此基础上进行山体外形的塑造。施工中应在主基架的基础上加密支撑体系的框架密度，使框架的外形尽可能接近设计的山体形状。

（2）铺设铁丝网 铁丝网在钢骨架塑山中主要起成型及挂泥的作用。砖石一般不设铁丝网，但形体宽大者也需铺设，钢骨架必需铺设铁丝网。铁丝网要选择易于挂泥的材料。铺设之前，先做分块钢架附在形体简单的钢骨架上并焊牢，变几何形体为凹凸的自然外形，其上再挂铁丝网。铁丝网根据设计造型用木锤及其他工具成型。凡用钢筋混凝土基架的，都应涂防锈漆两遍，钢筋的交叉点用细铁丝扎紧、不松动。

（3）打底及造型 塑山骨架完成后，若为砖石骨架，一般以 M7.5 混合砂浆打底，并在其上进行山石皴纹造型；若为钢骨架，则应先抹白水泥麻刀灰二遍，再堆抹 C20 豆石混凝土（坍落度为 0～2），然后于其上进行山石皴纹造型。

（4）抹面及上色 水泥抹面。在防锈漆干后，用粗砂配制 1∶2 或 1∶2.5 的水泥砂浆，对山石皴纹找平，从钢筋骨架的内外两面进行抹面，抹 2～3 遍，使塑石的石面壳体总厚度达到 4～6cm。再用石色水泥浆进行面层抹灰，最后修饰成型。

塑山能不能仿真，关键在于石面抹面层的材料、颜色和施工工艺水平。要仿真，就要尽可能采用相同的颜色，并通过精心的抹面和石面皴纹、棱角的塑造，使石面具有逼真的质感，才能达到以假乱真的效果。

（5）上色修饰 用氧化铁红 20～40g 加水泥 500g，再加适量 107 胶水调制紫砂色水泥浆，用毛刷对塑石表面进行涂抹上色。

石色水泥浆的配制方法主要有下面两种。

① 采用彩色水泥直接配制。如塑黄石假山时采用黄色水泥，塑红石假山时采用红色水泥，塑青石假山时采用灰色水泥等。此法简便易行，但色调过于呆板和生硬，且颜色种类有限。

② 白色水泥中掺加颜料。此法可配成各种石色，且色调自然逼真，但技术要求高，操作比较繁琐。色浆配合比见表 5-1。

表 5-1　各种色浆配合比

仿色	白水泥	普通水泥	氧化铁黄	氧化铁红	硫酸钡	107 胶	黑墨汁
黄石	100		5	0.5		适量	适量
红色山石	100		1	1		适量	适量
通用山石	70	30				适量	适量
白色山石	100				5	适量	

四、塑山新工艺简介

1. GRC 塑山材料

为了克服钢、砖骨架塑山存在着的施工技术难度大、皴纹很难逼真、材料自重大、易裂和褪色等缺陷，国内外园林科研工作者近年来探索出一种新型的塑山材料——短纤维增强水泥（简称 GRC）。它是用脆性材料如水泥、砂、玻璃纤维等结合在一起而成的一种韧性较强的复合物，主要用来制造假山、雕塑、喷泉瀑布等园林山水艺术景观。这种工艺在中央新闻电影制片厂、秦皇岛野生动物园、中共中央党校、北京重庆饭店庭园、广东飞龙世界、黑龙江大庆石油管理局体育中心海洋馆等工程中进行了实践，均取得了较好的效果。

GRC 材料用于塑山的优点主要表现在以下几个方面。

（1）用 GRC 造假山石，石的造型、皴纹逼真，具岩石坚硬润泽的质感，模仿效果好。

（2）用 GRC 造假山石，材料自身质量轻、强度高，抗老化且耐水湿，易进行工厂化生产，施工方法简便、快捷、造价低，可在室内外及屋顶花园等处广泛使用。

（3）GRC 假山造型设计、施工工艺较好，可塑性大，在造型上需要特殊表现时可满足要求，加工成各种复杂形体，与植物、水景等配合，可使景观更富于变化和表现力。

（4）GRC 造假山可利用计算机进行辅助设计，结束过去假山工程无法做到的石块定位设计的历史，使假山不仅在制作技术而且在设计手段上取得了新突破。

（5）具有环保特点，可取代真石材，减少对天然矿产及林木的开采。

GRC 塑山的工艺流程由生产流程和安装流程组成如图 5-18 所示。

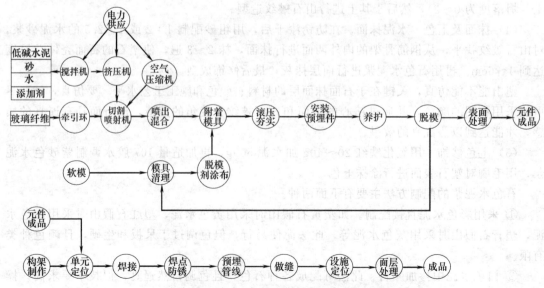

图 5-18　GRC 塑山的工艺流程

2. FRP 塑山材料

继 GRC 现代塑山材料后，目前还出现了一种新型的塑山材料——玻璃纤维增强塑料（简称 FRP），是用不饱和树脂及玻璃纤维结合而成的一种复合材料。该种材料具有刚度好、质轻、耐用、价廉、造型逼真等特点，可预制分割，方便运输，特别适用于大型的、易地安装的塑山工程。FRP 首次用于香港海洋公园集古村石窟工程中，并取得很好的效果，博得一致好评。

FRP 塑山施工程序为：泥模制作→翻制石膏→玻璃钢制作→模件运输→基础和钢框架制作安装→玻璃钢预制件拼装→修补打磨→油漆→成品。

（1）泥模制作　按设计要求逐样制作泥模。一般在一定比例〔多用（1∶15）～（1∶20）〕的小样基础上制作。泥模制作应在临时搭设的大棚（规格可采用 50m×20m×10m）内进行。制作时要避免泥模脱落或冻裂。因此，温度过低时要注意保温，并在泥模上加盖塑料薄膜。

（2）翻制石膏　一般采用分割翻制，这主要是考虑翻模和今后运输的方便。分块的大小和数量根据塑山的体量来确定，其大小以人工能搬动为好。每块要按一定的顺序标注记号。

（3）玻璃钢制作　玻璃钢原料采用 191 号不饱和聚酯及固化体系，一层纤维表面毡和五层玻璃布，以聚乙烯醇水溶液为脱模剂。要求玻璃钢表面硬度大于 34，厚度 4mm，并在玻璃钢背面粘配钢筋。制作时注意预埋铁件以便供安装固定之用。

（4）基础和钢框架制安　基础用钢筋混凝土，基础厚大于 80cm，双层双向 $\phi 18$ 配筋，C20 预拌混凝土。框架柱梁可用槽钢焊接，柱距 1m×（1.5～2）m，必须确保整个框架的刚度与稳定。框架和基础用高强度螺栓固定。

（5）玻璃钢预制件拼装　根据预制件大小及塑山高度先绘出分层安装剖面图和立面分块图，要求每升高 1～2m 就要绘一幅分层水平剖面图，并标注每一块预制件四个角的坐标位置与编号，对变化特殊之处要增加控制点。然后按顺序由下往上逐层拼装，做好临时固定。全部拼装完毕后，由钢框架伸出的角钢悬挑固定。

（6）打磨、油漆　拼装完毕后，接缝处用同类玻璃钢补缝、修饰、打磨，使之成为浑然一体。最后用水清洗，罩以土黄色玻璃钢油漆即成。

复习思考题

1. 什么叫假山？什么叫置石？
2. 山石的功能作用有哪些？
3. 假山选石应注意哪些要点？
4. 特置山石布置的要点有哪些？
5. 简述掇山字诀的含义。
6. 何为塑山、塑石？塑山塑石的特点有哪些？施工的基本步骤是什么？

技能训练一　置石（特置、对置、散置、群置）设计与施工

一、实训目的

通过置石（特置、对置、散置、群置）设计与施工的实践学习，进一步掌握不同置石形式的设计要点、结构设计及施工要点。

二、实训材料及用具

（1）设计：绘图纸、绘图笔、图板、三角板。

（2）施工：施工图纸、石材、铁铲、箩筐、镐、钯、灰桶、瓦刀、水管、锤、杠、绳、竹刷、脚手架、撬棍、小抹子、毛竹片、钢筋夹、木撑、三角铁架、手拉葫芦等。

三、实训要求

以实习小组为单元，进行设计、备料、放线施工。

四、实训内容及步骤

1. 主要内容

（1）按照某环境地段要求设计一置石；

（2）熟悉置石施工图及有关技术要求；

（3）施工场地的清理，材料的准备（包括市场价格的调查）；

（4）利用必要的工具将园林置石平面形状准确无误地放在地面上；

（5）基槽开挖和验收，砌筑砂浆的配制（查工具书）；

（6）石材的堆砌和按设计要求进行结构处理。

2. 施工步骤

制作模型→施工放线→挖槽→基础施工→拉底→中层施工→扫缝→收顶与做脚→检查验收→使用保养。

五、实训成果

实训报告每小组交一份，内容包括设计图纸、施工组织与施工记录报告。

技能训练二　塑山塑石施工

一、实训目的

掌握人工塑山塑石基底的处理、钢筋骨架的焊接、筛片的绑接、水泥的抹制、细部造型的处理方法和技术。

二、实训材料及用具

施工图纸、木桩、皮尺、绳子、模板、石夯（蛙式夯）、水泥、碎石、砂浆、卵石、砖石、铁锹、运输工具、电焊机、平板、木锤等。

三、实训要求

以实习小组为单元，进行备料、放线施工。

四、实训内容及方法

1. 主要内容

（1）熟悉塑山塑石施工图及有关技术要求；

（2）施工场地的清理，材料的准备（包括市场价格的调查）；

（3）利用必要的工具将塑山塑石平面形状准确无误地放在地面上；

（4）基槽开挖和验收，砌筑或焊接钢架形状结构；

（5）按设计要求进行表面的批荡上色成型。

2. 实训方法

砖骨架塑山和钢骨架塑山的工艺流程详见本章第四节。

3. 塑山施工的步骤与要点

塑山施工的步骤包括基架设置、铺设铁丝网、打底及造型、抹面、上色修饰，具体操作要点详见本章第四节。

将完成好的山体放置在通风、阴凉的地方晾干待用。收拾工具，打扫场地。

五、实训成果

每小组交一份实训报告，内容包括施工组织与施工记录报告。

第六章 园林小品工程

【知识目标】
☆广泛了解园林空间中的各类园林小品形式。
☆深入理解园林小品的功能及设计方法，注意小品功能与艺术表现相结合。
☆熟练掌握园林小品的施工技艺。

【能力目标】
☆能够进行园林小品的工程设计。
☆能够进行小尺度园林小品的施工与维护。

第一节 概 述

一、园林小品的概念

人类文明的发展成就了园林的文化，早在公元前三千年前就已有了园林小品的萌芽。追溯文明古国的历史，可以发现古埃及的宅院里已开始有凉亭、水池、盆栽植物等园林小品；古巴比伦的"空中花园"更可称上园林工程史上的杰作，种植池的使用、植物浇水排水问题和建筑承重问题地解决，很大程度上拓宽了园林小品的创作领域；再看古希腊园林与希腊神话的渊源，考古发掘出的公元前 5 世纪的古希腊铜壶上绘制的画面，有希腊神话中的阿多尼斯祭奠的情景，身有翅膀的爱神爱洛斯正将盛满花卉的土钵送给梯子上的母亲阿佛洛蒂尼，这种土钵则正是我们现代还在应用的花钵；古罗马的柱廊园引导了建筑和园林廊架构造的开端；古中国的园林以山水胜之，园林中以"石"代山的工艺作法更是创造了独一无二的园林"假山置石"小品；还有，中世纪波斯伊斯兰园林中广泛应用陶瓷马赛克使得园路铺装小品更加丰富多彩等等。

到了现代，园林小品的内涵在扩展，因此准确的定义园林小品的概念必须要注意几方面。首先，园林的概念随着时间的推移、历史的发展已经得以大范围的扩展，园林小品的种类也随之丰富。以中国园林的发展为例，从"园、圃、囿"到园林，经历了几千年的岁月。现代已经扩大到整个城市乃至整个国家，我国每年都会有"园林城市"和"花园城市"的评比，参加的城市越来越多，城市环境也越来越好。其二，小品的概念最初来源于佛经的略本，它起始于晋代，《释氏辨空》中说："详者为大品，略者为小品。"明确指出了小品是由各元素简练构成的事物，具有短小精悍的特征。现指简短的杂文或其他短小的表现形式。园林专业出现"小品"一词，也只是在现代用于表达园林中小型的构筑设施，其具体的尺寸无法明确界定，往往是相对的概念。其三，出现了与园林小品非常相关的概念，如"园林建筑小品"、"环境小品"、"景观小品"、"环境设施"、"景观设施"等，他们从不同的角度强调了园林中小品的重要性，其本质并不矛盾，而是互相交融、彼此兼顾的。园林建筑小品偏重于一定具有建筑形态的小品，环境小品偏重于建筑外环境中出现的起到装饰和使用作用的小品，景观小品注重小品的观赏价值，环境设施和景观设施则更注重小品的使用功能。可以看出，这些概念都为现代的园林小品提出了更高、更全面的要求，既要满足大众的使用需求，还要有一定的观赏价值。其四，园林小品是园林中各要素的浓缩。园林的五大要素山、水、植物、园路、建筑与园林小品的构成有密切的关系。留园中的绛云峰在一片湖石上傲然挺立，好似群山之巅；波特兰大水景激荡壮观，好似水瀑天挂；西方古典园林中整形植物表现出的几何形体、动物形象等，给规则式园林增添了无限色彩；江南园林的花砖铺地刻画了多样的铺装小品；建筑类型中的亭、廊、花架以其舒适的空间和优美的造型成为园林空间中不可或缺的重要部分等等。这些都验证了园林各要素与园林小品之间是相互交融的关系（见图6-1）。

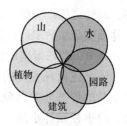

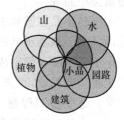

图 6-1 小品与园林元素关系图

综合上述情况，园林小品的概念一定要把握其"短小精悍"的本质，兼顾"简"、"小"、"精"、"美"的特点，注意在发展变化中扩充内涵，明确园林各要素与园林小品的关系，并从不同范围上加以定义。

定义园林小品是指园林中体量相对小巧、功能明确简单、造型突出别致、富有意境情趣、选址自然恰当的精美构筑物。从广义上讲，其范围包括园林的局部小景如水池喷泉、园桥铺地、假山置石、绿植花坛、园林建筑小品（主要指具有休息和服务之用的亭、廊、花架、座椅桌凳、垃圾箱等及建筑的配件如园门、园窗、墙垣等）、园灯、雕塑瓶饰等，通常此时认为园林小品包括园林建筑小品。狭义的园林小品，指园林中提供休息、观赏、管理、服务等方便游人之用的小型设施，一般没有内部封闭空间。

二、园林小品的类型和用途

古今中外园林小品的种类多种多样，中国古典园林中常见的石龙、石马、石鱼、石龟、铜牛、铜鹤、石狮、石像、碑刻、华表、假山石、铜钟、水缸等；西方古典园林中的花钵、雕塑、鸟澡盆、船锚、日晷、绿廊、凉亭等；现代园林中出现时钟、轱辘、风车、垃圾箱、电话亭、园灯等。对上述的小品进行归类，从不同的角度来看，园林小品的分类方法有多种，其中较常见的有如下几类。

（1）依据审美和实用的功能来分 有艺术类小品和实用类小品。艺术类小品是指注重艺术品位的、对园林空间起到美化装饰作用的、主要满足人们的观赏需求的小品。主要包括雕塑小品、绿植小品、水景小品、石景小品、综合类艺术小品等。实用类小品是指注重服务于人们休息、行走、饮食、娱乐等基本需求的、便于工作人员管理的、在满足其实用功能的同时尽量兼顾其艺术观赏价值的小品。主要包括公共建设小品（如园桌园椅、亭、廊、花架类的休息小品；指示牌、解说牌、警告牌、宣传牌、时钟类的解说小品；洗手洗脚池、垃圾桶等卫生小品；电话等的通信小品）、管理服务设施小品（包括园门、园墙、园灯、栏杆、自行车架、售货亭等）、交通小品（园路铺装小品、园桥、阶梯、汀步等）、娱乐健身小品等。

（2）依据小品的功能来分 包括休息类小品、装饰类小品、展示类小品、服务类小品、管理类小品。休息类小品是指供游人休息的各种造型的椅、凳、桌和起到遮阳作用的伞、篷、罩等构筑物（包括亭、廊、花架等）；装饰类小品是指各种固定的和可移动的雕塑、瓶饰、喷泉、假山石等；展示类小品是指对游人有宣传、教育、指导作用的宣传栏、解说牌、指路牌、导游牌等；服务类小品是指为游人全天服务的公用设施。如为游人服务的洗手洗脚池、公用电话亭、时钟塔等；为保持环境卫生的废物箱等；为夜间活动的照明灯饰。管理类小品是指协助园林管理人员保护园地并使游人活动顺利愉快进行的小品。如为保护园林设施的栏杆、园墙、园门、路障、花坛绿地的边缘装饰等；为游人停车准备的停车场、自行车架等。

除上述两种常用的分类方法外，还可依据小品的体量大小分为大、中、小三种类型；依据小品的形态分为具象小品、抽象小品、半抽象小品；依据构思不同可分为预示性园林小品、故事性园林小品、文艺性园林小品等；还有将园林小品直接分为园林雕塑类小品和园林建筑类小品等。

园林小品在园林中以多种多样的方式点缀着园林空间，展示着山石小品的稳健、水景小品的灵动、植物小品的清新、园路铺装的多彩、建筑小品的舒适等；园林小品虽然是园林中的小型艺术品，但它浓缩整个园林各要素的精华，其影响和用途是广泛的。据北京市园林绿化工程质监站 2008 年报道，受监项目 1184 个，其中园林小品项目 222 个，占总个数的 19％；总受监工程量 17.73 亿元，其中含园林小品项目工程量 7.99 亿元，占总工程量 45％。在抽取含园林小品的 37 个绿化项目中，各个项目园林小品的造价占绿化总造价的比例集中在 25％～50％。抽样调查中，园林小品形式多表现为花架、长廊、景墙、围墙、亭、桥、假山叠石、平台、水榭、园路、水溪、喷泉跌水等，其用途主要是供人观赏和使用。

园林小品在园林中好似夜空繁星，既是"景"又"组景"，还从功能上提供了人们行、坐、玩、教等多种需求。

三、园林小品的创作要求

园林小品想要成为吸引人的亮点，成为环境的中心，必要用心创作，考虑园林小品与环境之间的配合，能引起观赏者的共鸣和赞同，同时要避免生搬硬套和曲义雷同。

1. 构思巧妙，立意新颖

不同的时间和空间会给人们不同的感受，设计者要最先于他人感受到时空最微小的不同，善于从中汲取设计的灵感，赋予园林小品新颖的立意。拥有巧妙立意的小品就好似被注入生命，它有记忆、有历史、有内涵、会说话。如瑞士巴塞尔街头小广场设计中铺装象棋棋盘，以国际象棋棋局为主题立意，吸引当地居民在此流连忘返，充分表明了广场休闲的性质（见图 6-2）。日本大阪府丰中市某广场设计者考虑到要纪念 76 年一次的哈雷彗星与地球最接近的时刻，以"接近哈雷彗星"为主题，用银色不锈钢和黑色花岗岩为材料对比强烈，引人思索。多年以后儿童长大再来这里相会将是十分浪漫的景象（见图 6-3）。

图 6-2 瑞士巴塞尔街头小品

图 6-3 日本大阪府丰中市某小品

2. 功能艺术，相辅相成

园林小品在完成其"使命"——使用功能的同时，还要注重其艺术表现。如河北秦皇岛汤河公园的红飘带座椅，提供了市民游乐休息的需要，飘动的"丝带"、色彩的跳动和灯光的应用使其全天都具有很好的观赏作用（见图 6-4，彩图见插页）。日本第二神明高速公路上明石服务区的子午线广场，放置着以宇宙为主题的长凳，不锈钢的亮度和流动的曲线，既具有座凳的舒适体验，又拥有雕塑的艺术欣赏感（见图 6-5）。

图 6-4　河北秦皇岛汤河公园座椅小品

3. 顺其自然，锦上添花

"因地制宜"是园林设计的前提，园林小品的设计也一样要考虑与所在环境相配合，尊重自然美，并将其更好地展现。德国哈尔茨（Harz）山边"沉积公园（Sedimerit Garden）"处于果园中一个岩石基础之上，设计师利用当地岩石作为挡土墙，并构筑了岩石景墙，在绿色空间中跳动，成为吸引人的休息与休闲的地方（见图 6-6）。芬兰赫尔辛基白桦林前的绿地上，用桦木雕刻成的人像让空间祥和宁静（见图 6-7）。因斯布鲁克郊外水晶世界景园中，以山坡为背景雕刻成人面浮雕，用水晶装饰眼、鼻和口，成为公园的标志性景观（见图6-8）。

图 6-5　日本子午线广场座椅小品

图 6-6　德国哈尔茨山边"沉积公园"景墙小品

图 6-7　芬兰赫尔辛基木雕

图 6-8　因斯布鲁克郊外水晶世界景园

4. 主次分明，寻其对比

园林小品可以成为园林中的主要景观，也可以成为主景的配饰。但无论小品承担的是哪种角色，都需要给人留下一定的印象，而应用对比的手法一般可以达到预想的效果。比利时布鲁塞尔的原子球塔是由9个银色金属球体组成的奇特的塔式建筑，是于1958年为举办万国博览会而设计建造。每个球之间以巨大的圆柱连接，以钢架撑托，各球体内均为展厅。该塔以其独特的造型设计，在喷泉的烘托下成为比利时现代化的标志性的独特景观（见图6-9）。法国巴黎的杜伊勒里公园的草坪上，白色的几何雕塑高度与座凳相符，像是撒在草坪的珍珠（见图6-10）。

图6-9　比利时布鲁塞尔的原子球塔　　　　图6-10　法国巴黎的杜伊勒里公园

5. 布局合理，尺度适宜

园林小品提供了游人娱乐休息的活动，最常见的亭、廊、花架、座椅、垃圾桶、电话亭、饮水器等常需要放置在景色优美、游人停留时间长的地方。各小品的尺度要符合人们使用的需求，同时要考虑到为不同年龄人服务。如德国某公园在道路两侧放置座椅，简洁的造型和舒适的感受提供了最基本的休息需求（见图6-11）。饮水器的设计和使用要同时考虑成人和儿童的需求（见图6-12）。

图6-11　德国某公园座椅　　　　　　　　图6-12　饮水器

6. 虚实结合，层次分明

虚实结合的设计给园林小品带来了更深的内涵。在园林中构筑物为实、水为虚，墙为实、窗为虚。园林中的雕塑喷泉小品就是最好的虚实结合例子（见图6-13）。再看苏州留园变化的园窗、风景区的玻璃解说牌后面山丘（见图6-14），都给人们带来了多层次的景观享受。

图 6-13　雕塑喷泉

图 6-14　玻璃解说牌

7. 统一变化，特色突出

园林小品虽为小型艺术，但在设计时仍需全盘地考虑其所在环境、历史。在与大环境的统一中，小品本体各部分也要拥有统一的脉络，突出当地或当时的特色。如日本苹果生产基地广场以苹果为主体，塑造纪念雕塑"两个苹果"一圆一方，同为苹果拥有不同的造型，并准确点出了当地产苹果的特色（见图 6-15）。

图 6-15　苹果雕塑小品

8. 光色配合，巧其点缀

园林小品的色彩可以使原本简单的小品变得引人注目，而对于儿童的游乐空间来说，色彩是他们快乐的源泉之一。当斑斓的色彩用灯光来表达，则更是给园林带来无尽的梦幻色彩。东京练马区公园绿地即综合了城市和乡村的氛围，在广场中设计了发光的小品（见图 6-16，彩图见插页）。

图 6-16　东京练马区公园夜景小品　　　图 6-17　环保雕塑小品

9. 技术材料，科学环保

园林所展现的绿色的空间、清新的空气、良好的生态环境，是它的魅力所在。然而，如何快速、经济地建设园林，需要现代的多种科学技术和对资源的保护。如为保护天然实木而制作的仿木材料，为节约能源而安装的太阳能灯，利用废料制作的各种小品等（见图 6-17）。

四、园林小品的施工

园林小品的种类多样，施工材料、施工工艺各有不同，但由于多为小型园林艺术又存在着很多相似之处。总结园林小品的工程特点，按照施工材料的不同，常分为天然材料和人工材料；按照施工位置和层次不同，常分为地下施工和地上施工两个部分；按照小品的功能结构，常分为基础部分和主体部分。

1. 园林小品的施工材料

园林施工材料以其不同的质感和色彩造就了多彩的园林艺术，石木的纯真古朴、陶瓷的色彩斑斓、金属的稳定坚固都给人深刻的感受（见表 6-1）。

表 6-1 常用园林小品材料一览表

类　别		具体材料品种
自然材料	土石	土、原石等，常用的有花岗岩、大理石、青石、黄石等
	木材	原木、竹等
人工材料	金属类	铜、铁、铝、合金、不锈钢等
	陶瓷类	黏土制造，可加火烧成各种美观的小品
	塑胶类	冷胶、塑钢、玻璃纤维（合成的 GRC、FRP 等新材料）
	水泥类	混凝土
	砖材	砖块
	其他	石膏等

园林小品施工材料的选择要因地制宜、善用当地的资源，充分表达材料的特色，不仅可以突出地方风格，也会增加材料的使用年限。当材料的选择要和施工造价同时考虑时，可以选用某些替代材料，如常用的混凝土仿石、GRC 仿木技术等。考虑园林小品的设计还具有一定的流行趋势，施工材料的发展也是多方面的，如耐力板、玻璃类的透明材料，FRP、GRC、薄膜、铸造金属等可塑材料，马赛克类的组合材料，投射灯、霓虹灯、水灯等发光可造型的夜景材料，荧光漆等会聚光的材料。同时，新颖的材料也会成为园林小品的亮点。

2. 园林小品基础施工

园林小品的简小精美在一定程度上使其具有较简单的施工工艺，尤其在园林小品的基础部分，概括其特点大致分为四种基础做法：土石基础、混凝土基础、桩基础、锚固基础（见图 6-18）。

土石基础主要是指灰土基础 [(2：8)～(3：7) 灰土，厚为 30～45cm，分步夯实]、三合土基础（石灰：砂：骨料＝1：3：6，每步 15cm 不少于两步厚）、毛石基础（用高度不小于 15cm 的毛石分台砌筑，台高不少于 40cm，用 25～50 号砂浆砌筑）几种做法。

混凝土基础主要是指用钢筋混凝土做基础（采用 150 号或 200 号混凝土及 1 级、2 级钢筋，垫层采用 75～100 号混凝土或三合土、灰土，为保证稳定钢筋可贯穿于基础到小品

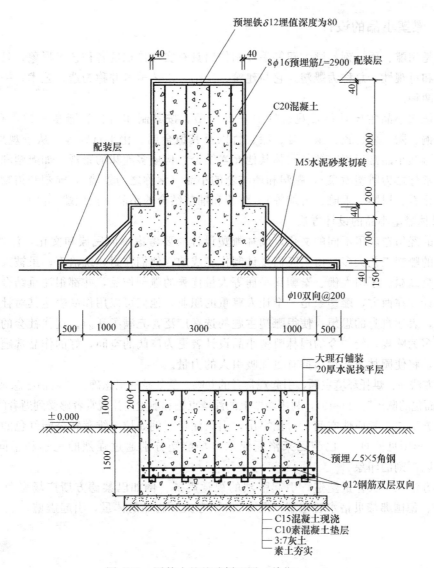

图 6-18　园林小品基础剖面图（单位：mm）

主体）。

　　桩基础主要利用木桩、灰土桩、混凝土桩等，桩基要直接抵达硬土地，否则还要在桩柱间设摩擦桩。

　　锚固基础主要是指利用钢筋等材料拉动、连接固定，保证基础的稳定性。

第二节　艺术类园林小品

　　艺术类园林小品以艺术的感染力装饰着园林空间，给游人多样的视觉享受。其中，园林雕塑小品以其悠久的创作历史、多样的造型、独特的立意、成熟的工艺成为艺术类园林小品的主要组成。绿植小品、水景小品、石景小品作为艺术类园林小品的一部分，各有特色；当雕塑小品、绿植小品、水景小品、石景小品这些常见的园林艺术小品进行组合时，还可构成综合园林艺术小品，因其拥有多样的观赏价值而越来越多地出现在园林空间中。

一、园林雕塑小品的设计

雕塑是用雕、琢、刻、磨、塑等手段制作出具有实在体积的各种艺术形象，具有一定的三度空间和可观性，总称为雕塑。它与建筑、绘画、工艺美术并称为造型艺术，一般分为圆雕和浮雕两种。

园林雕塑小品主要是指带观赏性的户外雕塑。按其制作材料和雕塑一样，有泥、木、石、砖、铜、陶、牙、瓷、玉、骨、漆、竹以及其他金属、化工材料等。从景观角度来看，现代园林雕塑小品常运用雕塑与园林其他元素结合，构成多趣味的景观。如雕塑和喷泉结合的小品（常称之为雕塑喷泉）、雕塑和墙结合的小品（常称之为景墙）、雕塑和植物结合的小品（如木化石、树雕、木雕、竹雕等）、雕塑和铺装结合的小品（如地雕小品）。

1. 园林雕塑小品的设计方法

历史的经历造就了不同的文化，园林雕塑设计时要考虑不同民族和文化，注意其选题。中国最初的雕塑工艺大多是由工匠们设计制作完成的，他们在封建统治下，虽被束缚却创造了如敦煌莫高窟、乐山大佛、秦朝兵马俑等大量优秀的雕刻作品，并都很注重结合当地的条件进行设计。在西方，雕塑家是一个让人尊重的职业，他们可以用作品表达其对社会、对生活的态度，表达自身的思想，使得雕塑主题的选择广泛，充满了活力。现代社会的发展已经打破了很多的陈规，给如今的园林雕塑小品设计者更为广阔的空间，好的作品选题、适宜的设计方法，将使园林雕塑小品拥有更加吸引人的力量。

设计方法一：烘托环境主题，引起观赏者的共鸣。例如越战纪念碑、罗斯福纪念园（青铜雕塑"等待面包的队伍"图 6-19），利用墙壁上的浮雕点题和雕塑，让观赏者感受到逝者的功绩。

设计方法二：异质性空间、对比突出，引人注目。例如拉·维莱特公园红色的现代雕塑（图 6-20，彩图见插页）、巴黎巴莱洛瓦亚尔广场雕塑分别通过强烈的色彩和不同的材料，给观赏者以深刻的印象。

设计方法三：大体量塑造，引起强烈的视觉震撼。例如巴黎德方斯广场彩色小丑雕塑（图 6-21）、德国弗赖贝格水管雕塑（图 6-22），夸大了物品的体量，引起震撼。

图 6-19　罗斯福纪念园青铜雕塑
"等待面包的队伍"

图 6-20　拉·维莱特公园红色的现代雕塑

图 6-21　巴黎德方斯广场彩色小丑雕塑　　　　图 6-22　德国弗赖贝格水管雕塑

设计方法四：综合功能以多为胜，融入多种元素。雕塑可与喷泉、假山、石墙结合形成景观。

2. 园林雕塑小品的选址与布局

园林雕塑小品的设计和选址最好是同时进行的，但其中不乏已经完成了设计再选址或确定地址后进行设计的。无论以哪种方式都要保证园林雕塑小品所在的位置有利于雕塑主题的表达和观赏，并能充分展示小品形体美。

首先，雕塑小品可以设于园林中心、园路尽头、园路或广场的通道上，或对称布置、随意布置在园林中等，其布局可以分为中心式、丁字式、通过式、对位式、自由式、综合式。

其次，注意园林雕塑小品与观赏者之间的最优距离和角度，如图 6-23 所示。

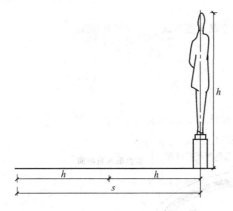

视线距离（s）与高度（h）：
当 $s<h$ 时，视觉压抑，只能观察局部。
当 $s=h$ 时，可仔细观察主体，甚至观察细部。
当 $s=(2\sim3)h$ 时，观察主体突出，环境处于次要地位，最适宜观赏。
当 $s>3h$ 时，观察主体突出，环境也突出，无主次之分。当距离过大，雕塑造型会产生变形，形象模糊。
垂直视线角度：
① 观察点的最初位置，其垂直视角宜在 18°左右。
② 最佳观察位置的垂直视角宜在 18°～27°之间。
③ 当垂直视角大于 45°时，不宜观察总体对象。
水平视线角度：
① 生理上提供的水平视角是 85°
② 集中有效的观察范围，其水平视角在 54°以内，故主体对象视角不宜大于 54°，其背景的水平视角不宜大于 85°。

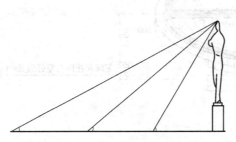

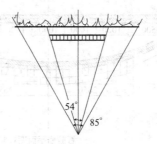

图 6-23　园林雕塑小品的观赏关系

二、园林雕塑小品的施工

园林雕塑小品的施工顺序概述为：基础放样→基坑开挖→垫层施工→主体结构施工（基座施工→雕塑制作）→雕塑安装→装饰。

1. 园林雕塑小品基座

园林雕塑小品根据其基座与雕塑之间高度不同，可分为碑式、座式、台式、平式几种形式（图6-24）。碑式，基座高度＞雕塑高度；座式，1倍基座高度≤雕塑高度≤2倍基座高度；台式，雕塑高度＞2倍基座高度；平式，雕塑直接落于地面，无基座。

图 6-24　园林雕塑小品基座形式

2. 园林雕塑小品施工案例

见图 6-25。

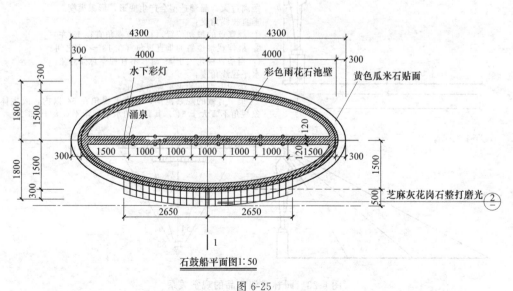

石鼓船平面图1:50

图 6-25

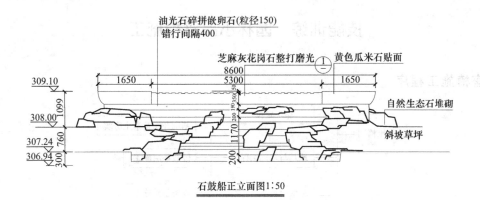

石鼓船正立面图1:50

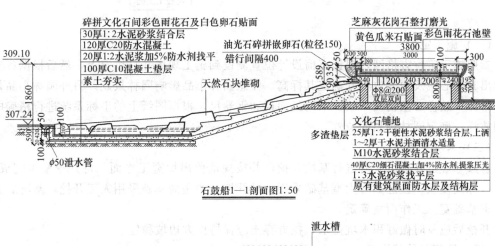

石鼓船1—1剖面图1:50

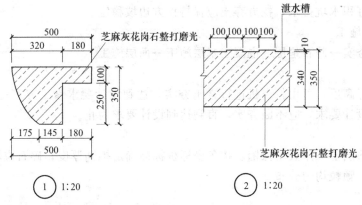

① 1:20   ② 1:20

图 6-25　石鼓船雕塑施工图（单位：mm）

复习思考题

1. 什么是园林小品？

2. 园林小品的类型和用途有哪些？

3. 园林小品的施工工艺有哪些？

4. 园林雕塑小品的设计和施工要点有哪些？

技能训练 园林小品座椅施工

一、座椅施工程序

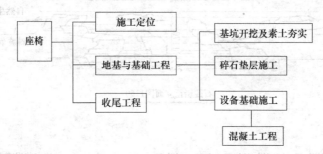

主要施工工艺

（一）施工定位

参照施工定位方格网，根据座椅设计位置测设到施工现场并打坑定点，然后根据各坐标点放出其中心线及边线位置并确定其标高。注意园林小品影响园林景观。另外园林小品是一个个单体，放样必须精确，放样采用经纬仪和钢卷尺，根据图纸上的坐标系统进行精确的方格网放样，确定园林小品的位置。

（二）基坑开挖

各尺寸经过复核无误后进行基坑开挖，并按规范留出加宽工作面。待开挖基本完成后，对各点标高复核。注意如有大型基础采用机械开挖，如座椅基础采用人工开挖，基坑底宽度应根据基础宽＋工作面宽确定。

开挖后应及时做好积水坑排水，挖方弃土应保持挖方边坡稳定。

（三）地基与基础施工

施工顺序：素土夯实→碎石垫层→混凝土基层施工→面层施工

1. 素土夯实

当挖土达到设计标高后，可用打夯机进行素土夯实，达到设计要求素土夯实的密实度。如果密实度尚未达到设计要求，应不断夯实，直到达到设计要求为止。

2. 碎石垫层施工

在已完成的灰土垫层上采用人工摊铺、按各坐标桩标高确定摊铺厚度，碎石应尽量一次上齐，其厚度应一致，颗粒均匀分布。

3. 混凝土基层施工

在完成的基层上定点放样，根据设计尺寸确定其中心线、边线及标高，并打设龙门桩。在混凝土垫层边处，放置施工挡板。挡板高度应比基层设计高度略高，但不宜太高，并在挡板上划出标高线。

对基层杂物等应清理干净，并浇水湿润，待稍干后进行浇筑。在浇筑过程中，根据设计配合比确定施工配合比，严格按施工配合比进行搅拌、浇筑、捣实。混凝土中预埋铁件，用于固定座凳。稍干后用抹灰砂板抹灰至设计标高。混凝土基层施工完成后应及时养护。

施工完成后，表面应无空鼓、缺棱掉角现象。

（四）收尾工程

成品座椅的安装，可利用基层中已固定的预埋铁件连接锚固座椅基脚。

非成品座椅的安装，如为混凝土基脚的座椅，需要与基层统一浇注，埋设钢筋施工。钢筋绑扎时，应根据施工规范要求，主筋不应有两个接头，如不可避免应采用加强钢筋，主筋绑扎长度应小于 $30d$，焊接长度不小于 $10d$。钢筋表面必须清洁无锈，模板安装时，密封保证不漏浆。混凝土搅拌时必须拌熟，满足混凝土坍落度。混凝土浇筑时必须分层浇筑，振动密实，浇筑完毕养护充分。

学生可按照上述施工程序及方法，尝试分组实践。

第七章 园林路桥与广场工程

【知识目标】

☆掌握园路、广场工程的线型设计、铺装设计和结构设计。

☆掌握园路、广场的施工，小拱桥的施工。

☆了解园路的作用和形式，广场设计要点，园桥设计形式和要点。

【能力目标】

☆能够阅读和绘制园路、广场的平面线型设计图纸、园路铺装设计图和结构详图。

园路，即园林中的道路，是园林的主要组成要素之一，包括道路、广场、游憩场地等一切硬质铺装。园桥是园路中断处的连接构筑物，与园路的关系非常密切。本章将对园路、广场、园桥的功能、分类、结构、线型、装饰、施工等进行介绍。

第一节 园路的基本知识

一、园路的作用

园路是贯穿着全园的交通网络，是联系各个景区和景点的纽带，也是园林景观的重要组成部分。园路的走向直接影响着园林的设计风格，同时，对园林的通信、光照、环境保护也有一定的影响。因此，无论从实用功能还是从美观方面均对园路设计有一定的要求。

1. 交通

园路最主要的功能是组织交通，园路设计应该以满足园林的交通任务为前提。园路承担着园林对游客集散疏导的交通任务，同时还是园林建设和管理等工作的运输通道。对于大型公园，由于园务工作交通量大，有时要设置专门的路线和入口。

2. 组织空间，引导游览

园林的功能分区多是利用地形、建筑、植物、水体、道路等来实现的，对于地形起伏不大、建筑比例小的现代园林来说，更是要借助道路来围合、分隔园林空间。同时道路又往往起到一个联系纽带的作用，把各个景区联系成一个整体，并深入到各个景点，形成一个连续的流动景观序列。园路起着组织园林观赏序列、引导游人并向游人展示园林风景画面的作用。

3. 造景

道路是园林景观的组成部分，一直参与着景观的创造。道路本身的曲线、质感、色彩、纹样、尺度等能够创造不同的视觉趣味，给人以美的享受；并与周围的山水、建筑及植物等景观紧密结合，形成"因景设路"、"因路得景"的效果。

4. 创造园林意境

　　意境绝不是某一个独立的景观元素所能表达的，如园林建筑、雕塑、植物、山石、水体等，它必须有一个能使人深受感染的环境，共同渲染这一气氛，才能使游览者激发想象并在思想情感上得到升华，获得强烈的园林艺术感染力。而园路铺装作为园林中背景，能将其他景观元素统一起来，在加深园林意境表达方面起着重要的作用。

　　中国古典园林常常利用园路铺装创造和强化意境。铺装纹样常因场所的不同而变化，起加深意境的作用。不同的铺装纹样和材料给人的意境感受不同，或细腻，或粗犷，或宁静，或喧闹。如万字海棠纹铺地寓意玉堂富贵，鹤、鹿象征着忠诚、长寿、财富和运气等。

　　5. 为游人提供休息和观赏景物的场所

　　当园路扩展、表现为无明显方向性的形式时，往往暗示一个静态停留。因此，园路常结合园林小品、花坛、树池等为游人提供休息和观赏景物的空间。

　　6. 组织园林给排水及管线综合

　　园林中一般借助园路路缘或道路的边沟来组织排水。利用地形汇集绿地径流后，再通过道路纵坡排除雨水。给水管及其他管线（电信电缆、电力电缆、热力管道、燃气管道、雨水和污水管道等）一般沿道路布置，便于施工和检修。

二、园路的分类

　　1. 按构造形式不同，园路可以分为路堑型、路堤型和特殊型。

　　（1）路堑型（街道式）　立道牙位于道路边缘，路面低于两侧地面，路面组织排水［图7-1（a）］。

　　（2）路堤型（公路式）　平道牙位于道路靠近边缘处，路面高于两侧地面（明沟），利用明沟排水［图7-1（b）］。

　　（3）特殊型　包括步石、汀步、蹬道、攀梯等。

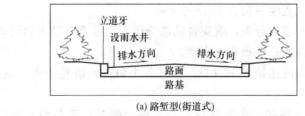

(a) 路堑型(街道式)

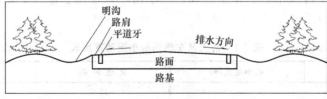

(b) 路堤型(公路式)

图 7-1　园路按构造分类

　　2. 按面层材料分

　　（1）整理路面　包括现浇水泥混凝土路面和沥青混凝土路面。整理路面平整、耐压、耐磨，适用于通行车辆或人流集中的公园主路和出入口。

　　（2）块料路面　包括各种天然块石、陶瓷砖和各种预制块料。块料路面坚固、平稳，图案纹样和色彩丰富，适用于广场、游步道等。

（3）碎料路面　用各种片石、砖瓦片、卵石等碎石料拼成的路面，图案精美，表现内容丰富，做工细致。主要用于各种庭园和游步小路。

（4）简易路面　由煤屑、三合土等组成的路面，多用于临时性或过渡性园路。

3. 按使用功能划分

按使用功能可划分为主干道、次干道、游步道等。

第二节　园路工程设计

园路设计包括园路线型设计、园路路面铺装设计和结构设计。

在园路设计之前，必须到现场进行实际勘察，熟悉设计场地的地形现状及周围的环境。主要包括：了解设计范围的地形地貌，并核对现状图；了解基地内的土壤、地质、水文、地下水位情况和地表积水的面积和原因；了解基地内地下管线的分布及走向（包括煤气、电缆、电话、光缆、给排水等）；了解基地内原有的建筑、道路、河池及植物种植情况，尤其是大树和名贵树种的数量和具体位置，并要在图纸上加以标明；了解园外道路的宽度、走向和人流方向，分析公园出入口与园外道路连接处的高程关系。然后，再根据道路的设计形式进行相关的工程设计。

一、园路的平面线型设计

园路平面线型设计的任务是确定园路的宽度、园路的线型（直线或曲线）状况和方向、平曲线半径和曲线加宽等。

1. 园路宽度的确定

园路的宽度主要是根据园路的功能分级来定的（表 7-1）。

（1）主干道　联系公园主要出入口、园内各功能分区、主要建筑物和广场，是游览的主要路线，多呈环形布置。宽度一般为 3.5～6.0m。

（2）次干道　为主干道的分支，贯穿各功能分区，联系重要景点和活动场所的道路。宽度为 2.5～3.5m，能单向通行轻型机动车辆。

（3）游步道　各景区内连接各个景点，深入各个角落的游览小道，宽度为 1.5m 左右，可考虑 2 人并行。

（4）小径　用于深入细部、作细致观察的小路，多布置于各种专类园中，宽度 0.6～1.0m，主要考虑单人行走。

表 7-1　游人及车辆的最小运动宽度表

交 通 种 类	最小宽度/m	交 通 种 类	最小宽度/m
单人	＞0.75	小轿车	2.00
自行车	0.6	消防车	2.06
三轮车	1.24	卡车	2.50
手扶拖拉机	0.84～1.5	大轿车	2.66

2. 园路的线型

构成园路的基本线型有直线、圆弧曲线、自由曲线三种，它们再进行组合变化。不同的线型给人提供不同的心理感受，自由曲线给人轻松悠闲的感受；直线则给人规则、谨慎之感；圆弧线则介于两者之间。如图 7-2 所示，其中：（a）平滑弯曲的小道给人轻松悠闲的田园般的感受；（b）直角转折的小道，走起来让人感到又严肃又拘谨；（c）不规则多角度的转折路，产生不稳定和紧张感。

在进行园路线型设计时要以"人性化"为标准，要符合人的心理，道路线型应按捷径线来设计（图7-3）。但是如果空间中存在着众多的"捷径线"，最好将道路设计成一块较大的广场，这样才不致过于复杂、细碎，才能保证设计的整体性（图7-4）。

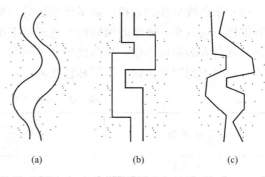

图 7-2　线形影响人的心里感受

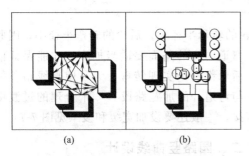

图 7-3　按捷径线走向设计道路线形

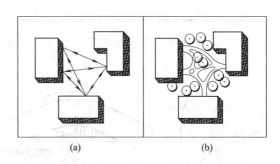

图 7-4　道路被铺成一块较大的广场

在设计自然式园路时，道路的平曲线线形应能满足游人的行走习惯，曲线要流畅，曲率要适当，不要过分弯曲，不能矫揉造作（图7-5）。

3. 园路的平曲线

（1）平曲线半径　园林道路平面是由直线和曲线组成的。规则式园林，园路多用直线；自然式园林，道路多用曲线。曲线型道路一般是根据地形和构图要求由不同曲率、不同弯曲方向的多段弯道连接而成的，就是直线形道路为了行走方便，直线转角的连接部分也需采用圆弧形曲线连接，这种圆弧的半径称为平曲线半径（图7-6）。

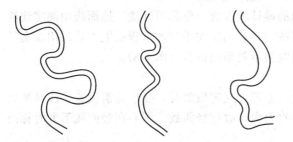

(a) 园路曲线过于弯曲　(b) 园路曲线不够流畅　(c) 园路的宽度不一致

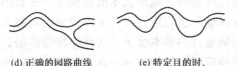

(d) 正确的园路曲线　　　　(e) 特定目的时，
　　　　　　　　　　　园路曲线有意不平行

图 7-5　道路曲线的曲率设计

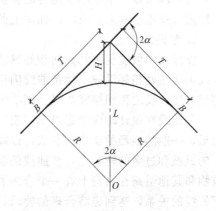

图 7-6　园路的平曲线图
T—切线长；H—曲线外距；R—平曲线半径；
L—曲线长；2α—路线转折角度

（2）平曲线半径的选择　除了风景区的旅游主干道之外，园林道路对通车的要求不高，多数园路不通汽车，通车的园路行车速度也不快，因此一般园路的平曲线半径都设计得比较小。只通行人的游览小路，平曲线半径还可以更小些（表7-2）。自然式的园路在平曲线变化上主要由下列因素决定：①园林造景的需要；②地形、地物条件；③行车安全的需要。

表 7-2　园路内侧平曲线半径参考值

园 路 类 型	平曲线半径/m	
	一般情况下	最小半径
游览小道	3.5～20.0	2.0
次干道	6.0～30.0	5.0
主干道	10.0～50.0	8.0

（3）曲线加宽　汽车在弯道上行驶，由于前轮的转弯半径大，后轮的转弯半径小，因此弯道内侧的路面要适当加宽，才能保证前后轮都安全实现转弯。为了使直线路段能与弯道处的加宽路段有一个合理的过渡衔接，一般还要设加宽缓和段（见图7-7）。

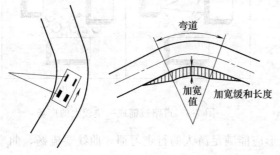

图 7-7　行车前后轮在转弯时的轮迹与曲线加宽

二、园路竖曲线设计

1. 纵断面设计

园路纵断面主要是用于表示路线中心地面起伏状况。用铅垂剖切面沿着道路的中心线进行剖切，然后将剖切面展开成一立面，纵断面的横向长度就是路线的长度。园路立面由直线和竖曲线（凸形竖曲线和凹形竖曲线）组成。

由于路线的横向长度和纵向高度之比相差很大，故路线纵断面图通常采用两种比例绘制，例如长度采用1：1000，高度采用1：100，相差10倍。

路线纵断面图用粗实线表示顺路线方向的设计坡度线，简称设计线。地面线用细实线绘制，具体画法是将水准测量测得的各桩高程按图样比例绘在相应的里程桩上，然后用细实线顺序把各点连接起来，故纵断面图上的地面线为不规则曲折状（图7-8）。

2. 竖曲线

设计线的坡度变更处，两相邻纵坡坡度之差超过规定数值时，变坡处需设置一段圆弧竖曲线来连接两相邻纵坡。这条曲线因位于竖直面内，故称竖曲线。圆心在竖曲线下方时称凸型竖曲线，反之称凹型竖曲线（图7-9）。

竖曲线在设计时应考虑以下因素：①园路的设计应在满足造景艺术的前提下尽量利用原地形，一般随地形的变化而起伏，以减少土方量并保证路基稳定；②行车路段应尽量避免过大的纵坡和过多的转折点，竖曲线的设计应满足车辆通行的基本要求；③园路应与广场、建筑物和其他道路在高程上有一个合理的衔接；④园路应配合组织地面排水，并要处理好与地下管线的关系，达到经济合理的要求；⑤平竖曲线应尽量错开（表7-3）。

3. 纵横坡度要求

为了保证路面积水尽快排除，一般路面应设计不小于0.3%～0.5%的纵坡，由于纵坡坡度太大不利于游人行走和车辆通行，故通车园路的最大纵向坡度不要超过8%。同时，园

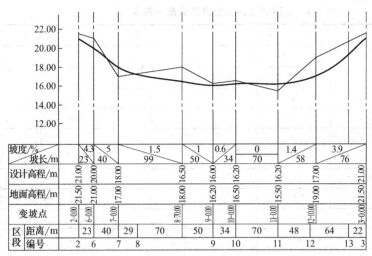

图 7-8　道路的纵断面设计

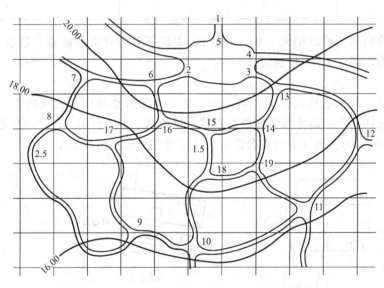

图 7-9　园路的竖曲线

表 7-3　园路竖曲线最小半径建议值　　　　　　　　　单位：m

园路级别	风景区主干道	主园路	次园路	小路
凸型竖曲线	500~1000	200~40	100~200	<100
凹型竖曲线	500~600	100~200	70~100	<70

路还应有 1‰~4‰ 的横向坡度。路面材料不同，其排水能力也不同，对纵横坡度的要求就不一样。对于通行车辆的园路，只有当纵坡在 1‰ 以下时，方可用最大横坡。在弯道处因设超高应形成单向向内侧倾斜的横坡（表 7-4）。

表 7-4　各种类型路面的纵横坡度一览表

路面类型	纵坡/%				横坡/%	
	最小	最大		特殊	最小	最大
		游览大道	园路			
水泥混凝土路面	0.3	6	7	10	1.5	2.5
沥青混凝土路面	0.3	5	6	10	1.5	2.5
块石、砾石路面	0.4	6	8	11	2	3
拳石、卵石路面	0.5	7	8	7	3	4
粒料路面	0.5	6	8	8	2.5	3.5
改善土路面	0.5	6	6	8	2.5	4
游步小道	0.3				1.5	3
自行车道	0.3	3			1.5	2
广场、停车场	0.3	6	7	10	1.5	2.5
特别停车场	0.3	6	7	10	0.5	1

在游步道上，道路的起伏可以稍大一些，一般在 12°以下时为舒适的坡道。超过 12°时行走起来就会觉得费力，超过 15°应设台阶。

4. 弯道与超高

汽车在弯道上行驶，产生的横向推力叫离心力。离心力的大小与车行速度的平方成正比，与平曲线半径成反比。为了防止车辆向外侧滑移，抵消离心力的作用，设计时要把路的外侧抬高，即超高（图 7-10）。设计游览性公路时，还要考虑路面视距与会车视距。

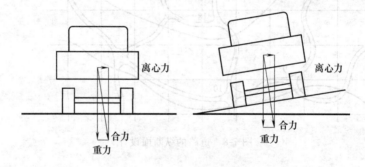

图 7-10　汽车在弯道上行驶时的受力分析

三、园路的铺装设计

园林地面铺装从颜色、质地、光影、图案等多方面影响着园林美感，是创造园林个性美和空间美的重要手法。不同的铺料和图案造型能够形成不同的性质和空间感，或细腻或粗犷、或宁静或喧闹。如方砖能赋予一个空间以温暖亲切感。

有角度的石板会给人轻松自如、不拘谨的气氛，混凝土则会产生冷清、无人情味的感受。因此，好的铺装设计在满足园路功能的同时还能为园路创造更大的视觉感受和个性体验。

1. 地面铺装的设计原则

（1）统一的原则　用在特定设计区段的铺装材料，应以帮助确保整个设计统一为原则。材料过多变化或图案繁锁复杂，易造成视觉的杂乱无章。但是在设计中至少应有一种铺装材料占有主导地位，以便能与附属的材料在视觉上形成对比和变化，以及暗示地面上的其他用途。这一占主导地位的材料可贯穿于整个设计的不同区域，以使建立统一性和多样性。

（2）过渡的原则　当相邻两种铺装安放在一起而无第三者为过渡媒介时，则两者的铺装形式和造型图案应相互配合和协调。当涉及地面的伸缩缝和混凝土伸缩缝或条石和瓷砖材料的接缝、灰浆接缝时，更应该遵循过渡的原则。一种铺装的形状和线条应延伸到相邻的铺装地面中去（图7-11）。

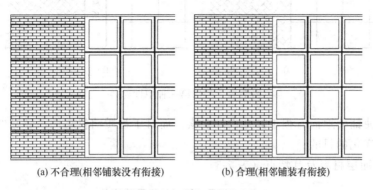

(a) 不合理(相邻铺装没有衔接)　　(b) 合理(相邻铺装有衔接)

图 7-11　铺装的衔接

（3）应从透视角度考虑铺装设计的原则　路面铺装是一种立体的艺术，游人是在立体空间而不是平面中欣赏这一艺术的，因此在设计铺装图案时应考虑透视的因素。透视中平行于视平线的铺装线条强调了铺装的宽度，而垂直于视平线的铺装线条则强调了铺装的深度（图7-12）。

图 7-12　铺装图案的透视效果

（4）在没有特殊目的的情况下不随意变换相邻处的铺料及形式的原则　铺装材料和形式有暗示地面用途的作用，一般如果没有特殊的目的不更换铺装的材料和形式。如果有特殊原因而需要变换铺地材料和形式时可考虑以下几个因素：①利用水平高度的变化的方法（图7-13）；②采用第三种在视觉上具有中性效果的材料放于两种材料之间的方法（图7-14）。

（5）主次分明的原则　在铺装中，光滑质地的铺装应占多数，因为这种材料色彩较朴素，不引人注目。这种材料经使用后，最

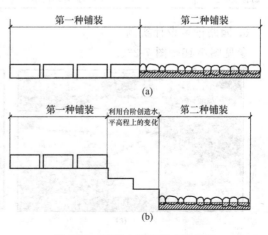

图 7-13　利用水平高度变换材料

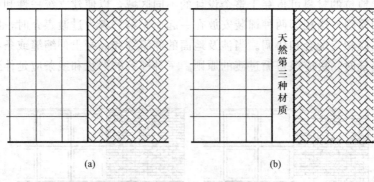

图 7-14　利用第三种中性材料

理想的是不会使铺装地面有损于其他设计要素。而对于粗质铺料来说，最好少用，以表达主次分明和富于变化的目的。

2. 常用的面层材料及其特点（表 7-5）

表 7-5　常用的面层材料及其特点

类别	名称	特　　性
石材	大理石	多用于室内，只有汉白玉、艾叶青等少数质纯的种类用于室外，给人高贵华丽之感
	花岗石	花岗石不易风化变质，外观色泽可保持百年以上。花岗石硬度较高，而且耐磨，是较高级的石材
	乱形石	具有天然石材的形状和质感，色泽纹路能保持自然原石风貌。可以拼成各种图案，并可在石缝中种草，形式自然可爱
	砂石	常与其他石材结合做园路、人行道和汀步等
	卵石	耐磨、排水性好，装饰性强，具有中国南方水乡的特色。可以拼成各种图案。常见的有鹅卵石、海峡石、洗米石
地砖		各种预制地砖，颜色、图案、形状丰富多样
青砖		端庄，耐磨性差，在冰冻不严重、排水良好的地方使用较好，在阴湿的地段路面易生青苔，不宜用于较陡的阴地
木材		形式古朴自然，与自然环境接近。适合反映自然情趣的地面铺装
水泥混凝土		平整，耐磨
水磨石		装饰效果较好，粗糙度不够，可与其他材质混用
沥青混凝土		平整，养护管理简单，彩色沥青混凝土具有装饰性

3. 园路铺装设计实例

参见图 7-15～图 7-23。

(a)

(b)

图 7-15　乱形石铺装

 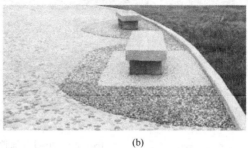

(a) (b)

图 7-16 洗米石铺地图案

图 7-17 小卵石铺地图案——花卉

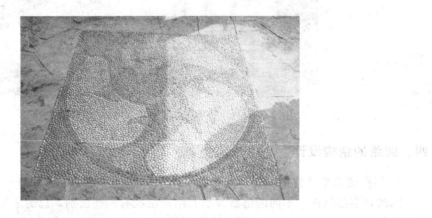

图 7-18 小卵石铺地图案——动物

图 7-19 小卵石铺地图案——文字

图 7-20　小卵石铺地图案——自然曲线

图 7-21　混凝土仿天然石铺地

图 7-22　混凝土仿木铺地

图 7-23　混凝土仿木铺地做林中休息广场彰显自然本色

四、园路的结构设计

1. 园路的典型结构

园路是多层结构，不同的道路级别其结构层次有一些区别，总的来说典型的园路结构从下到上包括路基、（垫层）、基层、结合层、面层（图 7-24）。各个层次由于其功能不一样，所用材料和铺设厚度也不一样，下面对这几层做一个分析说明。

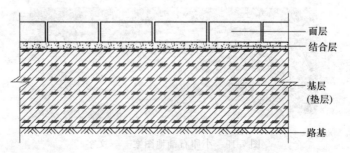

图 7-24　园路的典型结构

（1）路基　是路面的基础，它要承受路面传下来的荷载，并要保证路面有足够的强度和稳定性，对保证路面的使用寿命具有重大意义。如果土基的强度和稳定性不够，应采取一定的工程措施。经验认为：一般黏土或砂性土经夯实后，如无特殊情况，可直接作为路基；对于未压实的下层填土，经过雨季被水浸润后能使其自身沉陷稳定，其容重为 $180g/cm^3$ 可以用于路基。在严寒地区，严重的过湿冻胀土或湿软呈橡皮状土，宜采用 1∶9 或 2∶8 灰土加固路基，其厚度一般为 15cm。

（2）基层　一般是在土基之上、起承重作用的一层。其作用主要是传递荷载，一方面支承由面层传下来的荷载，另一方面把此荷载均匀地传给土基。因此，要有一定的强度，所用材料一般有碎（砾）石、灰土或各种矿物废渣等。在路基排水不通畅或有冻胀翻浆的路段上，为了排水、隔温、防冻的需要，往往还要用煤渣土、石灰土等在路基之上筑成垫层。在园林中可以通过加强基层的办法解决这一问题，一般不另设此层。

（3）结合层　当采用块料铺筑面层时，在面层和基层之间为了结合和找平而设置的一层。一般选用 3～5cm 的粗砂、水泥砂浆或白灰砂浆。

（4）面层　园路最上面的一层，它直接承受来自人流、车辆的荷载和外界环境因素如日晒、严冬、风蚀、雨雪等的破坏。因此面层材料要求坚固、平稳、耐磨、耐腐蚀，具有一定的粗糙度，少尘埃、便于清扫。

2. 园路的附属结构

（1）道牙　道牙安置于路面两侧，主要作用是支撑路面，保持其横向稳定，也可起到衔接高程和美观的作用。道牙一般用砖、混凝土和预制的花岗岩条石制成，在园林中不通行大型车的地方也可以用瓦、大卵石等。近年来，由于混凝土仿石仿木技术的发展，也有用混凝土仿木墩等做道牙的。道牙一般分为立道牙和平道牙两种形式，其构造如图 7-25 所示。

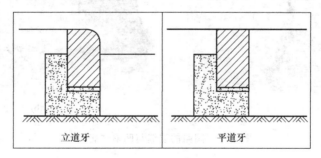

图 7-25　道牙结构图

（2）明沟和雨水井　是收集路面雨水的构筑物，在园林中常用砖砌筑而成。

（3）台阶　当路面坡度超过 12°时，在不通行车的路段上，一般要设置台阶。台阶的宽度与路面应相同，根据人的脚掌大小和人在不费力的情况下脚能抬高的高度，每级台阶的高度可选择 12～17cm，宽度选择 30～38cm。一般每隔 10～18 级台阶还要设置一平坦地段给游人休息。为防止台阶积水和冬季结冰，每级台阶应有 1%～2% 的向下坡度。在园林中还可结合周围环境用天然山石、预制混凝土作成木纹板、树桩等各种形式的台阶。有时为了营造高耸的感觉，台阶的高度也可适当增加。

（4）礓磜　一般纵坡超过 15% 时，为便于通行车辆不能设台阶，可将斜面作成锯齿形坡道，称为礓磜（图 7-26）。

（5）蹬道　在地形较陡峭的地段，可结合地形或利用露岩设置蹬道。其纵坡大于 60%时，应作防滑处理，并设扶手栏杆。

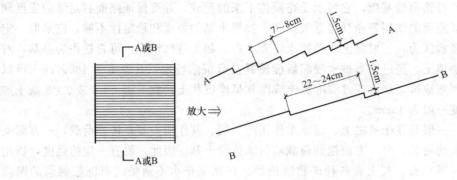

图 7-26 碾磙

（6）种植池　在路边和广场上栽树，一般要栽在种植池内。种植池的规格由所栽植物的大小决定，通常取 1.5m×1.5m。如栽大乔木，种植池上要设保护栅。

3. 园路常见的"病害"

（1）裂缝与凹陷　造成这种破坏的主要原因是基土过于湿软或基层厚度不够，强度不足或不均匀，当路面荷载超过土基的承载力时就会损坏园路（图 7-27）。

(a)　　　　　　　　　　　(b)

图 7-27　园路的裂缝与凹陷"病害"

（2）啃边　路肩与道牙直接支撑路面，使之横向保持稳定。因此路肩与其基土必须紧密结实，并有一定的坡度。否则由于雨水的侵蚀和车辆行驶时对路面的边缘啃蚀，使之损坏，并从边缘起向中心发展。这种破坏现象叫做啃边（图 7-28）。

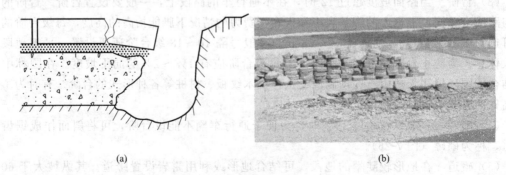

(a)　　　　　　　　　　　(b)

图 7-28　园路的啃边"病害"

（3）翻浆　在季节性冰冻地区，地下水位高，特别是对于粉砂性土基，由于毛细管的作用，水分上升到路面下，冬季气温下降，水分在路面下形成冰粒，体积增大，路面就会出现隆起现象，到春季上层冻土融化，而下层尚未融化，这样使冰冻线土基变成湿软的橡皮状，路面承受力下降，这时如果车辆通过，路面下陷，邻近部分隆起，并将泥土从裂缝中挤出来，使路面破坏，这种现象叫做翻浆（图7-29）。

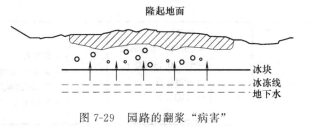

图7-29　园路的翻浆"病害"

4. 园路结构设计中要注意的问题

（1）就地取材　为了节约经费，节省资金，在园路结构设计中要尽量使用当地的材料、建筑废料和工业废渣等。

（2）薄面、强基、稳基土　在设计园路结构时，往往对看不见的路基强度不重视。这样做的结果直接导致园路的使用年限过短。路基一定要充分夯实，基层的强度和厚度一定要够用，才能保证园路的质量，另外为了节约造价，应尽量采用薄面、强基、稳基土，使结构设计经济、合理、耐用。总之，可以概括成十六个字，即"面层要薄、结合要平、基层要强、土基要稳"。

5. 园路的结构

（1）面层设计　面层是园路最上面的一层，直接诠释园路的艺术内涵。因此在材料选择和图案设计上非常讲究，同时也非常注意与周围环境的联系。详见铺装设计。

（2）结合层设计　常用的结合层材料有以下三种。

① 白灰干砂。施工时操作简单，白灰遇水后体积膨胀并且会自动凝结，密实性和结合性好。

② 净干砂。施工简单、造价低，但经常遇水会流失，造成结合层不平整。一般适合用在不通车的人行道。

③ 混合砂浆。由水泥、白灰、砂组成，整体性好，强度高，黏结力强，适合用于铺筑块料路面，但造价较高。

（3）基层的设计　基层的选择应视路基土壤的情况、气候特点及路面荷载的大小而定，并应尽量利用当地材料。

① 直接夯实。在冰冻不严重、基土坚实、排水良好的地区，铺筑游步道时可直接夯实土壤。

② 灰土基层。由一定比例的白灰和土拌和后压实而成。具有一定的强度和稳定性，不易透水，后期强度近刚性物质。通常使用一步灰土（压实后为15cm）即可满足要求。在交通量较大或地下水位较高的地区，可采用压实后为20～25cm。

③ 几种隔温材料的比较。在季节性冰冻地区，地下水位较高时，为了防止发生道路翻浆，基层应选用隔温性较好的材料。实践证明，砂石的含水量少，热导率大，故该结构的冰冻深度大，如用砂石做基层，需要做得较厚，不经济；石灰土的冰冻深度与土壤相同，石灰土结构的冻胀量仅次于亚黏土，说明密度不足的石灰土（压实密度小于85％）不能有效防止冻胀；煤渣石灰土或矿渣石灰土作基层，用7∶1∶2的煤渣、石灰、土混合，隔温性较好，冰冻深度最小，在地下水位较高时能有效地防止冻胀。

6. 常见的园路结构

见图7-30。

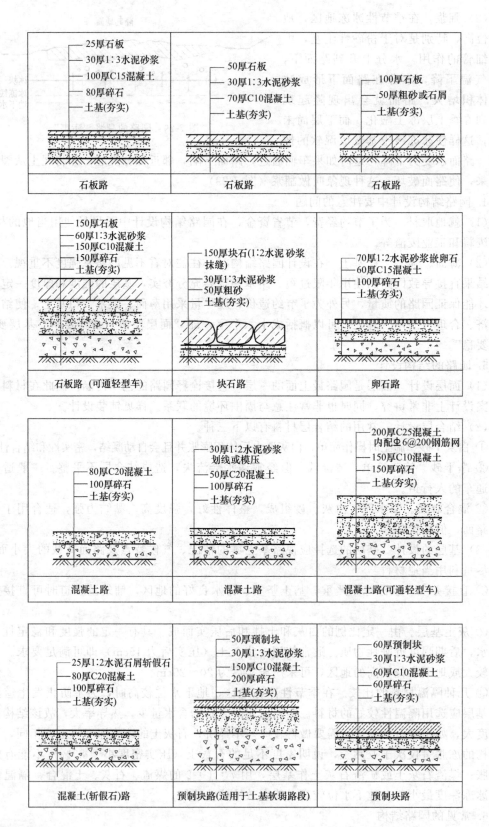

图 7-30

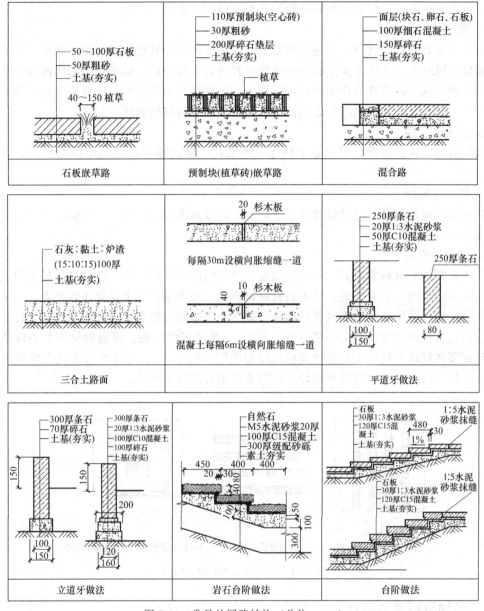

图 7-30　常见的园路结构（单位：mm）

第三节　广场工程

　　城市广场作为城市外部公共空间体系的一种重要组成形式，成为城市不可缺少的组成部分，它往往是一个城市、一个区域的重要标志。而精美的广场铺装往往又是广场的点睛之笔，世界上许多著名的广场都是因其独特的铺装而给人留下了深刻的印象。城市广场一般兼具多种功能，一般分为市政广场、纪念广场、交通广场、商业广场、休闲及娱乐广场等。

一、广场铺装设计的原则

　　广场的铺装设计与园路铺装设计有相通之处，但是由于园路更侧重于通行，而广场则侧重于停留和活动，因此广场的铺装图案设计有其独特之处。

1. 整体统一的原则

无论是铺装材料的选择还是铺装图案的设计都要注意和其他景观要素协调统一，不能有割裂现象，同时在设计中至少应有一种铺装材料占有主导地位，以便能与附属的材料在视觉上形成对比。这一占主导地位的材料可贯穿于整个设计的不同区域，以使所有的景观要素能有一个统一的元素，使它们相互之间的统一性和多样性得到协调统一。

2. 安全的原则

铺装材料应注意防滑，无论是干燥还是潮湿，广场的铺装都要确保行人的行走方便和安全。

3. 简洁性原则

就是要求铺装图案的设计应简洁大方，不要过分追求细部，线条应流畅，不要晦涩，以利于施工。

4. 艺术性原则

外观包括铺装材料的色彩、图案、质地以及它们的反光特性等。色彩应尽量使用淡雅的颜色，既不会暗淡、了无情趣，又不会鲜艳得俗气。在图案设计上需要注意两点。一是方向性的问题。广场的作用是给人提供活动休息的空间，暗示着停留之意，因此图案设计如果没有特殊目的应选择无方向性的图案（图 7-31）。二是尺度的问题。路面砌块的大小以及拼缝的设计都要和场地及场地上其他景观的尺度相匹配（图 7-32）。尺度的考虑也会影响到铺料色彩、质地和反光特性的选择及设计，从而表现出合理的艺术性。

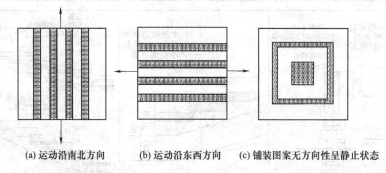

(a) 运动沿南北方向　　　(b) 运动沿东西方向　　　(c) 铺装图案无方向性呈静止状态

图 7-31　广场铺装图案的方向性

二、广场铺装图案的设计

一般广场的铺装面积都要相对大一些，地面铺装在一定程度上起到装饰美化作用。设计时也应根据环境和广场的功能作用运用各种抹面、贴面、镶嵌及砌块做各种地面装饰设计。常用的手法有以下几种。

1. 图案式

用不同颜色、不同质感的材料铺装，纹样图案简洁。图案的纹样一般规则对称，并讲究节奏和韵律。色彩上应以淡雅为主，慎用浓艳的颜色，质感上可以相互强烈对比（图 7-33）。

2. 色块式

铺装材料可以选用 3~5 种颜色，表面质感也可以选用 2~3 种表现。将广场铺装成大小不等的各种形状的色块，以一种色块为主，定出基调，其他色块可以形成较强烈的对比。

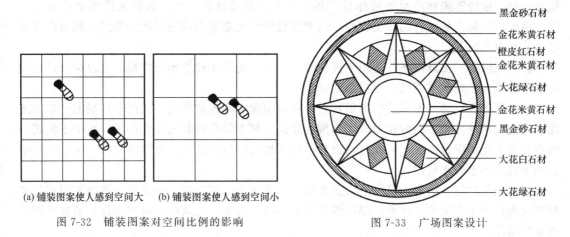

(a) 铺装图案使人感到空间大　　(b) 铺装图案使人感到空间小

图 7-32　铺装图案对空间比例的影响

图 7-33　广场图案设计

（图 7-33 标注，从上到下）
黑金砂石材
金花米黄石材
橙皮红石材
金花米黄石材
大花绿石材
金花米黄石材
黑金砂石材
大花白石材
大花绿石材

3. 线条式

是在浅色调、细质感的大面积底色基面上，以一些特征性的线条造型为主进行装饰。一般情况下造型线条应选用颜色比基面深、比基面艳、质地比基面粗糙的材质。线条的造型可以是规则的直线、折线、放射线，也可以是富于韵律变化的曲线（图 7-34）。

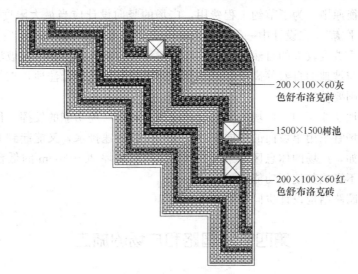

（图 7-34 标注）
200×100×60灰色舒布洛克砖
1500×1500树池
200×100×60红色舒布洛克砖

图 7-34　线条式广场铺装（单位：mm）

4. 阶台式

就是将广场局部地面做成不同材料、不同质地、不同形状、不同高差的宽台或宽阶形铺装，使地面既具有一定的竖向变化，又使某些局部地面从周围的地面中独立出来，丰富了广场的空间变化。阶台式适合空间比较大、气氛比较自由的广场地面设计。

三、广场的竖向设计

在进行广场竖向设计时，一般都要求将地面整理成宽阔平整并具有一定的排水坡度。场地给人的感觉应该是平坦舒服，下雨时不会有地面积水影响行走。

1. 不同排水坡向广场的竖向设计

（1）单坡向一面坡广场　单坡向场地的坡度一般超过 5%，不利于车辆行驶，所以通常结合花坛、座椅等园林小品做成休息广场，也可以做成林荫广场，为游人提供室外休息空间。由于单坡向广场没有明显的轴线，因此在设计时也要采用比较自然的形式，同时广场的排水也是单方向的。

（2）双坡向二面坡广场　适用于面积较大、自然地形比较平坦的广场。可以结合广场设计的中轴线或广场前主路的中线向两侧排水。

（3）下沉式广场　下沉式广场的特点是可以俯瞰广场内的景观，从而使广场的全貌和地面景观更完美地体现，同时也对广场周围的建筑、树木等景观起到强化作用。由于下沉式广场在竖向上比周围地面低，因此排水设计一般采用从广场周围向中央排的方式，可在广场中央地下设置环形雨水暗沟。

（4）凸形广场　凸形广场一般设置在山头、高地上，纪念碑、主题雕塑等需要强调的景物在这类广场上常见到。这类广场周围低、中央高，雨水一般从中央向四周排，通过外围的雨水口排除。

2. 广场竖向设计的原则

（1）坡度适中原则　广场的坡度过小，就无法保证排水畅通，反之就会影响广场的使用。因此广场应该有一个合理的坡度，一般在 0.5%～5% 之间较好，最小不宜小于 0.3%，最大不宜超过 8%。

（2）土方平衡原则　为了节约工程费用，广场的竖向设计应当最大限度减少土方工程，最好能够"土方平衡"。在设计中一般要寻求一个合理的平整标高，采用"挖高填低"的方法平整场地。对于坡度较大的自然坡地，广场一般设计为向外倾斜的单向坡场地。设计时广场的长轴应尽量与坡地的自然等高线保持平行；对于排水不畅的低洼地，在修筑广场时为了保证排水畅通，则要外运土方。

（3）兼顾场地功能原则　广场的竖向设计应该有利于广场功能的发挥。比如纪念性主体建筑的前后小广场宜采用单坡向的竖向设计，既可保证迅速排水，又能起到突出和强调主体建筑的作用。再如，广场的休息区如果能做成高出周围地坪 20～30cm 的低台形式，则雨后水可迅速排除，不影响其使用功能。

前面提到的园路结构设计也同样适用于广场。

第四节　园路和广场的施工

园路和广场施工是园林总体施工的重要组成部分，直接影响到园林工程整体效果。为此，要加强施工力量、加强施工质量监督，严格按照施工规范实施，并注意各部分在高程上的衔接。

一、园路工程施工

园路施工一般是结合着园林总平面施工同时进行的。由于大多数园路承担的载重量并不大，因此园路路基和路面基层的处理只要达到设计要求的牢固性和稳定性即可。设计的重点是：①控制好施工面的高程，并注意与园林其他设施的高程相衔接；②路面面层铺装施工要精细，强调其装饰性和施工质量。

1. 施工准备

（1）施工准备　准备好施工图纸并根据现场复核图纸。确认和标示地下埋设物。确定施工程序、施工方法和工程量，清理施工现场。

（2）施工材料准备　确认和准备铺筑园路的各种材料，包括：材料的规格、质量、数量以及临时堆放的位置，施工人员、机械及进入现场的日期，施工中用到的水、电等（包括排水的方式和方法也要事先研究好方案并做好准备）。

（3）施工放线　按照图纸的道路设计在实地上放出园路的平面线形。先放中心线，每隔20～50m要打一中心桩，园路转弯处还应在曲头、曲中、曲尾各放一中心桩，并要标明桩号。再以中心桩为准，根据路面宽度定好边桩。最后将各点用直线或曲线连接起来，即是园路的平曲线。

2. 挖路槽

调整路基表面高程与其他高程的关系，按照放好的平曲线每侧各放出20cm挖路槽。路槽的深度应等于园路的设计厚度，槽底应根据设计有横坡和纵坡，必要时还可使用龙门板作为挖槽参考。槽底应夯实。路槽的平整度误差不大于2cm，如果土壤过于干燥，还要在槽底洒水，保证土壤的适宜含水量后再夯实。施工过程中要随时检查路槽的纵横坡度，并利用暗渠、侧沟等排除流入路基的地下水、涌水、雨水等。

3. 基层施工

根据设计的要求和厚度施工基层。注意图纸上标注的材料厚度（指经过压实后的材料实厚）。如灰土基层实厚为15cm时，可根据土壤情况虚铺21～24cm。一般运入基层材料后，分层填筑，分层碾压。每层材料施工碾压的厚度是：下层小于20cm，上层小于15cm；基层经碾压后，如果没有达到设计标高要求，应把已经压实的部分重新翻起，一边摊铺材料，一边重新碾压，直到压实达到设计标高的高度要求为止。接上一次继续施工时，应将上一次施工完成的末端翻起，与本次施工部分一起压实。

4. 结合层施工

如果选择混合砂浆和白灰砂浆做结合层，砂浆的摊铺宽度应大于铺装面宽度5～10cm，已拌好的砂浆应当日用完。也可选用3～5cm厚的粗砂均匀摊铺而成。特殊材料如石块和条石，可用M10号水泥砂浆。

5. 面层施工

在完成的路面基层上，重新定点、放线，根据设计标高、路面宽度定出边桩和中心桩，确定好边线和中线。不同的面层材料铺装方法略有差异。但总体上都要求美观、平稳、牢固，面层下不能有空鼓。并要保证设计的横坡和纵坡。

6. 道牙施工

道牙的基础要与路床的基础同时进行，以保证整体均匀的密实度。结合层常用M5的水泥砂浆，一般厚2cm。道牙安装要平稳牢固。背面一般用白灰土夯实保护，一般10cm厚，15cm宽，密实度90％以上即可（图7-35）。

道牙背面用水泥砂浆保护

图 7-35　道牙施工

二、几种常见面层的施工方法

1. 水泥混凝土面层施工

此类路面因其造价低、施工方便，常用于铺装园路、自行车停放场等。较为常见的设计手法是不设路缘。由于这种路面缺乏质感，易显单调，因此一般设置变形缝来增添路面的变化。园路的变形缝一般按以下标准设置：缩缝的纵横间距为5m，胀缝的纵横间距为20m。一般混凝土道路，如其纵缝间距为3～4.5m，横缩缝间距5m，横胀缝间距20m左右，可使用沥青接缝板（厚10mm）填缝。具体的施工过程如下。

（1）制模板　在浇筑区外围打上模板，用钉子钉牢。注意模板的上表面平整和模板之间的结合紧密，以免混凝土泄出。

（2）铺垫层　按设计要求在浇筑区域内铺一层碎砖石等垫层，碾压夯实，形成坚实的基础。这样做的目的主要是使混凝土与垫层紧密结合，不会从缝隙间流失。

（3）浇筑　从场地的一端开始浇筑混凝土，一层层地加厚，表面大致抹平即可。如果感觉混凝土过干，可以加些水，这样抹平会容易些。

（4）刮平　目的是驱除气泡和最终找平。对于面积较大的区域，最好的方法是两名工作人员手拿刮平用的厚板条轻轻地拉锯式地来回拖动。

（5）修整　在刮平的过程中，如果表面出现坑坑注注的现象，可以用少量的混凝土填补，再使用刮平用的厚板条抹平。最后用抹灰砂板将表面抹平。施工中要注意做出路面的纵横坡。

（6）后期处理　为提高装饰效果，防止铺面过滑，在混凝土凝固之前往往还要做一些装饰，装饰的方法在后面会详述。不再做路面装饰，在混凝土浇注之前也没有预留伸缩缝的，可以等混凝土面层基本硬化后用锯割机按设计锯出伸缩缝。

（7）养护　面层施工完成后，应立即开始养护。养护期应在7d以上，冬季施工还应更长一些。

2. 水泥路面的装饰施工

水泥路面的装饰方法很多，常见的有以下几种。

（1）普通抹灰与纹样处理　用普通灰色水泥配制成1∶2或1∶2.5水泥沙浆，在混凝土面层浇注后尚未硬化时进行抹面处理，抹面厚度为10～15mm。当抹面层初步收水、表面稍干时，再用下面的方法进行路面纹样处理。

① 滚花。用钢丝网做成滚筒，或者用模纹橡胶裹在300mm直径的铁管外做成滚筒，在已经进行抹面处理的混凝土面层上滚压出各种纹理花样。滚筒长度最好在1m以上。

② 压纹。利用一块边缘有许多整齐凸点或凹槽的木板或木条，在混凝土抹面层上挨着压下，一边压一边移动，就可以将路面压出纹样，起到装饰作用。这种方法要求抹面层的水泥砂浆含砂量较高，水泥和砂的配合比可为1∶3。

③ 锯纹。在新浇的混凝土表面，用一根直木条如同锯割一般来回动作，一边锯一边移。即可以在路面锯出平行的直纹，起到防滑作用，又有一定的路面装饰作用。

④ 刷纹。最好使用弹性钢丝做成刷纹工具。刷子宽450mm，刷毛钢丝长100mm左右，木把长1.2～1.5m。用这种钢丝在未硬化的混凝土面层上可以刷出直纹、波浪纹或其他形状的纹理。

（2）彩色水泥抹面装饰　可以通过添加颜料调制成彩色水泥砂浆的方法来调制抹面层所用水泥砂浆，即可做出彩色水泥路面。颜料要求使用耐光、耐碱、不溶于水的无机矿物颜料。彩色水泥所用颜料（见表7-6）。

表7-6　彩色水泥配制表　　　　　　　　　　　　　　单位：g

调制水泥色	水泥及其用量	颜料及其用量	调制水泥色	水泥及其用量	颜料及其用量
红色、紫砂色水泥	普通水泥500	铁红20～40	苹果绿色水泥	白色水泥500	铬绿150,钴蓝50
咖啡色水泥	普通水泥500	铁红15,铬黄20	青色水泥	普通水泥500	铬绿0.25
橙黄色水泥	白色水泥500	铁红25,铬黄10	青色水泥	白色水泥500	钴蓝0.1
黄色水泥	白色水泥500	铁红10,铬黄25	灰黑色水泥	普通水泥500	炭黑适量

3. 整形板材、方砖、预制混凝土砌块等的地面铺筑

这类铺地适用于一般的散步游览道、草坪路、岸边小路和城市游息林荫道、街道的人行道等。铺砌的方法和程序与其他铺装路面大体相同，可以根据园路的路基条件和园路的功能确定路基和基层的做法、材料和厚度。一般结合层的做法有两种。

（1）湿性铺筑 通常选用花岗石、釉面砖、陶瓷广场砖、碎拼石片、马赛克等材料铺地时，采用湿法铺砌。用预制混凝土方砖、砌块或黏土砖铺地时，也可以用此法。结合层厚度通常为 15～25mm。常用的湿性材料有：1:2.5 或 1:3 水泥砂浆，1:3 石灰砂浆，M2.5 混合砂浆，1:2 灰泥浆等。

（2）干法砌筑 当面层材料选用石板、整形石块、预制混凝土方砖和砌块等时，常采用干法砌筑。中国传统的青砖铺地、金砖墁地等也常用此法。干法砌筑是以干粉砂状材料，作面层砌块的垫层和结合层。如干砂、细砂土、1:3 水泥干砂、3:7 细灰土等。砌筑时，先将粉砂材料在路面基层上平铺一层，厚度为：干砂、细土 30～50mm，水泥砂、石灰砂、灰土 25～35mm。铺好找平后，按照设计的拼装图案铺砌面层。每铺好一小段，就要用橡胶锤敲打面层。这样做的目的，一是让面层材料能够与结合层结合得更紧密，二是要保持所有砌块的顶面都在一个平面上，使路面铺装更平整。路面铺装好后，再用干燥的细砂、水泥粉、细石灰粉等撒在路面上，并扫入砌块缝隙中，使缝隙填满，最后将多余的干粉清扫干净。砌块下面的干粉材料将随着时间的推移慢慢硬化。面层和结合层之间也会结合得更紧密。

4. 卵石铺装

利用卵石可以铺装出各种造型图案。如杭州花港观鱼牡丹亭边的梅影路、苏州留园东院的鹤纹路等。其施工的一般过程如下。

（1）绘制图案 用木桩定出铺装图案的形状，调整好相互之间的距离，并将其固定。然后用铁锹切割出铺装图案的形状。开挖过程中尽可能保证基土的平整。

（2）平整场地 勾勒出图案的边线后就要用耙子平整场地，在此过程之中还要在平整的场地上放置一块木板，将酒精水准仪放在它的上面找平。

（3）铺设垫层 在平整后的基层上，铺设一层粗砂（厚度大约为 3cm）。在它的上层再抹上一层约为 6cm 的水泥砂浆（混合比为 7:1），然后用木板将其压实，整平。

（4）填充卵石 按照设计的图案依次将卵石、圆石、碎石镶入水泥砂浆之中。

（5）修整图案 使用泥铲将卵石上边干的水泥砂浆刮掉，并检查铺装材料是否稳固，如果需要的话还应使用水泥砂浆对其重新加固。

（6）清理现场 最后在水泥砂浆完全凝固之前，用硬毛刷子清除多余的粗砂和无用的材料，但是注意不要破坏刚刚铺好的卵石。

5. 洗石子铺地

洗石子面层是以水泥、石子、水配合为原料，一般石子的粒径为 2～4cm，颜色有黑、灰、白、褐等，可以选用单色也可以选用混合色。混合色往往能与环境较好的调和，因此用得较普遍。施工时，先铺一层混凝土基层，上面加一层 1cm 厚的水泥砂浆。水泥砂浆干后，再加一层洗石子层［水泥:石子=1:（1～1.5）］。铺洗石子层时，要用铁灰匙边推边压，把石子压入水泥之中，并使表面平整。为了边缘整洁，园路边缘要架模板。洗石子路面施工的要点是冲水量与水压的控制以及冲洗的时间。冲洗的时间应选在洗石子层的水泥已经凝结但尚未凝固之时，用刷子或喷水器轻轻将表层石子间隙中的水泥冲去，使大约半粒石子裸露出来。使用刷子或喷水器时用力不可太重，以免水泥流失太多；冲水量与水压都要适度，水过多或水压过强都会破坏效果，甚至把石子也冲走。洗石子地面处理除了用普通的水泥外，还

可用白色或加有红色、绿色颜料的水泥，使石子洗出的格调更为特殊。

6. 草皮路面铺装

草皮路面可以分成两种类型，一种是使用草皮保护垫的路面，另一种是使用草皮砌块的路面。这类路面不宜用在通行频率过高的停车场、公用通道和广场的进出口处，以免影响草皮的生长发育。在建筑物北侧背阴处的草皮会因日照不足而发育缓慢，宜选用耐阴植物栽种。

（1）草皮保护垫路面　是由一种保护草皮生长发育的高密度聚乙烯制成的开孔垫网。具有耐压、耐腐蚀，重量轻、易于运输，安装简便、快捷，草坪覆盖率高、安装稳固、不易变形，雨水可以被直接引入泥土、渗透性好等特点（图7-36）。

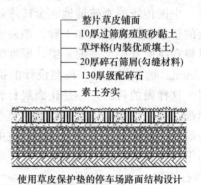

整片草皮铺面
10厚过筛腐殖质砂黏土
草坪格（内装优质壤土）
20厚碎石筛屑(勾缝材料)
130厚级配碎石
素土夯实

使用草皮保护垫的停车场路面结构设计

图7-36　草皮保护垫及其结构设计图（单位：mm）

（2）草皮砌块路面　是在混凝土预制块或砖块的孔穴或接缝处栽培草皮，使草皮免受人、车踏压的路面铺装方式。

7. 圆木桩园路

圆木桩铺出的地面能使整个环境充满原始自然的气息。铺地一般选用松、杉、桧等木材，直径10cm左右。使用时先将树皮剥离，涂上防腐剂，以保证其经久耐用，将圆木桩锯成15cm长的短木段备用。圆木桩铺地可直接用土固定或用灰泥（水泥、砂、水配成的材料）固定。路基挖深10cm，夯实基础使之坚硬，将圆木桩紧密排列，突出地面约5cm高，注意突出的表面要均一整齐。然后用砂土填入圆木桩间隙。

8. 木铺地

木铺地与园中树木花草等景观更易协调，给人的感觉也更自然和富有情趣。用于铺地的木材可以用方形的木条、木板，也可以用整段的木桩或将木桩破成两半。施工前要对施工地点的潮湿程度进行调查。干燥的地上，只要把土表弄松，将木板下半部嵌入地中即可；若湿度不大，可以将木材直接排放在土面，使用半圆木桩时，平面向上，圆面向下，每根木桩之间要用钩钉钉牢，使之稳定；如果在潮湿的地点施工，就要将木板架设在枕木上面；如果水泽地有水生植物繁生，枕木就要垫得更高，才不致伤及植物。

9. 红砖铺地

上等的红砖一般呈橙红色，烧过头的砖色泽较深，未烧熟的砖呈黄红色，做面层材料时与绿色的草坪对比强烈，能使景色清新悦目。红砖的硬度较差，容易磨损，但施工简单，一般用于专供行人步行的通道。铺红砖之前，先打一层3cm厚的碎石层，再铺灰泥，之后按设计图案开始排放砖块，最后再用1份水泥与3份砂配成的干料灰泥填入砖间缝隙。

10. 步石

步石的材料可以是自然石、加工石，也可以选用人工石、木料等。自然石以呈平圆形或角形的花岗岩最为普遍。加工石依加工程度的不同，有保留自然外观而略作整形的石块，也有经机械切片而成的石板等，外形相差很大。人工石是指水泥砖、混凝土制平板或砖块等，通常形状工整一致。木质的包括木桩、竹竿或平摆的枕木类等。无论何种材质，最基本的步石条件是：面要平坦、不滑，不易磨损或断裂；同组步石的材质在形色上要调和，不可差距太大；步石的直径30～50cm，厚度在6cm以上为佳。

铺设步石时，石块排列的整体美与实用性要兼备。一般成人的脚步间隔平均是45～55cm，则石块与石块间的间距保持在10cm左右为佳。步石露出土面的高度通常为3～6cm。施工时如果土基条件好可直接在其上铺设，也可以在整平的路基上铺垫一层栽培壤土作垫层，这样更有利于植物生长。

三、广场施工

广场工程的施工程序和方法与园路施工基本相同，但由于广场上还设计有花坛、水池、树池等地面景物，因此更复杂一些。

1. 施工准备

（1）材料准备　准备好要用的各种材料、机具；确定临时堆放的位置；确定运输路线；清理好施工现场。

（2）场地放样　按照设计图所绘的施工坐标方格网，将所有坐标点测设到场地上并打桩定点。然后以坐标桩点为准，根据广场设计图，在场地地面上放出场地的边线、主要地面设施的范围线和挖方区、填方区之间的零点线。

（3）地形复核　对照广场竖向设计图，复核场地地形和各坐标点、控制点的自然地坪标高数据，有缺漏的要在现场测量补上。

2. 场地平整与找坡

（1）挖方与填方施工　填方区的堆填顺序应当先深后浅，先分层填实深处，后填浅处，每填一层就夯实一层，直到达到设计的标高为止。挖方过程中挖出的适宜栽植的肥沃土壤要临时堆放在广场边，以后再填入花坛、种植地中。

（2）场地平整与找坡　挖填方工程基本完成后，对挖填出的新地面进行整理。根据坐标桩上标明的该点的填挖高度和设计坡度，对场地进行找坡。要保证广场的排水坡度达到设计要求。

（3）确定边缘地带的竖向连接　根据广场旁的建筑、园路、管线等因素，确定边缘地带的竖向连接方式，调整连接点的地面标高。还要确认地面排水口的位置，调整排水沟管底部标高，使广场地面与周边地平的连接更自然，排水、通道等方面的矛盾降到最低。

3. 地面施工

按照设计的结构层次进行施工，由于广场比较宽大，在施工中一定要注意基层的均匀和稳定，确保施工质量，避免今后广场地面发生不均匀沉降。

4. 施工中常见的问题及对策

（1）石板块与基层空鼓　主要由于基层清理不干净；没有足够水分湿润；结合层砂浆过薄（砂浆需铺一般不宜少于25～30mm，块料座实后不宜少于20mm厚）；结合层砂浆不饱满以及水灰比过大等。

（2）相邻两板高低不平　主要原因有：板块本身不平；铺贴时操作不当；铺贴后过早上人将板块踩踏等（有时还出现板块松动现象），一般铺贴后两天内严禁上人踩踏。

四、园路铺装质量标准

1. 园路与广场各层的质量要求及检查方法

① 各层的坡度、厚度、标高和平整度等应符合设计规定。

② 各层的强度和密实度应符合设计要求，上下层结合应牢固。

③ 变形缝的宽度和位置、块材间缝隙的大小以及填缝的质量等应符合要求。

④ 不同类型的面层的结合以及图案应正确。

⑤ 各层表面对水平面或对设计坡度的允许偏差不应大于30mm。供排除液体用的带有坡度的面层应做泼水实验，以能排除液体为合格。

⑥ 块料面层相邻两块料间的高差不应大于表7-7的规定。

表7-7　各种块料面层相邻两块料的高低允许偏差

序号	块料面层名称	允许偏差/mm
1	条石面层	2
2	普通黏土砖、缸砖和混凝土板面层	1.5
3	水磨石板、陶瓷地砖、陶瓷锦砖、水泥花砖和硬质纤维板面层	1
4	大理石、花岗石、木板、拼花木板和塑料地板面层	0.5

⑦ 水泥混凝土、水泥砂浆、水磨石等整体面层和铺在水泥砂浆上的板块面层以及铺贴在胶结材料或胶黏剂上的拼花木板、塑料板、硬质纤维板面层与基层的结合应良好，应用敲击的方法检查，不得空鼓。

⑧ 面层不应有裂纹、脱皮、麻面和起砂等现象。

⑨ 面层中块料行列（接缝）在5m长范围内直线度的允许偏差不应大于表7-8的规定。

表7-8　各类面层块料行列（接缝）直线度的允许偏差

序号	面层名称	允许偏差/mm
1	缸砖、水磨石板、陶瓷锦砖、水泥花砖、塑料板和硬质纤维板	3
2	活动地板面层	2.5
3	大理石、花岗石面层	2
4	其他块料面层	8

⑩ 各层厚度对设计厚度的偏差，在个别地方偏差不得大于该层厚度的10%，在铺设时检查。

⑪ 各层的表面平整度应用2m长的直尺检查；如为斜面，则应用水平尺和样尺检查。各层表面对平面的偏差不应大于表7-9的规定。

表7-9　各层表面平整度的允许偏差

项次	层次	材料名称		允许偏差/mm
1	基土	土		15
2	垫层	砂、砂石、碎（卵）石、碎砖		15
		灰土、三合土、炉渣、水泥混凝土		10
		毛地板	拼花木板面层	3
			其他各类面层	5
			木格栅	3

续表

项次	层次	材 料 名 称	允许偏差/mm
3	结合层	用沥青玛蹄脂做结合层铺设拼花木板、板块和硬质纤维板面层	3
		用水泥砂浆做结合层铺设板块面层以及铺设隔层、填充层	5
		用胶黏剂做结合层铺设拼花木板、塑料板和硬质纤维板面层	2
4	面层	条石、块石	10
		水泥混凝土、水泥砂浆、沥青砂浆、沥青混凝土、水泥钢（铁）屑不发火（防爆）、防油渗等面层	4
		缸砖、混凝土块面层	4
		整体及预制普通水磨石、碎拼	
		整体及预制普通水磨石、碎拼大理石、水泥花砖和木板面层	3
		整体及预制高级水磨石面层	2
		陶瓷锦砖、陶瓷地砖、拼花木板、活动地板、塑料板、硬质纤维板等面层	2
		大理石、花岗石面层	1

2. 与路面施工相关的国家标准（以当地普遍采用的年限标准为准）

① 建筑地面工程施工及验收规范（GB 5209—1995）

② 建筑工程质量验收评定标准（GBJ 301—88）

③ 建筑安装工程质量检验评定统一标准（GBJ 300—88）

④ 沥青路面施工及验收规范（GBJ 92—86）

⑤ 水泥混凝土路面施工及验收规范（GBJ 97—87）

⑥ 联锁型路面砖路面施工及验收规程（CJJ 79—88）

⑦ 固化类路面基层和底基层技术规程（CJJ/T 80—90）

⑧ 粉煤灰石灰类道路基层施工及规程（CJJ 4—1997）

⑨ 市政道路工程质量检验评定标准（CJJ 1—90）

⑩ 建筑工程冬期施工规程（CJJ/T 80—90）

第五节　园桥工程

园林中的桥，可以看做是园路的一部分，它是园路在水上的延续，起到联系风景点的水陆交通、组织游览线路、变换观赏视线、点缀水景、增加水面层次的作用。

一、园桥的基本形式

1. 汀步

汀步又称步石，是设于浅水中的按一定间距布置的块石，微露水面，供人行走。形式古朴自然，别有情趣。汀步最适合浅滩、小溪跨度不大的水面。汀步可以选用天然石材做自然式布置，与自然石矶或山石驳岸协调呼应，与脚下涓涓细流、数尾游鱼近在咫尺，自然、野趣，陶冶情趣。也可以做成圆形、方形，或塑造荷叶等水生植物造型。为了安全，汀步间距不可过大，能稍高出水面即可，表面要平整防滑，基础要稳固。

2. 平桥

外形简单，可以作成直线形或曲折形，结构有梁式和板式。板式桥适于较小的跨度，特点是简朴雅致。跨度较大的需设置桥墩或柱，上安木梁或石梁，梁上铺桥面板。曲折形的平桥是中国园林中所特有的，称"九曲桥"，有三折、五折、七折、九折之分。其作用是要延长游览的行程和时间，同时为游人提供多个观赏角度，达到"步移景异"的目的。也有用来陪衬水上亭榭等建筑物的，如上海城隍庙九曲桥等。

3. 拱桥

运用拱券结构建造的桥体，造型优美，曲线圆润，富有动态感。拱桥形式多样，有单拱、三拱到连续多拱。单拱桥的典型代表是北京颐和园玉带桥，拱券呈抛物线形，桥体材料为汉白玉，桥形如垂虹卧波。多孔拱桥适于跨度较大的宽广水面，常见的有三孔、五孔、七孔，最为著名的多孔桥是颐和园的十七孔桥，连接东堤和南湖岛，丰富了昆明湖的层次并成为万寿山的对景。拱桥在功能上很适应上面通行下面通航的要求，是我国常用的一种桥梁型式，多用天然石材或钢筋混凝土材料建造。

4. 亭桥、廊桥

桥上加建亭廊的桥，即具有交通作用又有游憩功能和造景效果，很符合园林景观的要求，是园林中经常用的一种。如北京颐和园西堤上建有镜桥、练桥、柳桥、豳风桥等亭桥。不但在远观上打破了西堤水平线构图，丰富了天际线，同时本身也是非常优美的景观，与佛香阁、南湖岛等各处景观形成对景。再如扬州瘦西湖的五亭桥，多孔交错，亭廊结合，形式别致，堪称上品。

5. 浮桥

浮桥是在较宽水面上通行的简单和临时性办法，它可以免去做桥墩基础等工程措施，改用船或浮桶替代桥墩，上架梁板，用绳索拉固就成为可通行的浮桥。

6. 吊桥

吊桥是由于地形影响，桥下不便建桥墩的情况下，使用耐拉的材料建造的，如泸定桥。也有专为游乐而建造的吊桥，如沈阳植物园内的吊桥。

二、园桥设计要点

1. 桥的形式、体量应与环境和园桥的功能作用相对应

园林中的水或聚或分，起结开合，自由灵活，作为联系水面交通的主要因素——桥的形状、大小、体量也随之变化多样。宽大的水面或水势湍急的水面，应建体量大、桥体高的桥，着重表现桥的体型和细部，如北京颐和园的十七孔桥；水面较小且水势平静的地方宜建小桥、低桥，简化其体型和细部，着重表现其娇小的体态，如南京瞻园小曲桥；涓涓细流处宜建紧贴水面的汀步，以体现自然之感；水体清澈明净处要考虑桥的倒影效果；地形平坦处建桥，桥的轮廓宜有起伏，以增加景观的变化。此外，还要根据交通情况的要求，如桥上是否通车，桥下是否通航等要求来选择合适的形式与结构。为满足人流集散和停留观景等要求，常常要设置桥廊及桥头小广场。

2. 桥的栏杆是丰富桥体造型的重要因素

栏杆的作用一是出于安全的考虑，二是要为园桥增添景观效果，因此其高度、大小要与桥体大小宽度相协调。一般体量较大的桥宜设栏杆，而有些小桥可只设单面栏杆或不设栏杆以突出桥的轻快造型。

3. 桥与岸相接处可以利用其他元素作修饰，避免生硬呆板

常用来修饰桥头的元素有灯具、雕塑、山石、花木等。桥头装饰有显示桥位、引导交通、增加安全的作用。在位置处理上要避免阻碍交通。

4. 桥的照明

桥上灯具具有良好的桥体装饰效果，在夜间游园更有指示桥的位置及照明的作用。灯具可结合桥的体形、栏杆及其他装饰物，统一设置，使其更好突出桥的景观效果。

园桥的结构形式常常与主要建筑材料有关。

园林小拱桥的桥址宜选在河面或湖面较窄处，也可以选在湖堤中段作为连接和点景之用。

复习思考题

1. 园路的作用是什么？
2. 按照面层材料分，园路可分为哪几类？每一类的特点是什么？
3. 在进行园路平曲线设计时，为什么要进行曲线加宽。
4. 园路铺装设计的原则是什么？
5. 园路的结构层次有哪些？各自常用材料是什么？
6. 常见的结合层材料有哪几种？比较它们的特点。
7. 园路常见的病害有几种？每一种的形成原因是什么？给了我们什么启示？
8. 在铺筑园路基层时，常用的隔温材料有哪些？比较它们的优缺点。
9. 园路和广场的施工步骤和技术要点有哪些？
10. 园桥设计的要点是什么？

技能训练一　绘制园路施工图

一、实训目的

掌握园路施工图的绘制方法。

二、实训材料及用具

① 园林规划图每人一份。
② A1 图板。
③ 画图工具自备（或人手一台计算机，要求安装 CAD 软件）。

三、实训内容和方法

① 熟悉项目的地形图资料。
② 园路的线型设计（确定园路的线宽）。
③ 根据功能确定园路各结构层的设置、厚度、材料。
④ 铺装图案的选择和绘制，比例自定。
⑤ 设计说明书。

四、实训成果

① 园路的断面设计图。
② 园路的铺装（纹样、图案、色彩）的设计图。
③ 园路的结构设计（路基、基础、垫层、结合层、面层）。

④ 园路工程施工定点放线（文字说明）。

技能训练二　园路施工——人行道铺装

一、实训目的

通过园路施工实践学习，进一步掌握园路的施工程序和施工技巧，并进一步了解铺装结构的设计要点。

二、实训材料及用具

木桩、皮尺、绳子、夯实工具、铁锹、运输工具、道牙石、灰土、过筛的粗砂、预制混凝土砖、橡胶锤等。

三、实训内容及方法

① 定点放线。

② 挖路基。

③ 夯实路基。

④ 铺基层灰土，并夯实。

⑤ 安道牙石（注意用水泥砂浆固定）。

⑥ 铺粗砂结合层（有条件最好自然沉淀 2 天）。

⑦ 结合层找平。

⑧ 铺面层（注意用橡胶锤敲打面层找平）。

⑨ 粗砂扫缝。

四、实训成果

每位同学交园路施工总结报告一份。

第八章　园林照明工程

【知识目标】
　　☆ 了解园林照明的基本知识；
　　☆ 了解园林照明的设计手法及在园林中的应用；
　　☆ 了解园林照明的基本施工流程。

【能力目标】
　　☆ 能运用照明工具展现园林景观；
　　☆ 能熟练使用各种常用园林照明设备。

　　张灯夜游曾是古典园林中一项极富情趣的活动。由于种种原因，这样的活动一度远离了我们的生活，因而在园林的设计中，照明部分常常为人们所忽略。随着近年来城市居民作息方式的变化，夜间出行已越来越频繁。为满足夜晚活动及美化城市夜空的需要，许多城市正在广泛开展"灯光工程"。园林，尤其是城市中开放性的公园、绿地的照明，作为城市"灯光工程"的重要组成部分之一，自然也渐为人们所重视。然而园林照明的意义并非单纯将园地照亮，利用夜色的朦胧与灯光的变幻，可以使园林呈现出一种与白昼迥然不同的诣趣，而造型优美的园灯在白天也有特殊的装饰作用。所以依据园林的自身特点研究其照明的方式和手段，对于进一步增进园林的艺术气氛具有重要的意义。

第一节　园林照明的基础知识

　　园林照明除了创造一个明亮的园林环境，满足夜间游园活动、节日庆祝活动以及保卫工作需要功能要求外，最重要的一点是园林照明与园景密切相关，是创造新园林景色的手段之一，以形成全天候景观效果。绚丽明亮的灯光可使园林环境气氛更为热烈、生动、欣欣向荣、富有生机，而柔和、轻微的灯光又会使园林环境更加宁静、舒适、亲切宜人。

一、园林照明方式和照明质量

　　1. 照明类型

　　灯光能够照亮周围的物体，但夜晚的园林并不希望将所有一切全都照亮。有选择地使用灯光，可以让园林显现各自特色的建筑、雕塑、花木、山石展示出与白天相异的情趣。在灯光创造的光影中，园景会形成一种幽邃、静谧的气氛。为实现意想中的效果，大致可采用重点照明、工作照明、环境照明和安全照明等方式，并在彼此的组合中创造出无穷的变化。

　　（1）重点照明　重点照明是为强调某些特定目标而采用的定向照明。为让园林充满艺术韵味，在夜晚可以用灯光强调某些要素或细部。即选择定向灯具将光线对准目标，使某些景物打上适当强度的光线，而让其他部位隐藏在弱光或暗色之中，从而突出意欲表达的部分，以产生特殊的景观效果。重点照明须注意灯具的位置，使用带遮光罩或小型的便于隐藏的灯具可减少眩光，同时还能将许多难于照亮的地方显现在灯光之下，从而产生意想不到的效果。

（2）环境照明 环境照明体现着两方面的含义：其一是相对于重点照明的背景光线；另一是作为工作照明的补充光线。它不是专为某一景物或某一活动而设，主要提供一些必要亮度的附加光线，以便让人们感受到或看清周围的事物。环境照明的光线应该是柔和的，弥漫在整个空间，具有浪漫的情调。所以通常应消除特定的光源点，可以利用诸如将灯光投向匀质墙面所产生的均匀、柔和的反射光线，也可采用地灯、光纤、霓虹灯等，形成一种充斥某一特定区域的散射光线。

（3）工作照明 游园、观景的主体是游客。为方便人们的夜间活动，需要充足的光线。工作照明就是为特定的活动所设。工作照明要求所提供的光线应该无眩光、无阴影，以便使活动不受夜色的影响。并且要注意对光源的控制，即在需要时能够很容易地被启闭，这不仅可以节约能源，更重要的是可以在无人活动时恢复场地的幽邃和静谧。

（4）安全照明 为确保夜间游园、观景的安全，需要在广场、园路、水边、台阶等处设置灯光，让人能够清晰地看清周围的高差障碍；在墙角、屋隅、丛树之下布置适当的照明，可给人以安全感。安全照明的光线一般要求连续、均匀，并有一定的亮度。照明可以是独立的光源，也可以与其他照明结合使用，但需要注意相互之间不产生干扰。

2. 照明质量

良好的视觉效果不仅是单纯地依靠充足的光通量，还需要有一定的光照质量要求。

（1）合理的照度 照度是觉得物体明亮程度的间接指标。在一定范围内照度增加，视觉能力也相应提高。如表 8-1 为各类建筑物、道路、庭院等设施一般照明的推荐照度。

表 8-1　各类设施一般照明的推荐照度

照 明 地 点	推荐照度/lx	照 明 地 点	推荐照度/lx
国际比赛足球场	1000～15000	一般性商业建筑（银行等）、旅游饭店、酒吧、咖啡厅、舞厅、餐厅	50～100
综合性体育正式比赛大厅	750～1500		
足球场、游泳池、冰球场、羽毛球场、乒乓球场、台球场	200～500	更衣室、浴室	15～30
		库房	10～20
篮、排球场、网球场、计算机房	150～300	厕所、盥洗室、热水间、楼梯间、走道	5～10
绘图室、打字室、字画商店、百货商场、设计室	100～200	广场	5～15
		大型停车场	3～10
办公室、图书馆、阅览室、报告厅、会议室、博物馆、展览厅	75～150	庭院道路	2～5
		住宅小区道路	0.2～1

（2）照明均匀度 游人置身园林环境中，如果有彼此亮度不相同的表面，当视觉从一个面转到另一个面时，眼睛被迫经过一个适应过程。当适应过程经常反复时，就会导致视觉的疲劳。在考虑园林照明中，除了力图满足景色的需要外，还要注意周围环境中的亮度分布应力求均匀。

（3）眩光限制 眩光是影响照明质量的主要特征。所谓眩光是指由于亮度分布不适当或亮度的变化幅度大，或由于在设计上相继出现的亮度相差过大所造成的观看物体时感觉不适或视力减低的视觉条件。为防止眩光产生，常采用的方法是：①注意照明灯具的最低悬挂高度；②力求使照明光源来自优越方向；③使用发光表面面积大、亮度低的灯具。

二、电光源及其应用

1. 照明光源

目前，广泛应用与照明的电光源按发光原理的不同分为热辐射光源和气体放电光源两大类。

热辐射光源是利用金属灯丝通电加热到白炽状态辐射发光的，包括白炽灯和卤钨灯，在装饰照明中的优点主要有：①显色性好；②色温适应于照明效果很宽的一个范围；③品种众多，额定参数亦众多，便于选择；④可以用在超低电压的电源上；⑤可即开即关，为动感照明效果提供了可能性；⑥可以调光。

气体放电光源是利用气体放电辐射发光原理制成的，包括高压汞灯、高压钠灯、氙灯、荧光灯和金属卤化物灯。气体放电光源的优点是：光效高、寿命长，而且气体放电灯品种甚多，特色不同，适于各种环境的照明。

在园林中常用的照明电光源的主要特性、比例及适应场合见表8-2。

表8-2　常用园林照明电光源主要特性、比较及适用场合

特　性	白炽灯	卤钨灯	荧光灯	荧光高压汞灯	高压钠灯	金属卤化物灯	管型氙灯
额定功率范围/W	10～100	500～2000		50～1000	250～400	400～1000	1500～1000000
光效/(1m/W)	6.5～19	19.5～21	25～67	30～50	90～100	60～80	20～37
平均寿命/h	1000	1500	2000～3000	2500～5000	3000	2000	500～1000
一般显色指数/Ra	95～99	95～99	70～80	30～40	20～25	65～85	90～94
色温/K	2700～2900	2900～3200	2700～6500	5500	2000～2400	5000～6500	5500～6000
功率因数(cosϕ)	1	1	0.33～0.7	0.44～0.67	0.44	0.4～0.61	0.4～0.9
表面亮度	大	大	小	较大	较大	大	大
频闪效应	不明显	不明显	明显	明显	明显	明显	明显
耐震性能	较差	差	较好	好	较好	好	好
所需附件	无	无	镇流器起辉器	镇流器	镇流器	镇流器触发器	镇流器触发器
适用场所	彩色灯泡适用于建筑物、商店、橱窗、展览馆、园林构筑物、孤立树、树丛、喷泉、瀑布等装饰照明，聚光灯适用于舞台照明、公共场所等作强光照明	适用于广场、体育场建筑物等照明	一般适用于建筑物室内照明	广泛用于广场、道路、园路、运动场所等做大面积室外照明	广泛用于道路、广场园林绿地、车站等处的照明	主要用于广场、大型游乐园、体育场照明及高速摄影等方面	有"小太阳"之称，适用于大面积场所的照明，工作稳定，点燃方便

2. 光源选择

园林照明中，由于照明对象差异很大，因此，对光源的要求也不相同，一般采用白炽灯、荧光灯或气体放电光源。

对于振动较大的场所，宜采用荧光高压汞灯或高压钠灯。在有高挂条件又需要大面积照明的场所，宜用金属卤化物灯、高压钠灯或长弧氙灯。当需要人工照明和天然采光相结合时，应使照明光源与天然光相协调，常选用色温在4000～4500K的荧光灯或其他气体放电光源。

同一种物体用不同颜色的光照在上面，在人们视觉上产生的效果是不同的。红、橙、黄、棕色给人以温暖的感觉，称之为"暖色光"；而蓝、青、绿、紫色则给人以寒冷的感觉，就称之为"冷色光"。就眼睛接受各种光色所引起的疲劳程度而言，蓝、紫色最容易引起疲

劳；红、橙色次之；黄绿、绿、蓝绿、淡青等色引起的视觉疲劳度最小。光源发出光的颜色直接与人们的情趣——喜、怒、哀、乐有关，这就是光源的颜色特性。这种光的颜色特性——"色调"，在园林中就显得更为重要，应尽力运用光的"色调"来创造一个优美的环境，或是各种有情趣的主题环境。如白炽灯用在绿地、花坛、花径照明，能加重暖色，使之看上去更加鲜艳。喷泉中，用各种白炽灯组成水下灯，和喷泉的水柱一起，在夜色下可构成各种光怪陆离、虚幻缥缈的效果，分外吸引游人。而高压钠灯所发出的光线穿透能力强，在园林中常用于滨河路、河湖沿岸等云雾多的风景区的照明。部分光源的色调见表8-3。

表 8-3　常见光源色调

照 明 光 源	光 源 色 源
白炽灯	偏红色光
日光色荧光灯	与太阳光相似的白色光
高压钠灯	金黄色、红色成分偏多，蓝色成分不足
荧光高压汞灯	淡蓝-绿色光，缺乏红色成分
金属卤化物灯	接近于日光的白色光
氙灯	非常接近日光的白色光

在视野内具有色调对比时，可以在被观察物和背景之间适当造成色调对比，以提高识别能力，但此色调对比不宜过分强烈，以免引起视觉疲劳。我们在选择光源色调时还可考虑一下被照面的照面效果。

（1）暖色能使人感觉距离近些，而冷色则使人感到距离加大，故暖色是前进色，冷色则是后退色。

（2）暖色里的明色有柔软感，冷色里的明色有光滑感；暖色的物体看起来密度大些、重些和坚固些，而冷色的物体则看起来轻一些。在同一色调中，暗色好似重些，明色好似轻些。在狭窄的空间宜选用冷色里的明色，以造成宽敞、明亮的感觉。

（3）一般红色、橙色有兴奋作用，而紫色则有抑制作用。

在使用节日彩灯时应力求环境效果和节能的统一。

3. 园林灯具

灯具的作用是固定光源，把光源发出的光通量分配到需要的地方，防止光源引起眩光以及保护光源不受外力及外界潮湿气体的影响。在园林中灯具的选择除考虑到便于安装维护外，更要考虑灯具的外形和周围园林环境相协调，使灯具能为园林景观增色。

（1）灯具分类　灯具按结构分类可分为开启型、保护式、防水式、密封式及防爆型灯。灯具按光通量在空间上、下的分布情况，又可分为直射型灯具、半直射型灯具、漫射型灯具、半反射型灯具、反射型灯具等。而直射型灯具又可分为广照型、均匀配光型、配照型、深照型和特深照型五种。

为满足园林对照明的不同需求，有关的设计部门和生产单位已设计生产出不少相关的产品，归纳起来大致有以下几类（图8-1～图8-7，图8-7彩图见插页）。

① 投光器　可以将光线由一个方向投射到需要照明的物体，如建筑、雕塑、树木之上，能产生欢快、愉悦的气氛。投射光源可用一般的白炽灯或高强放电灯，为免游人受直射光线的影响，应在光源上加装挡板或百叶板，并将灯具隐蔽起来。使用一组小型投光器，并通过精确的调整，使之形成柔和、均匀的背景光线，可勾勒出景物的外形轮廓，就成了轮廓投光灯。

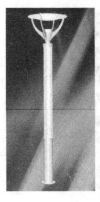 

图 8-1　矮式庭院灯　　　　　　　　　　　　　　图 8-2　道路灯

图 8-3　短柱式草坪灯　　　　　　　　　　　　　图 8-4　草地灯

图 8-5　埋地灯　　　　　　　　　　　　　　　　图 8-6　水底灯

　　② 杆头式照明器　用高杆将光源抬升至一定高度,可使照射范围扩大,以照全广场、路面或草坪。由于光源距地较远,使光线呈现出静谧、柔和的气氛。过去光源常用高压汞灯,目前为高效、节能而广泛采用钠灯。

　　③ 低照明器　将光源高度设置在视平线以下,光源用磨砂或乳白玻璃罩护,或者为免产生眩光而将上部完全遮挡。低照明器主要用于园路两旁、墙垣之侧或假山岩洞等处,能渲染出特殊的灯光效果。

　　④ 埋地灯　常埋置于地面以下,外壳由金属构成,内用反射型灯泡,上面装隔热玻璃。埋地灯主要用于广场地面,为创造一些特殊的效果,也被用于建筑、小品、植物的照明。

　　⑤ 水下照明彩灯　主要由金属外壳、转臂、立柱以及橡胶密封圈、耐热彩色玻璃、封

图 8-7　景观灯

闭反射型灯泡、水下电缆等组成。颜色有红、黄、绿、琥珀、蓝、紫等颜色，可安装于水下30～1000mm 处，是水景照明和彩色喷泉的重要组成部分。

（2）灯具选用　灯具应根据使用环境条件、场地用途、光强分布、限制眩光等方面进行选择。在满足上述条件下，应选用效率高、维护检修方便、经济实用的灯具。

① 在正常环境中，宜选用开启式灯具。

② 在潮湿或特别潮湿的场所可选用密闭型防水灯或防水、防尘密封式灯具。

③ 可按光强分布特性选择灯具。光强分布特性常用配光曲线表示。如灯具安装高度在 6m 及以下时，可采用探照型灯具；安装高度在 6～15m 时，可采用直射型灯具；当灯具上方有需要观察的对象时，可采用漫射型灯具；对于大面积的绿地，可采用投光灯等高光强灯具。

各类灯具形式多样，具体可参照有关照明灯具手册。

三、公园、绿地的照明

1. 照明原则

公园、绿地的室外照明，由于环境复杂，用途各异，变化多端，因而很难予以硬性规定，仅提出以下一般原则供参考。

① 不要泛泛设置照明设施，而应该结合园林景观的特点，以能最充分体现其在灯光下的景观效果为原则来布置照明措施。

② 关于灯光的方向和颜色的选择，应以能增加树木、灌木和花卉的美观为主要前提。如针叶树在强光下才反映良好，一般只宜采取暗影处理法。又如，阔叶树中白桦、垂柳、枫树灯对泛光照明有良好的反映效果；白炽灯包括反射型、卤钨灯却能增加红、黄色花卉的色彩，使他们显得更加鲜艳，小型投光器的使用会使局部花卉色彩绚丽夺目；汞灯使树木和草坪绿色鲜明夺目等等。

③ 对于水面、水晶照明景观的处理上，注意如以直射光照在水面上，对水面本身作用不大。但却能反映其附近被灯光所照亮的小桥、树木或园林建筑，呈现出一种波光粼粼的梦幻似的意境。而瀑布和喷水池却可用照明处理得很美观，不过灯光需透过流水以造成水柱的晶莹剔透、闪闪发光。所以，无论是在喷水的四周，还是在小瀑布流入池塘的地方，均宜将灯光置于水面之下。在水中设置灯具时，应注意使其在白天难以被人发现隐藏在水中的灯具，但也不能埋得过深，否则会引起光强的减弱。一般安装在水面以下 30～100mm 为宜。

进行水景的色彩照明时，常使用红、蓝、黄三原色，其次使用绿色。

某些大瀑布采用前照灯光的效果很好，但如让设在远处的投光灯直接照在瀑布上，效果并不理想。潜水灯具的应用效果颇佳，但需特殊的设计。

④ 对于公园和绿地的主要园路，宜采用低功率的路灯装在 3～5m 高的灯柱上，柱距 20～40m，效果较好，也可每柱两灯，需要提高照度时，两灯齐明。也可隔柱设置控制灯的开关，来调整照明。也可利用路灯灯柱装以 150W 的密封光束反光灯来照亮花圃和灌木。

在一些局部的假山、草坪内可设地灯照明，如果在内设灯杆装设灯具时，其高度应该在 2m 以下。

⑤ 在设计公园、绿地、园路等照明灯时，要注意路旁树木对道路照明的影响，为防止树木遮挡可以采取适当减少灯间距，加大光源的功率来补偿由于树木遮挡所产生的光损失，也可以根据树型或树木高度不同，在安装照明灯具时，采用较长的灯柱悬臂，以使灯具突出树缘外或改变灯具的悬挂方式等以弥补光损失。

⑥ 无论是白天或黑夜，照明设备均需隐蔽在视线之外，最好全部敷设电缆线路。

⑦ 彩色装饰灯可制造节日气氛，特别反映在水中更为美丽，但是这种装饰灯光不易获得一种宁静、安详的气氛，也难以表现出大自然的壮观景象，只能有限度地调剂使用。

2. 植物的饰景照明

树木、灌木丛以及花草等植物以其舒心的色彩，谐和的排列和美丽的形态成为园林装饰不可缺少的组成部分。在夜间环境下，通过照明能够创造出或安逸祥和，或热情奔放，或绚丽多彩的氛围。

（1）对植物的照明原则

① 要研究植物的一般几何形状（圆锥形、球形、塔形等）以及植物在空间所展示的程度。照明类型必须与各种植物的几何形状相一致。

② 对淡色的和耸立空中的植物，可以用强光照明，得到一种轮廓的效果。

③ 不应使用某些光源去改变树叶原来的颜色，但可以用某种颜色的光源去加强某些植物的外观。

④ 许多植物的颜色和外观时常随着季节的变化而变化的，照明也应适应植物的这些变化。

⑤ 可以在被照明物附近的一个点或许多点观察照明的目标，要注意消除眩光。

⑥ 从远处观察，成片树木的投光照明通常作为背景而设置，一般不考虑个别的目标，而只考虑其颜色和总的外形大小。从近处观察目标，并需要对目标进行直接评价的，则应该对目标作单独的光照处理。

⑦ 对未成熟的及未伸展开的树木，一般不施以装饰照明。

⑧ 所有灯具都必须防虫，并能耐除草剂与除虫药水的腐蚀。

⑨ 考虑到白天的美观，灯具一般安装在地平面上，或灌木丛后。

（2）树木的投光照明

向树木投光的方法有以下几种。

① 投光灯一般放置在地面上。根据树木的种类和外观确定排列方式，有时为了突出树木的造型和便于人们观察欣赏，也可将灯具放在地下，见图 8-8。

② 如果想照明树木上的一个较高的位置（如照明一排树的第一根树杈及其以上部位），可以在树的旁边放置一根高度等于第一根树杈的小灯杆或金属杆来安装灯具。

③ 在落叶树的主要树枝上，安装一串串低功率的白炽灯泡，可以获得装饰的效果。但这种安装方式一般在冬季使用。因为在夏季，树叶会碰到灯泡，灯泡会烧伤树叶，对树木不

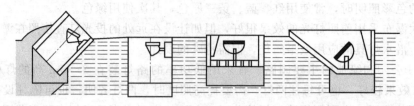

图 8-8　安装在地下的投光灯具

利，也会影响照明的效果。

④ 对必须安装在树上的投光灯，其系在树杈上的安装环必须能按照植物的生长规律进行调节。

⑤ 对树木的投光造型是一门艺术，如图 8-9～图 8-14 所示，均为树木投光照明的布灯方式。

a. 对一片树木的照明：用几只投光灯具从几个角度照射进去。照射的效果既有成片的感觉，也有层次、深度的感觉，见图 8-9。

b. 对一棵树的照明：用两只投光灯具从两个方向投射，成特写镜头，见图 8-10。

c. 对一排树的照明：用一排投光灯具，按一个照明角度照射，既有整齐感，也有层次感，见图 8-11。

d. 对高低参差不齐的树木的照明：用几只投光灯分别对高、低树木投光，给人以明显的高低、立体感，见图 8-12。

e. 对两排树形成的绿荫走廊照明：采用两排投光灯具相对照射，效果很好，见图 8-13。

f. 对树杈、树冠的照明：在大多数情况，对树木的照明，主要是照射树杈与树冠，因为照射了树杈、树冠，不仅层次丰富、效果明显，而且光束的散光也会将树干显示出来，起衬托作用，见图 8-14。

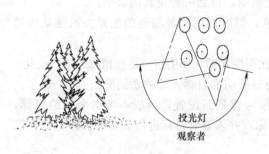

图 8-9　对一片树木的照明

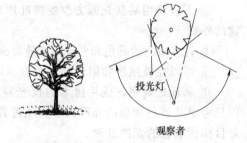

图 8-10　对一棵树的照明

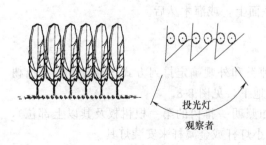

图 8-11　对一排树的照明

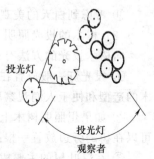

图 8-12　对高低参差不齐的树木照明

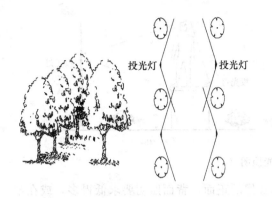

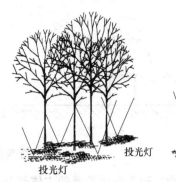

图 8-13　对两排树形成的绿荫道的照明　　　　　　图 8-14　对树杈、树冠的照明

3. 花坛的照明

对花坛的照明方法如下。

（1）由上向下观察处在地平面上的花坛，采用称为蘑菇式灯具向下照射。这些灯具放置在花坛的中央或侧边，高度取决于花坛的高度。布灯实例见图 8-15。

（2）花有各种各样的颜色，因此要使用显色指数高的光源。白炽灯泡、紧凑型荧光灯都能较好地应用于这种场合。

4. 雕塑、雕像的饰景照明

对高度不超过 5～6m 的小型或中型雕塑，其饰景照明的方法如下。

（1）照明点的数量与排列取决于被照目标的类型。要求是照明整个目标，但不要均匀，其目的是通过阴影和不同的亮度，再创造一个轮廓鲜明的效果。

（2）根据被照明目标的位置及其周围的环境确定灯具的位置。

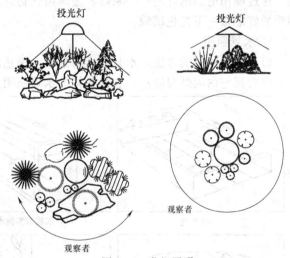

图 8-15　花坛照明

① 处于地面上的照明目标，孤立地位于草地或空地中央，如图 8-16。此时灯具的安装，尽可能与地面平齐，以保持周围的外观不受影响和减少眩光的危险。也可装在植物或围墙后的地面上。

② 坐落在基座上的照明目标，孤立地位于草地或空地中央，如图 8-17 (a)。为了控制基座的亮度，灯具必须放在更远一些的地方。基座的边不能在被照明目标的底部产生阴影，也是非常重要的。

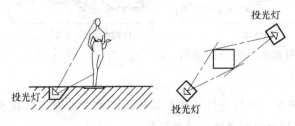

图 8-16　雕像投光照明（一）

③ 坐落在基座上的照明目标，位于行人可接近的地方，如图 8-17 (b)。通常不能围着基座安装灯具，因为从透视上说距离太近。只能将灯具固定在公共照明杆上或装在附近建筑的立面上，但必须注意避免眩光。

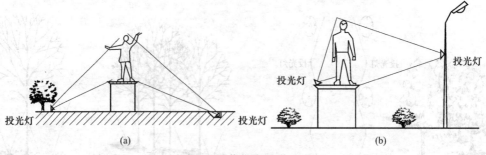

图 8-17 雕像投光照明（二）

（3）对于雕像，通常照明脸部的主体部分以及像的正面，背面照明要求低得多，或在某些情况下，一点都不需要照明。

（4）虽然从下往上的照明是最容易做到的，但要注意，凡是可能在塑像脸部产生不愉快阴影的方向不能施加照明。

（5）对某些雕塑，材料的颜色是一个重要的因素。一般说，用白炽灯照明有好的显色性。通过使用适当的灯泡——汞灯、金属卤化物灯、钠灯，可以增加材料的颜色。采用彩色照明最好能做一下光色试验。

5. 水景照明

（1）水中照明的方法　水是生活的源泉，理想的水景应既能听到它的声音，又能通过水中照明看到它的闪烁与波动。各种各样的水边照明及水中照明的方法如图 8-18。

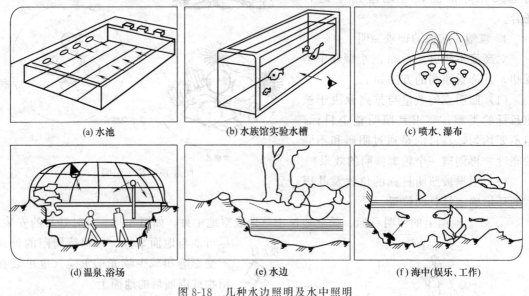

图 8-18　几种水边照明及水中照明

（2）喷水池和瀑布的照明

① 喷水池的照明。在水流喷射的情况下，将投光灯具装在水池内的喷口后面或装在水流重新落到水池内的落下点下面，或者在两个地方都装上投光灯具。

水离开喷口处的水流密度最大，当水流通过空气时会发生扩散。由于水和空气有不同的折射率，使投光灯的光在进出水柱时产生二次折射。在"下落点"，水已变成细雨一般。投光灯具装在离下落点大约 10cm 的水下，使下落的水珠产生闪闪发光的效果。图 8-19～图 8-21 为喷水照明布灯方式，照射的效果极佳。

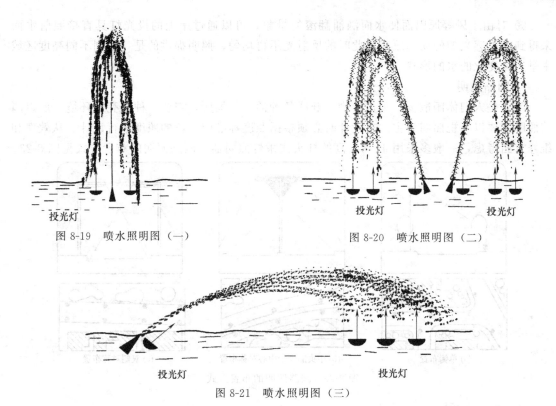

图 8-19　喷水照明图（一）

图 8-20　喷水照明图（二）

图 8-21　喷水照明图（三）

② 瀑布的照明。对瀑布进行投光照明的方法如下。

a. 水流和瀑布，灯具应装在水流下落处的底部。

b. 输出光通量应取决于瀑布的落差和与流量成正比的下落水层的厚度，还取决于流出口的形状所造成水流的散开程度。

c. 流速比较缓慢，落差比较小的阶梯式水流，每一阶梯底部必须装有照明。线状光源（荧光灯、线状的卤素白炽灯等）最适合于这类情形。

d. 由于下落水的重量与冲击力，可能冲坏投光灯具的调节角度和排列，所以必须牢固地将灯具固定在水槽的墙壁上或加重灯具。

e. 具有变色程序的动感照明，可以产生一种固定的水流效果，也可以产生变化的水景效果。

如图 8-22 所示，是针对采用的不同流水效果的灯具安装方法。

（3）静水和湖的照明　湖的投光照明方法如下。

① 所有静水或慢速流动的水，比如水槽内的水、池塘、湖或缓慢流动的河水，其镜面效果是令人十分感兴趣的。所以只要照射河岸边的景象，必将在水面上反射出令人神往的景观，分外具有吸引力。

② 对岸上引人注目的物体或者伸出水面的物体（如斜倚着的树木等），都可用浸在水下的投光灯具来照明。

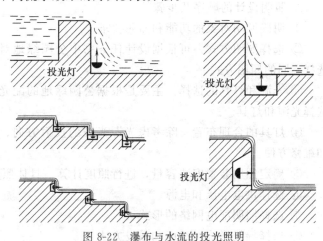

图 8-22　瀑布与水流的投光照明

③ 对由于风等原因而使水面汹涌翻滚的景象，可以通过岸上的投光灯具直接照射水面来得到令人感兴趣的动态效果。此时的反射光不再均匀，照明提供的是一系列不同亮度区域中呈连续变化的水的形状。

6. 园路照明

园路是人们休闲散步、观赏景物、开展各种活动的场所，需要一种明亮的环境，所以园路照明主要以明视照明为主。在设计时必须根据照度标准中推荐的照度进行设计，从效率和维修方面考虑，一般多采用 4～8m 高的杆头式汞灯照明器。园路照明的布置方式见图 8-23。

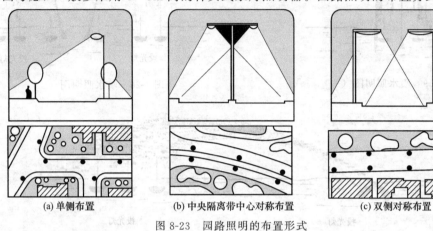

(a) 单侧布置 　　　　(b) 中央隔离带中心对称布置 　　　　(c) 双侧对称布置

图 8-23　园路照明的布置形式

四、园林照明设计

1. 设计所需的原始资料

"安全、适用、经济、美观"是园林照明装置设计的基本原则。在进行园林照明设计之前，应具备下列一些原始资料。

① 公园、绿地的平面布置图及地形图，必要时应有该公园、绿地中主要建筑物的平面图和剖面图。

② 该公园、绿地对照明的要求（设计任务书），特别是一些专业性强的公园、绿地照明，应明确提出照度、灯具选择、布置、安装灯要求。

③ 电源的供电情况及进线方位。

2. 照明设计的顺序及步骤。

① 明确照明对象的功能和照明要求。

② 选择照明方式。可根据设计任务书中公园绿地对电气的要求，在不同的场合和地点选择不同的照明方式。

③ 光源和灯具的选择。主要是根据公园绿地的配光和光色要求，与周围景色配合等来选择光源和灯具。

④ 灯具的合理布置。除考虑光源光线的投射方向、照度均匀性，还应考虑经济、安全和维修方便。

⑤ 确定照明装置安装容量，进行照度计算。具体照度计算可参考有关照明手册。

⑥ 选择供电电压和电源。

⑦ 选择照明配电网络的形式。

⑧ 选择导线形式、截面和敷设方法。

⑨ 选择和布置照明配电箱、控制开关、熔断器以及其他电气设备。

⑩ 绘制照明装置平面布置图（必要时还有剖面图）、供电系统图、部件安装图，开列设备材料表及编写施工说明。平面布置图一般按 1：100 或其他合适的比例绘制，图中照明设施、线路等应使用标准的图形符号绘制。

第二节 园林供电设计

建立园林的电力供应系统，需要做好供电设计。园林供电设计的主要任务是确定园林用电量，合理地选用配电变压器，布置低压配电线路系统和确定配电导线的截面面积以及绘制配电线路系统的平面布置图等。

一、园林供电设计的内容

① 核定各种园林设施中的用电量，选择变压器的数量及容量。

② 确定电源供给点（或变压器的安装地点），进行供电线路的配置。

③ 进行配电导线截面的计算。

④ 绘制电力供电系统图、平面图。

二、园林供电的设计程序

1. 搜集有关资料

进行具体设计以前，应当收集以下内容的资料。

① 园内各建筑、用电设备、给排水、暖通等平面布置图及主要剖面图，并附有各用电设备的名称、定额容量（kW）、定额电压（V）、周围环境（潮湿、灰尘）等。这些都是设计的重要基础资料，也是进行负荷计算和选择导线、开关设备以及变压器的依据。

② 了解各用电设备及用电点对供电可靠性的要求。

③ 供电局同意供给的电源容量。

④ 供电电源的电压、供电方式（架空线或电缆线，专用线或非专用线）、进入公园或绿地的方向及具体位置。

⑤ 当地电价及电费收取方法。

⑥ 应向气象、地质部门了解有关气象、地质资料。

2. 确定园林用电量

园林总用电量要根据照明用电量和生产动力用电量来估算确定，即总用电量是后二者之和，如式（8-1）。而对于照明用电量和动力用电量，则可以采用式（8-2）和式（8-3）来计算确定。

$$S = S_1 + S_2 \tag{8-1}$$

$$S_1 = K \sum P_1 A K_c / (1000\cos\psi) \tag{8-2}$$

$$S_2 = K_c \sum P_2 / (\eta\cos\psi) \tag{8-3}$$

式中，S 为园林用电总量，kVA；S_1 为照明总用电量，kVA；S_2 为动力设备总用电量，kVA；K 为同时使用系数，一般 $0.5\sim0.8$，常取 0.7；K_c 为负荷需用系数，动力电 $0.5\sim0.75$，常取 0.7，照明电可在表 8-4 中取值；P_1 为每平方米面积用电量，W/m^2；A

为建筑物及场地使用面积，m²；$\sum P_1 A K_c$ 为单项照明电量的总和，W；$\sum P_2$ 为动力设备额定功率总和，kW；$\cos\psi$ 为平均功率因数，电动机 0.75～0.93，常取 0.75，照明用电在 0.8～1，采用 1；η 为电动机的平均效率，一般 0.75～0.92，采用 0.86。

表 8-4　单位面积用电量与需用系数

照明环境	单位容量 $P/(W/m^2)$	照明负荷需用系数 K_c	照明环境	单位容量 $P/(W/m^2)$	照明负荷需用系数 K_c
办公室	8～15	0.7～0.8	旅游宾馆	5～10	0.35～0.45
展览厅	8～15	0.5～0.7	商店小卖	10～20	0.85～0.90
餐厅食堂	5～10	0.8～0.9	幼儿园	5～10	0.80～0.90
图书馆	8～15	0.6～0.7	园艺工场	10～20	0.75～0.85
保管室	2～5	0.5～0.8	住宅	5～10	0.60～0.70

3. 选配变压器

园林总用电量估算出来以后，可据此向供电局申请安装相应容量的配电变压器。

选配变压器主要应注意它的变压范围和它的容量，即它能把多高的电压降到多少伏的低压，和它能供给负荷的电量是多少。

变压器的容量是用视在功率 S（VA）来表示的，不能用有功功率 P（W）来表示。在计算所选变压器的容量时，就要将负荷的有功功率换算为视在功率。其换算可采用公式（8-4）。

$$S_3 = P/\cos\psi \tag{8-4}$$

式中，S_3 为变压器容量，VA；P 为负荷所取用的有功功率，W；$\cos\psi$ 为负荷的功率因数。

选变压器还要注意其合理的供电半径。一般电压为 6kV 和 10kV 的变压器，其合理的供电半径为 5～10km；电压为 380V，供电半径小于 350m。

4. 布置配电线路

一般大中型公园都要安装自己的配电变压器，做到独立供电。但一些小公园、小游园的用电量比较小，也常常直接借用附近街区原有变压器提供电源。电源取用点确定以后，要根据园林用电性质和环境情况而决定采用哪一种配电线路布置方式来布置线路系统。配电线路方式可采用前面了解过的链式、环式、放射式、树干式和混合式中的任何一种，主要应根据用电性质、用电量和投资资金情况来选定。

布置线路系统时，园林中游乐机械或喷泉等动力用电与一般的照明用电最好能分开单独供电。其三相电路的负荷都要尽量保持平衡。此外，在单相负荷中，每一单相用电都要分别设开关，严禁一闸多用。支线上的分线路不要太多，每根支线上的插座、灯头数的总和最好不超过 25 个。每根支线上的工作电流一般为 6～10A 或 10～30A。支线最好走直线，要满足线路最短的要求。

从变压器引出的供电主干线，在进入主配电箱之前要设空气开关和保险，有的还要设一个总电表；在从主配电箱引出的支干线上也要设出线开关和保险，以控制整个主干线的电路。从分配电箱引出的支线在进入电气设备之前应安装漏电保护开关，保证用电安全。

5. 配电导线选择

在园林供电系统中，要根据不同的用电要求来选配所用导线或电缆截面的大小。低压动力线的负荷电流较大，一般要先按导线的发热条件来选择截面，然后再校验其电压的损耗和机械强度。低压照明线对电压水平的要求比较高，所以一般都要先按所允许的电压损耗条件来选择导线截面，而后再校验其发热条件和机械强度。

6. 公园绿地配电线路的布置

（1）确定电源供给点　公园绿地的电力来源常见的有以下几种。

① 借用就近现有变压器。

② 利用附近的高压电力网。

③ 如果公园绿地（特别是风景点区）离现有电源太远或者当地电源供电能力不足时，可自行设立小发电站或发电机组以满足需要。

（2）配电线路的布置　公园绿地布置配电线路的时候，应注意以下原则，并要全面统筹安排考虑。主要是：经济合理、使用维修方便，不影响园林景观，从供电点到用电点要尽量取近，走直路，并尽量敷设在道路一侧，但不要影响周围建筑及景色和交通；地势越平坦越好，要尽量避开积水和水淹地区，避开山洪或潮水起落地带；在各具体用电点，要考虑到将来发展的需要，留足接头和插口，尽量经过能开展活动的地段。因此，对于用电问题，应在公园绿地平面设计时做出全面安排。

① 线路敷设形式可分为两大类，即架空线和地下电缆。架空线工程简单，投资费用少，易于检修，但影响景观，妨碍种植，安全性差。地下电缆的优缺点正与架空线相反，目前在公园绿地中都尽量采用地下电缆。尽管它一次性投资较大，但从长远的观点和发挥园林功能的角度出发还是经济合理的。

② 线路组成。对于一些大型公园、游乐场、风景区等，其用电负荷大，常需要独立设置变电所，其主站线可根据变压器的容量进行选择，具体设计应由电力部门的专业电气人员设计。

对于大型园林及风景区，常在负荷中心附近设置独立的变压器、变电所，但对于中、小型园林而言，常常不需设置独立的变压器，而是由附近的变电所、变压器通过低压配电盘直接由一路或几路电缆供给。当低压供电采用放射式系统时，照明供电线可由低压配电引出。

对于中、小型园林，常在进园电源的首端设置干线配电板，并配备进线开关、电度表以及各出线支路，以控制全园用电。动力、照明电源一般单独设回路，仅对于远离电源的单独小型建筑物才考虑照明和动力合用供电线路。

在低压配电的每条回路供电干线连接的照明配电箱一般不超过3个。每个用电点（如建筑物）进线处应安装闸刀开关和熔断器。

一般园内道路照明可设在警卫室等处进行控制，道路照明除各回路有保护外，灯具也可单独加熔断器进行保护。

大型游乐场的一些动力设施应有专门的动力供电线路，并有相应的措施保证安全、可靠供电，以保证游人的生命安全。

（3）照明网络　照明网络一般采用380/220V中性点接地的三相四线制系统，灯用电压220V。

为了便于检修，每条回路供电干线上连接的照明配电箱一般不超过3个，室外干线向各建筑物等供电时不受此限制。

室内照明支线每一单相回路一般采用不大于 15A 的熔断器或自动空气开关保护，对于安装大功率灯泡的回路允许增大到 20～30A。

每一条单相回路（包括插座）一般不超过 25 个，当采用多管荧光灯具时，允许增大到 50 根灯管。

照明网络零线（中性线）上不允许装设熔断器，但在保管室、生活福利设施及其他环境正常场所，当电器设备无接零要求的时候，其单相回路零线上宜装设熔断器。

一般配电箱的安装高度为中心距地 1.5m，若控制照明不是在配电箱内进行，则配电箱的安装高度可以提高到 2m 以上。

拉线开关安装高度一般在距地面 2～3m（或者距顶棚 0.3m），其他各种照明开关安装高度宜为 1.3～1.5m。

一般室内安装的插座，安装高度为 0.3～0.5m（安全型）或 1.3～1.8m（普通型）；明装插座安装高度为 1.3～1.8m，低于 1.3m 时应采用安全插座；潮湿场所的插座，安装高度距地面不应低于 1.5m；儿童活动场所（如住宅、托儿所、幼儿园及小学）的插座，安装高度距地面不应低于 1.8m（安全型插座例外）。同一场所安装的插座高度应尽量一致。

三、案例　山东青岛"五四广场"亮化工程

如果没有照明效果的衬托，再雄伟的建筑在黑暗中也会显得黯然失色。由此，各地政府越来越注重城市亮化这一形象工程。

1. 工程概述

青岛"五四广场"占地面积 10 万平方米，因纪念青岛作为"五四"运动导火索而得名。纪念雕塑"五月的风"及海上百米喷泉，富于节奏地展现出庄重、坚实、蓬勃向上的壮丽景象，在大面积草坪和风景林衬托下，更加生机勃勃，充满现代气息。在广场南的浮山湾内有一大型喷泉，距离岸边 60m，喷出的水柱达 100m 高，十分壮观，是全国最高的海中喷泉。

作为青岛 2008 年奥运亮化工程项目之一，青岛"五四广场"的亮化计划自然被纳入当地政府部门的议事日程。如何既能体现"五四"精神，又能通过高科技手段展现光彩夺目的城市夜景，是当地政府对广场亮化承建单位提出的要求。

最后，承建单位本着"节能、环保、安全、人文"的原则，实施高标准施工，大量采用半导体照明（LED）等高科技光源技术产品，不仅节能、使用寿命长，而且能起到很好的亮化、美化效果。承建单位还在广场上增设了部分新型的灯具，高层建筑的亮化则强调了内光外透的效果。广场上采用的数百盏吊篮灯、锥形庭院灯、折射埋地灯、草坪灯、效果射灯等新型灯具将这座广场扮亮得流光溢彩。

每当夜晚，华灯齐放，五光十色，明暗相间，人们仿佛置身于梦幻之中。

2. LED 灯具系列组合

LED 长形地砖、LED 发光地砖、LED 满天星、LED 壁灯、LED 扁四线光带、LED 花盘灯、LED 水下灯、LED 光带、LED 地砖、LED 柱头灯等。

3. 效果展示

（1）LED 壁灯　LED 壁灯采用进口黄色 LED，透光板采用进口半透光云石，底壳部分采用不锈钢，电器部分采用防水专利技术处理，防水等级达到 IP67，输入电压为 AC24V，整个壁灯光线柔和，适用于各种公共场所照明装饰（图 8-24，彩图见插页）。

（2）LED 灯带　LED 灯带使用进口黄色 LED 为光源，灯带长短可任意选择，其为双排

图 8-24　LED 壁灯

灯珠，保证其亮度，电器部分采用防水专利技术处理，防水达到 IP67，灯壳部分采用铝合金，使其在潮湿环境中拥有稳定的电器性能。整条灯带光色亮丽，配合其他照明形成了良好的立体照明系统（图 8-25，彩图见插页）。

（3）LED 花盘灯　LED 花盘灯采用进口黄色 LED，灯壳采用不锈钢，电器部分采用防水专利技术处理，防水等级达到 IP67，输入电压为 AC24V，面盖玻璃，装好灯后整体沉入草面，使其晚上见灯，白天不影响草面效果，晚上更加突出花盘的高贵（图 8-26，彩图见插页）。

图 8-25　LED 灯带

图 8-26　LED 花盘灯

（4）LED 满天星　国际象棋和中国象棋盘形状图案给广场营造了一种浓厚的文化氛围。LED 满天星尺寸为 1000mm×1000mm×50mm，每个满天星面布灯珠 100 粒，每个灯珠均为独立发光点，有单独防水结构，供电电压为 AC24V，晚上灯面星光点点，煞是迷人（图 8-27，彩图见插页）。

（5）LED 长形发光地砖　用来烘托广场的文化氛围。LED 长形发光地砖其结构等同于发光地砖，内置进口白光灯珠，面封 12mm 钢化玻璃和进口半透光云石，电器部分采用防水专利技术处理，防水等级达到 IP67，晚上灯光亮丽，成为广场的一大看点（图8-28，彩图见插页）。

图 8-27　LED 满天星

图 8-28　LED 长形发光地砖

（6）LED 发光地砖　LED 发光地砖采用 R、G、B 三色光源，混合发出七彩光，透光板使用 15mm 厚钢化磨砂玻璃，电器部分采用防水专利技术处理、防水等级达到 IP67，整个LED地砖光色亮丽，能作七彩变色，配合各种变化模式，成为广场中心亮点（图8-29，彩图见插页）。

（7）LED水下玻璃灯　LED水下玻璃灯采用磨砂玻璃灯具外壳，采用R、G、B三色为基色混合七彩光，底部和电器部分采用防水专利技术处理，防水等级达到IP67。配合使用控制器，其在水下七色变幻吸引了众多的目光（图8-30，彩图见插页）。

图8-29　LED发光地砖

图8-30　LED水下玻璃灯

复习思考题

1. 园林照明的方式有哪些？
2. 试说明园林照明光源选择、灯具布置的方法。
3. 试说明园林植物、花坛、雕塑、水景、园路等的照明方法。
4. 试说明园林照明设计的程序。
5. 简述园林供电的设计程序。

技能训练　园林照明工程设计

一、实训目的

通过园林照明工程设计实践学习，掌握园林照明设计的程序及照明施工图的绘制。

二、实训材料及用具

景观设计图一份，绘图工具一套。

三、实训内容与方法

实训安排以小组为单位，每小组成员安排与当地园林工程公司的具体工程项目相结合或虚拟的一套景观规划图纸进行照明设计。

① 熟悉工程项目或图纸的设计内容及照明要求。
② 对工程项目或按图纸的要求进行景观照明设计。
③ 选择合适的景观灯具并进行供电计算。
④ 绘制照明设计及照明施工图纸。

四、实训成果

每小组交1份实训报告，内容包括设计图纸、照明施工图纸及灯具使用说明书。
照明设计图范例见图8-31。

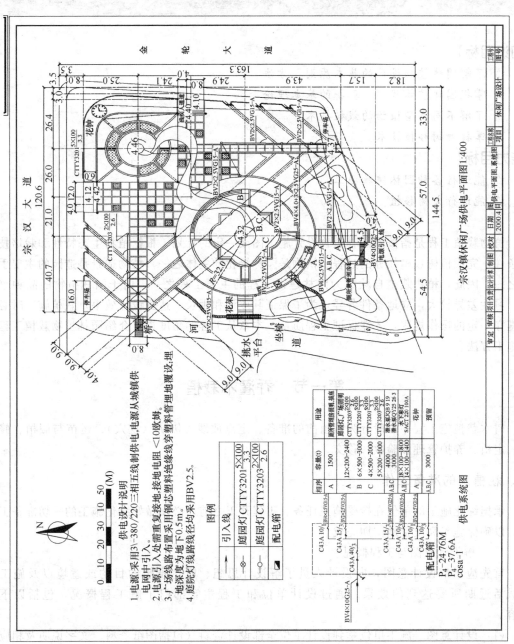

图 8-31　照明设计范例图

第九章　园林植物栽植工程

【知识目标】

☆ 了解园林植物设计的基本原则、方法。

☆ 掌握园林植物栽植、养护的基本理论。

☆ 了解不同类型植物的栽植技术。

☆ 掌握大树移植技术。

【能力目标】

☆ 能进行各种园林植物施工。

☆ 能进行大树移植。

　　植物栽植工程是指按照园林植物设计施工图或一定的计划，根据植物生态特性和栽培技术条件，完成植树栽植任务的过程。植物是园林绿化的主体之一，植物造景是造园的主要手段之一。因此，植物栽植自然成为园林建设工程的主要工程之一。由于园林植物的品种繁多，习性差异较大，立地条件各异，为了保证其成活和生长，达到设计效果，栽植施工时必须遵守一定的操作规程，才能保证工程质量。本章从工程的角度重点介绍园林植物栽植工程的施工方法。

第一节　乔灌木栽植

　　树木栽植施工程序一般分为栽植前的准备、定点放线、刨坑（挖穴）、运苗与假植、修剪、定植、养护管理和验收、移交。

一、栽植前的准备工作

　　承担绿化施工的单位在接受施工任务、工程开工之前，必须做好绿化施工的一切准备工作，以确保施工高质量地按期完成。

　　1. 了解设计意图与工程概况

　　首先应了解设计意图，向设计人员了解设计思想、所达预想的目的或意境以及施工完成后近期所要达到的效果。通过设计单位和工程主管部门了解工程概况，包括以下内容。

　　（1）设计意图　施工单位拿到设计单位全部设计资料（包括图纸资料、文字说明及相应的图表）后应仔细阅读，看懂图纸上的所有内容，并听取设计技术交底和主管部门对此项工程的绿化效果的要求。了解清楚植物栽植方式（规则式、自然式）、骨干树种、基调树种、特色树种、配置树种等，清晰区域植物的季相景观，了解栽植中的规格、层次、文化韵味等，清晰其生态等景观效果，将适用、经济、美观原则全面理解透彻。

　　（2）植树与相关工程情况　了解植物与土方、给排水、花坛以及道路、山水、园林小品、园林照明、园林机械等各工程的施工关系，科学、合理地调整施工进度。

（3）施工期限　包括工程总的进度以及开始、竣工日期。应特别强调植树工程进度的安排必须以不同树种的最适栽植日期为前提，其他工程项目围绕植树工程来进行。

（4）工程投资及设计概算　包括主管部门批准的投资和设计预算的定额依据，以备编制施工预算计划。

（5）了解施工现场地上与地下情况　向有关部门了解地上物处理要求、地下管线分布现状、设计单位与管线管理部门的配合情况。

（6）定点放线的依据　了解施工现场及附近水准点、测量平面位置的导线点，以便作为定点放线的依据。如不具备上述条件，则需和设计单位协商，确定一些永久性的构筑物，作为定点放线的依据。

（7）工程材料、机械和车辆的来源　了解各项工程、机械和车辆来源渠道，其中主要是苗木的出圃地点、时间及质量。

2. 现场踏勘

在了解设计图意和工程概况之后负责施工的主要人员必须亲自到现场进行细致的踏勘与调查。应了解以下内容。

（1）各种地上物（如房屋、原有树木、市政或农田设施等）的去留及需保护的地物（如古树名木等）；要拆迁的如何办理有关手续与处理办法。

（2）现场内外交通、水源、电源情况，现场内外能否通行机械车辆。如果交通不便，则需确定开通道路的具体方案。

（3）施工期间生活设施（如食堂、厕所、宿舍等）的安排。

（4）施工地段的土壤调查，以确定是否换土、估算客土量及其来源等。

3. 制定施工方案

根据工程规划设计所制定的施工计划就是施工方案，又叫"施工组织设计"或"施工组织计划"。

（1）施工方案的主要内容　根据绿化工程的规模和施工项目的复杂程度制定的施工方案，在计划的内容上要尽量考虑得全面而细致，在施工的措施上要有针对和预见性，文字要简明扼要，抓住关键。其主要内容如下。

① 工程概况。包括工程名称，施工地点，参加施工的单位、部门，设计意图，工程的意义、原则要求以及指导思想，工程的特点以及有利和不利条件，工程的内容、范围，工程项目，任务量，预算投资等。

② 施工的组织机构。包括参加施工的单位、部门及负责人，需设立的职能部门及其职责范围和负责人，明确施工队伍，确定任务范围，任命组织领导人员，并规定有关的制度和要求，确定施工人员来源的单位及人数。

③ 施工进度。分单项与总进度，规定起止日期，以施工进度表形式表现。

④ 劳动力计划。根据工程任务量及劳动定额，计算出每道工序所需用的劳力和总劳力，并确定劳力的来源、使用时间及具体的劳动组织形式。

⑤ 材料工具供应计划。根据工程进度的需要，提出苗木、工具、材料的供应计划包括用量、规格、型号、使用期限等。

⑥ 机械运输计划。根据工程需要提出所需用的机械、车辆，并说明所需机械、车辆的型号，日用台班数及具体使用日期。

⑦ 施工预算。以设计预算为主要依据，根据实际工程情况、质量要求和当时市场价格，编制合理的施工预算。

⑧ 技术和质量管理措施。施工中除遵守当地统一的技术操作规程外，应提出本项工程的一些特殊要求及规定，确定质量标准及具体的成活率指标，进行技术交底、技术培训的方法以及质量检查和验收的办法。

⑨ 绘制施工现场总平面图。对于比较大型的复杂工程，为了了解施工现场的全貌，便于对施工的指挥，在编制施工方案时应绘制施工现场平面图。平面图上主要标明施工现场的项目部及其管理用房、交通路线，放线的基点，存放各种材料的堆场，苗木假植地点，以及施工用水的水源、临时工棚、厕所等。

⑩ 安全生产制度。建立健全安全生产组织，制定安全操作规程，制定安全生产的检查、管理办法。

绿化工程项目不同，施工方案的内容也不可能完全一样，要根据具体工程情况加以确定。另外，生产单位管理体制的改革、生产责任制、全面质量管理办法和经济效益的核定等内容对于完成施工任务都有重要的影响，可根据本单位的具体情况加以实施。

（2）编制施工组织方案的方法　施工组织方案由施工单位的领导部门负责制定，也可以委托生产业务部门负责制定。由负责制定的部门召集有关单位开会，对施工现场进行详细的调查了解。根据工程任务和现场情况，研究出一个基本的方案，编制完成后应广泛征求群众意见，反复修改、定稿、报批后执行。

（3）栽植工程主要技术项目的确定　为确保工程质量，在制定施工方案的时候，应对栽植工程的主要项目分别确定具体的技术措施和质量要求。

① 定点和放线。确定具体的定点、放线方法（包括平面和高程），保证栽植位置准确无误，符合设计要求。

② 挖坑。根据树种、苗木规格，确定挖树坑的具体规格（直径×深度）。为了便于施工中掌握，可以根据苗木大小分成几个级别，分别确定相应的树坑规格并进行编号，以便工人操作掌握。

③ 换土。根据现场踏勘时调查的土质情况，确定是否需要换土。如需换土，应计算出客土量及客土的来源，换土的方法是成片换还是单坑换，还要确定渣土的处理方向。如果现场土质较好，只是混杂物较多，可以去渣添土，尽量减少客土量，保留一部分碎破瓦片有利于土壤通气。

④ 掘苗。确定具体树种的掘苗、包装方法，哪些树种带土球、土球规格、包装要求，哪些树种裸根掘苗、保留根系规格等。

⑤ 运苗。苗木经检疫合格后，确定运苗方法，如用什么车辆和机械、行车路线、遮盖材料和方法及押运人，长途运苗还要提出具体要求。

⑥ 假植。确定假植地点、方法、时间、养护管理措施等。

⑦ 栽植。确定不同树种和不同地段的栽植顺序，是否施肥（如需施肥，应确定肥料种类、施肥方法及施肥量），苗木根部消毒及生根处理的要求与方法。

⑧ 修剪。确定各种树苗的修剪方法（乔木应先修剪后栽植，绿篱应先栽植后修剪）、修剪的高度和形式及要求等。

⑨ 绕干。为了减少水分散失，乔木栽植前（或栽植后）一般用草绳进行绕干，有些需重点保护的树种在草绳外层还需包一层塑料薄膜。

⑩ 立支柱。确定是否需要立支柱及立支柱的形式、材料和方法。

⑪ 灌水。确定灌水的方式、方法、时间、灌水次数和灌水量，封堰或中耕的要求。

⑫ 清理现场。应做到文明施工、工完场净的要求。

⑬ 其他有关技术措施。如灌水后发生倾斜要扶正以及遮阴、喷雾、防治病虫害等的方法和要求。

（4）计划表格的编制和填写　在编制施工方案工作中，凡能用图表或表格说明的问题，就不要用文字叙述，这样可做到既明确又精炼，便于落实机械运输计划。根据工程需要提出所需用的机械、车辆，并说明所需机械、车辆的型号和日用台班数及具体使用日期。

4. 施工现场的准备

施工现场的准备是植树工程准备工作的重要内容。现场准备的工作量随施工场地的地点不同而有很大差别。这项工作的进度和质量对完成绿化施工任务影响较大。

（1）清理障碍物　绿化工程用地边界确定之后，凡地界之内有碍施工的市政设施、农田设施、房屋、树木、坟墓、堆放杂物、违章建筑等，一律应进行拆除和迁移。对这些障碍物的处理应在现场踏勘的基础上逐项落实，根据有关部门对这些地上物的处理要求，办理各种手续。凡能自行拆除的限期拆除，无力清理的，施工单位应安排力量进行统一清理。对现有房屋的拆除要结合设计要求，如不妨碍施工，可物尽其用，保留一部分作为施工时工棚或仓库，待施工后期进行拆除。对现有树木的处理要持慎重态度，对于病虫严重的、衰老的树木应予砍伐；凡能结合绿化设计可以保留的尽量保留，无法保留的可进行迁移。

清除障碍物是一项涉及面很广的工作，有时仅靠园林部门不可能推动，这就必须依靠领导及有关部门的支持。

（2）地形地势的整理　地形整理是指从土地的平面上，将绿化地区与其他用地界线区划开来，根据绿化设计图纸的要求整理出一定的地形起伏，此项工作可与清除地上障碍物相结合。对于有混凝土的地面一定要刨除，否则影响树木的成活和生长。地形整理应做好土方调整，先挖后垫，节省投资。地势整理主要指绿地的排水问题，具体的绿化地块里一般都不需要埋设排水管道，绿地的排水是依靠地面坡度，从地面自行径流到道路旁的下水道或排水明沟。所以，将绿地界线划清后，要根据本地区排水的大趋向将绿化地块适当填高，再整理成一定坡度，使其与本地区排水趋向一致。一般城市街道绿化的地形整理要比公园简单些，主要是与四周的道路、广场的标高合理衔接，使行道树内排水畅通。洼地填土或是去掉大量渣土堆积物后回填土时，需要注意对新填土壤分层适当夯实，并适当填加填土量，否则一经下雨或自行下沉，还会形成低洼坑地仍然不能自行径流排水。如地面下沉后再回填土壤，则树木被深埋，易造成死株。

（3）地面土壤的整理　地形地势整理完毕之后，为了给植物创造来良好的生长基地，必须在栽植植物的范围内对土壤进行整理。原是农田菜地的土质较好，侵入体不多的只需要加以平整，不需换土。如果在建筑遗址、工程废物、矿渣炉灰地修建绿地，需要清除渣土换上好土。对于树木定植位置上的土壤改良，待定点刨坑后再行解决。

（4）接通电源、水源、修通道路　这是保证工程开工的必要条件，也是施工现场准备的重要内容。

（5）根据需要搭盖临时工棚　如果就近没有可利用的房屋，应搭盖工棚、食堂等必要的生活设施，安排好职工的生活。

5. 技术培训

开工之前，应该安排一定的时间对参加施工的全体人员（或骨干）进行一次技术培训。学习本地区植树工程的有关技术规程和规范，贯彻落实施工方案，并结合重点项目进行技术练兵。

二、案例

黄石站前大道延伸段（金山大道）道路景观绿化工程第三标段施工组织设计

第一章　编制依据、指导思想及管理目标

1　本施工组织设计的编制依据

① 工程招标文件及答疑纪要。

② 工程招标单位提供的施工图。

③ 国家现行的有关技术规范及技术标准，施工及验收规范，工程质量评定标准及操作规程，主要目录如下：

CJJ/T 82—99	《城市绿化工程施工及验收规范》；
CJ 14—86	《城市园林苗圃育苗技术规程》；
CJ/T 34—91	《城市绿化和园林绿地用植物材料　木本苗》；
DB 440300/T 8—1999	《园林绿化施工规程》；
GB 50300—2001	《建筑安装工程质量检验评定统一标准》；
GB 50202—2002	《建筑地基基础工程施工质量验收规范》；
GB 50204—2002	《混凝土结构施工质量验收规范》；
GB 50205—2002	《钢结构施工质量及验收规范》；
GB 50206—2002	《木结构工程施工质量验收规范》；
GB 50210—2002	《建筑装饰装修工程质量验收规范》；
JCJ 59—99	《建筑施工安全检查标准》；
JGJ 46—88	《施工现场临时用电安全技术规范》；

《湖北省施工现场文明施工管理 50 条》。

2　指导思想

我公司针对本工程的特点，结合本企业的实际情况，以"精心组织，科学管理，技术先进，求实守信，创优夺标"为指导思想，以合同为依据，运用项目法施工组织、管理，充分发挥公司集团优势，以质量为中心，按国家相关法规标准建立质量保证体系，并根据投标前的项目管理规划大纲精神组建施工现场项目经理部，充分利用我公司的技术和地域优势，通过精心组织、科学管理，优质、安全、高效圆满完成该工程的施工任务。

3　管理目标

在市场竞争日益激烈的环境条件下，工程质量是企业的生命和灵魂。项目部严格按质量管理体系标准，科学管理、精心组织、精心施工，充分发挥我公司技术优势，确保实现下列目标。

3.1　质量目标

确保工程质量合格达标。

单位工程质量验收合格率100%。

工程合同工期履约率100%。

3.2　工期目标

根据招标文件在保证质量和安全的前提下，确保工期。

3.3　安全施工目标

确保合格，采取有效的安全防护措施，实现安全责任事故率为零。

3.4　文明施工目标

确保合格。

第二章　工程概况及特点

1　概况

工程名称：黄石站前大道延伸段（金山大道）道路景观绿化工程第三标段

建设单位：黄石磁湖高新科技发展公司

设计单位：上海唯美景观设计工程有限公司

工程概况：黄石站前大道延伸段（金山大道）道路景观绿化工程第三标段，工程编号：S07016-JSDD-C，是黄石金山大道（A9-A21）段道路绿化景观工程（桩号 K2＋580——K5＋600），其施工范围包括绿化、人行道铺装、园林小品、土方挖填、给排水安装等施工任务。

2　工程特点

① 工程内容分为绿化、人行道铺装、园林小品、土方挖填、园林给排水安装等，由于是新建道路，要求施工过程中注意安全和环境保护，安全施工，文明施工，并加强对各个方面的管理和沟通协调，避免造成不良影响。

② 工期较短，为春夏交接之季施工，雨水较多，施工期间要合理安排施工工序。

第三章　施工组织设计

1　施工准备

施工准备的基本任务是为拟建工程的施工建立必要的技术和物质条件，统筹安排好施工力量和施工现场。认真做好施工准备工作，对于发挥企业优势，合理供应、加快施工速度，提高工程质量，降低工程成本，增加企业竞争力，提高企业管理水平具有重要的意义。具体到本工程，要做好以下几个方面的准备工作。

本工程工作量较大工期较紧，质量要求高。为此，提前做好前期各项技术准备工作显得十分重要。

1.1　技术准备

① 成立项目技术工作领导小组：明确领导班子、生产技术、材料供应、后勤保卫及施工队伍等人员的任务。

② 调查有关施工现场的水文、地形、地貌、原有树林等原始材料，调查施工季节气候、气象等信息。组织工程技术人员熟悉施工图纸、充分了解设计意图，对图纸上存在的问题、错误进行汇总。

③ 在业主的组织下进行图纸会审，作好记录，办理图纸会审纪要。

④ 组织相关人员编制施工组织设计，确定主要分部分项工程的施工方法，完成施工组织设计的审批工作。完善施工方案、组织做好技术交底和安全交底工作。

⑤ 对施工重点、难点部位进行研讨，并结合现场实际情况采取有效措施。

⑥ 负责编制材料、机械、半成品和劳动力需用计划。

⑦ 制定项目各项管理制度，编制施工作业指导书。

⑧ 进行分层次的技术、安全、质量、文明施工、现场管理制度交底。

⑨ 做好施工图纸预算编制，提出资源计划。

⑩ 收集与工程有关的规范、规程标准。

⑪ 负责工程竣工资料的收集、整理，监督工程设计变更的实施。

1.2 物资准备

① 根据设计图纸和招标文件拟定工程苗木和其他材料的采购计划。开工前对大宗材料、特殊材料应事先联系好供货商，并对其社会声誉、材料质量、价格和供应进行了解比较，逐一落实。

② 苗木的准备。按照种植设计所要求的苗木质量、种类、规格和数量确定苗木来源，制定起苗、运输和栽植计划。

③ 进场材料必须经过监理公司人员，并按规划位置分类堆放，且落实防盗、防火等安全措施。未经监理人员许可不得擅自采用。

④ 所有进场施工机械必须在使用前进行检查、维修，确保完好待命状态。须经有关部门检查验收后，才能获准进入现场。

1.3 人力资源准备

① 建立工程项目的领导机构。

② 建立精干的施工队。

③ 集结施工力量、组织劳动力进场，向施工队伍、工人进行施工组织设计、计划和技术交底。针对不同工程，把工程设计的内容、施工计划和施工技术要求详尽向工人讲解。要求工人在交底后，弄清关键部位、技术标准、安全措施和操作要领，必要时进行示范。

④ 建立、健全各项管理制度。内容主要包括：工程质量检查与验收制度；工程技术档案管理制度；建筑材料及植物材料的检查验收制度；技术责任制度；施工图纸学习与会审制度；技术交底制度；职工考勤、考核制度；工地及班级经济核算制度；材料出入库制度；安全操作制度；机具使用保养制度等。

1.4 施工现场准备

① 进场后会同业主、监理进行现场坐标点、水准点的交接工作，并做好保护措施，对建筑物进行定位放线，并做好施工场地的控制网测量。

② 搭设施工临时设施，布置施工用水、用电管线，修临时围墙、标示"五牌一图"等。

③ 做好"三通一清"。确保现场水、电、道路畅通。清理施工场地，去除杂草、建筑垃圾等施工障碍物。

④ 安装调试施工机具，确保设备合格、受控。

2 施工组织部署

2.1 施工管理机构

为了高质量、高速度完成本工程，我公司拟派资深项目经理，委派公司骨干及管理技术人员组成项目部，力争把本工程建成公司样板工程。项目经理负责全盘工作；施工员负责具体施工，安排好各作业队的施工工作并写好施工日志，并负责协调好当地居民的关系及其他日常工作，确保施工人员及设备的安全；预算员配合财务部合理调配资金，以确保合同工程的完成；材料员保证各种材料的及时供给，作为全体施工人员后勤保障；技术部（质检、资料、安全）确保工程质量，做好计量工作，认真做好安装质量记录，在质量方面有一票否决权。施工现场管理机构如下图：

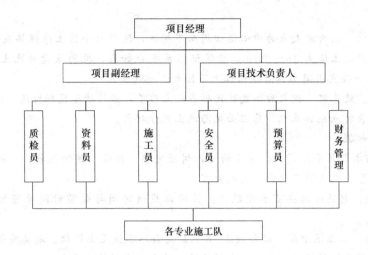

2.2　施工程序

为了确保工程能顺利进行，便于各专业班组交叉作业，各区均作为一个整体流水段。道路铺筑作为一个流水段；园路广场铺装作为一个流水段；园林小品作为一个流水段；苗木栽植作为一个流水段；各流水段以普工、泥工、木工、钢筋工、油漆工、绿化工为主，其他工种按照工作量需要随时配备人员。

本工程施工安排程序是：依照先地下、再地上，先结构、后装饰，先整场、再种植，先围护、后砌筑的原则，结合施工现场特点及工期要求施工。

主要施工流程及施工方法、主要的技术措施如下（以绿化栽植工程的技术措施为例，场地平整及土方工程、园建工程、给排水安装工程的技术措施略）。

绿化栽植工程的技术措施

绿化栽植施工中遵循先平场整土，后乔木，再灌木，再色块，最后草坪的原则，本工程为平行顺序交叉作业，工程分为八个阶段施工：测量、放线、绿地整理、挖树穴、栽植乔木、栽植灌木及色块、铺设草坪、养护管理。

主要施工方法如下。

一、测量及放线

根据本工程场地特点和工程情况，主要测量仪器和工具有：DJ$_2$ 光学经纬仪 1 台，DS$_3$ 光学水准仪 1 台，50 米钢卷尺 2 把，5 米钢卷尺 4 把。

根据施工平面图及实际踏勘情况，我们在施工区布设两级控制网对施工区进行控制，即先布设一级控制网对施工区进行整体控制，以一级控制为依据、布设二级控制网满足施工分区的细部施工测量。做好施工场地的控制网测量，了解工程地下管网和电缆线及地下埋设物，落实现场永久性坐标桩、水准点、水电接口、测量控制网的情况。

二、土方工程（绿地整理）

根据现场情况，研究制定合理的现场场地平整、土方开挖施工方案，对于能够利用的土方可以选择回填，不能利用的土方按施工要求清除，并且在需要的地方设立挡土墙；绘制施工总平面图和土方开挖图，确定开挖路线、顺序、范围、底板标高、排水沟水平位置以及挖去的土方堆放地点。

三、苗木栽植

1. 乔木的施工方法

（1）定点放线　根据图纸上的标尺网格确定树木的纵横坐标尺寸，再按此位置用皮尺量在现场相应的位置。

（2）挖种植穴　以所定灰点为中心沿四周向下挖坑，坑的大小依土球规格及根系情况而定，坑与土球间每边应比土球大 16～20cm，应保证根系充分舒展，坑的深度应比土球高度深 10～20cm。坑的开头一般宜用圆形，且须保证上下径大小一致。

（3）除瓦砾、放基肥　挖穴后，发现瓦砾多或土质差，必须清除瓦砾垃圾、换新土。根据土质情况和植物生长特点施加基肥，基肥必须与泥土充分拌匀。

（4）乔木的起掘

① 选苗：苗木要求干形通直，分叉均匀，树冠完整、匀称；茎体粗壮，无折断折伤，树皮无损伤，土球完整，无破裂或松散；无病虫害。

② 起苗时间：起苗时间在苗木休眠期，并保证栽植时间与起苗时间紧密配合，做到随起随栽。

③ 起苗方法：如土壤干燥，起苗前 1～3 天应适当淋水使泥土松软。起苗要保证苗木根系完整；一般土球直径为胸径的 8～10 倍，土球的高度是土球直径的三分之二。

（5）乔木的修剪、运输及假植

① 苗木修剪：种植前，应对苗木进行适度修剪。修剪时应遵循树木自然形态的特点和生物学特性，在保持基本的形态下剪去枯枝、病弱枝、徒长枝、重叠或过密的枝条，并适当修剪。

② 苗木运输：苗木的装车、运输、卸车等各项工序，应保证树木的树冠、根系、土球的完好，不应折断树枝、擦伤树皮或损伤根系。

（6）乔木的栽植

① 回填底部种植土：以拌有基肥的土为树坑底部种植土，使穴深与土球高度相符，尽量避免深度不符合来回搬动。

② 摆放苗木：将苗木土球放到穴内，把生长势好的一面朝向面视方，竖直看齐后填土固定土球，再剪除包装材料。

③ 填土搗实：在接触根部的地方应铺放一层没有拌肥的干净种植土。填入土至树穴的一半时，用木棍将土球四周的松土搗实，然后继续用土填满种植穴并搗实，使种植土均匀、密实地分布在土球的周围。

④ 浇定根水、立支架：栽植后，必须在当天浇透定根水。种植后为了保证苗木的正常生长，防止倒伏，所以要采取下列措施。对乔木进行草绳绕树干减少水分流失；采用毛竹三角撑进行支撑。

（7）非种植季节种植　应采取以下措施。

① 苗木应提前采取修枝、断根或用容器假植处理。

② 对移植的落叶树必须采取强修剪和摘叶措施。

③ 选择当日气温较低时或阴雨天进行移植，一般可在下午五点以后移植。各工序必须紧凑，尽量缩短暴露时间，随掘、随运、随栽、随浇水。

④ 夏季移植后可采取搭凉棚、喷雾、降温等措施。

2.灌木、色块的施工方法

（1）定点放线

定点放线应以图纸为准。每隔 5 株钉一木桩作为定点和种植的依据。定点时如遇电杆、管道、涵洞、变压器等障碍物必须躲开。

（2）灌木、色块的起掘

① 选苗：要求冠幅完整、匀称、符合规格；土球完整，无破裂或松散；无检疫对象的病虫害。特殊形态苗木要符合设计要求。

② 起苗时间：起苗时间宜选在下午 4 点后，晚上运输，保证栽植时间与起苗时间紧密配合，做到随起随栽。

③ 起苗方法：如土地干燥，起苗前 1～3 天应当淋水使土壤松软，起苗要保证苗木根系完整。裸根起苗应尽量多保留根系和宿土；若掘出后不能及时运走栽植，应进行假植，带土球苗木起苗应根据气候及土壤条件决定土球规格，土球应严密包装，打紧草绳，确保土球不松散、底部不漏土。

（3）灌木、色块的栽植

① 回填底部种植土：以拌有基肥的土为底部植土，在接触根部的地方应铺放一层没有拌肥的干净种植土，使沟深与土球高度相符。

② 排放苗木：将苗木排放在沟、穴内，土球较小的苗木应拆除包装材料再放入沟内；土球较大的苗木，宜先排放沟内，把生长势好的一面朝向视面，竖直看齐后垫土固定土球，再剪除包装材料。

③ 填土捣实：填入好土至树穴的一半时，用木棍将土球四周的松土捣实然后继续用土填满种植沟并捣实。

④ 浇定根水：栽植后，必须在当天对灌木浇透定根水。

3. 铺设草坪的施工方法

（1）场地准备

场地准备工作的好坏直接影响草坪的品质。场地的准备一般包括杂草灭除、平床清理、土壤耕翻、平整、设置排灌系统、施肥等工作。

① 土壤准备与处理：建植地 25cm 深土壤要彻底清除杂草根、甲虫、虫卵、碎石等异物。

② 杂草防除：耕翻土地时用人工拣除和用化学方法在播种前进行灭杂。常用除草剂有草甘膦、五氯酚钠，分别为内吸型和触杀型，可杀灭多年生和一年生杂草，每亩（1 亩≈666.67m²）用量 250 毫升。

③ 坪床平整：坪床平整工作分粗平整和细平整两步进行，粗平整是在场地施肥并深翻后，即应将场地予以粗平整，粗平整时，应将标准杆钉在固定的坡度水平之间，使整个坪床保持良好的水平面，然后铲除高出的部分，添填低洼部分，填方时应考虑到填土的下陷问题，细土通常下沉 15%～20%。

④ 施肥：由于成坪后不可能再在土壤的根区大量施肥，而土壤的质地与肥力好坏直接影响到草坪草的根系生长与发育，从而又影响到建成草坪的质量与寿命。因此在建坪前应施入足够的有机肥，保证草坪的正常生长和长效性。有机肥必须是经过充分沤熟的粪肥以防止将杂草种子和病虫源带入土壤，每平方米有机肥的用量为 10kg，使肥料与土壤充分混匀，播种前可施入无机复合肥、磷肥每亩各 20kg 与表层土壤充分混匀。

（2）满铺草坪　本工程选用的满铺草坪的种类是马尼拉，种植后每天浇水至新草芽萌生时，浇水量视天气情况和土壤湿度定。发现草坪出现黄斑等病害植株，一定要尽早清除，以免造成病害扩散。草坪种植后 10 天开始人工拔除杂草，一般过 10 天再拔一次（视杂草生长情况），当草坪长到 10～15cm 时，用剪草机剪草，刈剪去的部分一定要在刈剪前草坪高度的三分之一以内，一是美观，二是刺激新芽萌生，增长草坪寿命。

4. 养护管理

本工程总体质量目标为合格，为二级养护一年。需要精心组织，全面管理，此项工作也是本工程能否成功的关键。

（1）树木管理　新栽树木成活率 98%。树木生长良好，保持树木自然特征，无明显歪斜（造型植物除外），无牵绳挂物。整形修剪，保持树木整齐美观。及时对未成活苗木进行换植和补栽。

(2) 绿地管理 植物生长茂盛，土壤平整，基本无杂草，无积成垃圾，无明显缺株，无渍水及旱象。

(3) 病虫害防治 植物病害无明显危害迹象，食叶性害虫不超过 10%，蛀干性害虫不超过 5%。

(4) 组织措施

① 本工程保活养护工作由项目经理负责，纳入项目经理业绩考核项目，具体保活养护工作由公司专业养护队承担。

② 保活养护期间，常驻工地进行日常养护工人数不少于 4 人，集中养护期间（如修剪、病虫害防治、除草）不少于 10 人。

(5) 技术措施

① 工程完工后由项目经理、施工员和质检员向养护队负责人和技术人员进行保活和养护技术交底，确保施工期养护和保活养护期无缝交接。

② 保证养护机械的数量、质量和人员到位。

③ 高度重视植物病虫害防治工作。植保工程师定期对工程现场苗木病虫害情况进行监测，并向项目经理提交监测报告，提出防治方案。

④ 建立预报告制度，保活养护期间的苗木一旦出现苗木存活困难的苗头，及时采取技术措施，量多的要制定解决方案。

⑤ 对未存活的苗木或虽然存活但质量达不到要求的苗木要及时进行更换。

⑥ 有针对性地对养护工人，特别是养护工长进行技术培训，使养护工人对养护苗木的特性有较多的理解，使养护工人掌握养护苗木常见养护问题及解决方法。

(6) 养护管理方案

本工程按二级养护执行。

① 乔木的养护管理：乔木养护管理的标准是生长良好，枝叶健壮，树形美观，上缘线和下缘线整齐，修剪适度，无死树缺株，无枯枝残叶，景观效果良好。

a. 生长势：生长势较强，生长量达到该树种该规格平均年生长量；枝叶健壮，无枯枝残叶。

b. 修剪：考虑每种树的生长特点如叶芽、花芽分化期等，确定修剪时间，避免把花芽剪掉，使花乔木适时开花；乔木整形效果要尽量与周围环境协调。

c. 灌溉：根据不同生长季节的天气情况、不同植物种类和不同树龄适当浇水，并要求在每年的春、秋季重点施肥 1～3 次。

d. 补植：及时清理死树，在可种植季节内补植回原来的树种并力求规格与原有的树木接近，以保证良好的景观效果。补植要按照树木种植规范进行，施足基肥并加强浇水等保养措施，保证成活率达 95%。

e. 病虫害防治：及时做好病虫害的防治工作，以防为主，精心养护管理，使植物增强抗病虫能力，经常检查，早发现早治理。

② 灌木和色块植物养护管理：灌木和色块植物养护管理的标准是生长良好，花繁叶茂，造型美观，修剪适度，无死树缺株，无枯枝残叶，景观效果良好。

a. 生长势：生长势中等，生长量达到该种类该规格的平均年生长量；萌蘖及枝叶生长正常，叶色较鲜艳，无枯枝残叶，植株基本整齐。花卉适时开花，花坛轮廓完美，无残缺，绿篱无断层。

b. 修剪：考虑每种植物的生长发育特点，既造型美观又能适时开花；花灌木和草本花卉必须在花芽分化前进行修剪，以免将花芽剪除；绿篱和花坛整形要符合造景要求。

c. 灌溉、施肥：根据植物的生长和开花特性进行合理灌溉和施肥。在雨水缺少的季节，每天的浇水量要求不低于该种类该规格的蒸腾量，肥料不能裸露，可采用埋施或水施等不同方法，埋施要先挖穴或开沟，施肥后要回填土、踏实、淋足水、整平。一般可结合除草松土进行施肥。

d. 除杂草：经常除杂草和松土，除杂松土要保护根系，以浅耕为主，不能伤根及造成根系裸露，更不能造成黄土裸露。

e. 补植：及时清理死苗，并在适当天气和季节补植回原来的种类并力求规格与原来的植株接近，以保证良好的景观效果。补植要按照种植规范进行，施足基肥并加强淋水等保养措施，保证成活率达95％以上。

f. 病虫害防治：及时做好病虫害的防治工作，以防为主，精心养护管理，使植物增强抗病虫能力，经常检查，早发现早处理。

③ 草坪建成后的常年养护管理：养护管理的主要内容包括：修剪、施肥、灌水。

a. 修剪：草坪的修剪是草坪管理措施中的一个重要环节。草坪只有通过修剪，才能保持一定的高度和平整洁净的外观。草坪草的修剪应遵循三分之一的原则，一般适宜留草高度为3～5cm，并且当草坪草生长到约8cm时及时修剪。

b. 施肥：施肥是草坪养护培育的重要措施，适时的施肥为草坪提供生长发育所需养料，改善草坪质地和持久性。已建成草坪每年施肥2次，早春与早秋。3～4月早春肥可使草坪草提前2周左右发芽、提前返青、还可使冷季型草坪草在夏季一年生杂草萌生之前恢复损伤与生长，加厚草皮，对杂草起抑制作用。8～9月的早秋肥不仅可延长青绿期至晚秋或早冬，有助于草坪的越冬，还可促进第二年生长和新分蘖枝根茎的生长。建成草坪的施肥多为全价肥，即含有N、P、K的无机肥，常用的有硝酸铵、硫酸铵、过磷酸钙、硫酸钾、硝酸钾等。施肥宜淡不宜浓，以免灼伤草坪。

c. 灌水：草坪草组织含水量达80％以上，水分含量下降就会产生萎芽，下降到60％时就会导致草坪死亡。黄昏是灌水的最好时间，灌水量多少以耗水量而定。

第四章　确保工程质量的技术组织措施

1　工程质量目标

（1）确保工程质量合格；

（2）符合《城市绿化工程施工及验收规范》的要求；

（3）工程质量符合国家及地方相关法规及规范的要求。

2　确保工程质量的组织技术措施

本工程是道路景观工程，难点是：物资和人员的合理安排调配及使用问题；重点是：本工程的景观效果至关重要，设计的规格和要求比较高，要求我们从选苗、施工到养护严把质量关；保证安全、文明施工，严格控制工期。

2.1　组织措施

建立施工项目质量保证体系，落实各种质量保证制度，主要包括以下内容。

2.1.1　职责明确的分工制度

按照公司质量保证体系进行项目经理部质量职能分配，根据确定的项目管理目标，精心挑选各级管理人员，成立"黄石站前大道景观绿化工程施工项目部"，建立以项目经理为核心的管理体系，对工程质量、进度、安全文明施工进行科学化管理，对项目综合效益全面负责，并保证项目质量管理工作符合 ISO 9000 标准，符合公司《质量手册》、《质量体系文件》要求，各职能部门分工明确、横向协作，各业务岗位工作职责具体化、规范化，做到职责到位，接口严密。项目经理、技术负责人、施工员、质检员、材料员均严格按照分工做好本环节的质量控制及管理工作。

2.1.2 技术交底制度

坚持以技术进步来保证施工质量的原则。针对工程编制要有针对性的作业指导书。每个工种、每道工序施工前要组织进行各级技术交底，包括项目工程师对工长技术交底、工长对班组的技术交底、班组长对作业班组技术交底。因技术措施不当或交底不清而造成质量事故的要追究有关部门和人员的责任。

2.1.3 苗木及材料进场检验制度

本工程的苗木、材料需具备相关合格证，经监理工程师认可，并根据国家规范要求分批分量进行抽检，抽检不合格的苗木及材料一律不准使用，因使用不合格苗木及材料而造成的质量事故要追究验收人员的责任。

2.2 技术措施

2.2.1 质量管理

每天召开现场协调会、调动会、碰头会，每周召开总结会，及时解决实际问题，随时同建设单位、监理单位保持联系，严格按照设计图纸规范化施工，把好每道工序的衔接关，健全"三检四查"制度。

2.2.2 进度管理

进度管理方面采取严格的目标管理与阶段目标相结合，总进度控制阶段进度，阶段进度控制月进度、周进度，定期检查，发现问题及时调整。

2.2.3 技术管理

具体技术措施详见第三章《施工组织设计》。

2.2.4 养护管理

针对本工程的重点，为了保证工程景观效果，特详细制定《苗木养护工作月历表》，并长期监督检查实际执行情况。

3 工程质量的控制措施

3.1 事前控制

① 进行质量意识的教育，使项目全体人员树立"百年大计，质量第一"的思想。组织有关人员学习、领会园林景观工程建设的相关规定，增强贯彻的自觉性。制定现场的质量管理制度。项目技术负责人组织有关技术人员熟悉、阅读图纸，参加业主主持的图纸会审。通过参加设计交底，技术人员应准确领会设计意图。

② 根据本工程的特点确定施工流程、工艺及方法。检查现场的建筑物的定位线及高程水准点等。完善计量及质量检测技术和手段，熟悉各项检测标准。编制对原材料、半成品、构配件质量进行检查和控制的计划。对不合格品的预防制定相应措施。在具体的工序施工前，责任工长负责向施工班组进行施工技术、质量、安全、文明施工等方面的有针对性的书面交底。

3.2 事中控制

① 在施工中实行"操作挂牌制"，贯彻"谁管生产，谁管质量；谁负责施工，谁负责质量；谁操作，谁保证质量"的原则，落实质量责任到具体的人。

② 在施工中认真落实质量"三检制"（自检、互检、专业检）。保证只有质量合格的工序产品才能流转到下一道工序。实行质量一票否决制，质量员对不合格品不予验收。对不合格品的纠正：凡不按图纸、施工规范要求施工，违反施工程序，使用不符合质量要求的原材料、半成品的，出现工序质量不合格的，必须暂停施工并予以纠正。

③ 项目部设置一名内业资料员，专门负责质量记录的控制。

3.3 事后控制

① 按质量评定标准，对已完成的分部分项工程进行质量验收，评定质量等级。

② 对质量资料收集归档。

③ 在保修阶段，对本工程进行质量保修。

4 工程质量责任追究制度

4.1 发生下列情况的，对责任人罚款100元/次（项）

① 完不成公司下达的质量指标的责任人。

② 导致发生重大质量事故的直接责任人。

③ 发生质量事故隐瞒不报的责任人。

④ 对质量问题、质量隐患不及时认真整改的有关责任人。

⑤ 不实事求是地对工程质量进行评定，导致"优质优价"的结算原则不能体现，加大了项目的质量成本的有关责任人。

4.2 出现下列情况的，对责任人罚款50元/次（项）

① 技术人员不针对特殊工序、关键工序编写作业指导书的。

② 工长在施工前不向作业班组进行书面交底，施工中不对作业班组进行质量全过程监控管理的。

③ 资料员不能保证资料的收集整理与工程同步的，资料的收集不符合规定的。

④ 每道工序施工完不成"三检"的班组长、责任工长和质检员。

⑤ 对工序不合格品未及时发现的施工班组长、责任工长。

⑥ 导致植物生长不良以致死亡的责任人。

5 质量保证体系框图

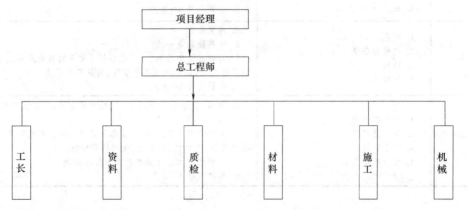

附：苗木养护工作月历表

苗木养护工作月历表

时 间	工 作 内 容	主 要 措 施
1～2 月	1. 病虫害防治 2. 整形修剪 3. 设置养护人员	1. 贯彻"预防为主，综合治理"的防治方法，严禁使用剧毒化学药剂、有机汞化学农药，重点防治 2. 整形修剪以整形为主，根据树势情况可重剪或轻剪，主要去徒长枝、病虫枝、下垂枝、扭伤枝及枯枝 3. 养护人员6～8人

续表

时　间	工作内容	主要措施
3～4月	1. 补栽 2. 设置养护人员	1. 对造林地带枯死、人为破坏等不发芽的苗木及时挖取,并原地及时补栽,同时加强养护管理,确保苗木成活 2. 养护人员6～8人
5月	1. 补栽 2. 浇水 3. 设置养护人员	1. 对绿化地带枯死、人为破坏等不发芽的苗木及时挖取,并原地及时补栽,同时加强养护管理,确保苗木成活 2. 视天气状况适时浇水抗旱 3. 养护人员6～8人
6月	1. 浇水抗旱 2. 施肥 3. 中耕除杂草 4. 病虫害防治 5. 设置养护人员	1. 视天气状况适时浇水抗旱,在雨季节来临之前排水沟 2. 施复合肥 3. 中耕除杂草一次 4. 贯彻"预防为主,综合治理"的防治方法,严禁使用剧毒化学药剂、有机汞化学农药,重点防治 5. 养护人员6～8人
7月	1. 浇水抗旱 2. 中耕除杂草 3. 设置养护人员	1. 视天气状况适时浇水抗旱 2. 中耕除杂草一次 3. 养护人员6～8人
8月	1. 浇水抗旱 2. 施肥 3. 中耕除杂草 4. 设置养护人员	1. 视天气状况适时浇水抗旱 2. 施用复合肥一次 3. 中耕除杂草一次 4. 养护人员6～8人
9月	1. 浇水抗旱 2. 中耕除杂草 3. 病虫害防治 4. 设置养护人员	1. 视天气状况适时浇水抗旱 2. 中耕除杂草一次 3. 贯彻"预防为主,综合治理"的防治方法,严禁使用剧毒化学药剂、有机汞化学农药,重点防治 4. 养护人员6～8人
10月	1. 浇水抗旱 2. 中耕除杂草 3. 设置养护人员	1. 视天气状况适时浇水抗旱 2. 中耕除杂草一次 3. 养护人员6～8人
11月	1. 施肥 2. 中耕除杂草 3. 补栽 4. 设置养护人员	1. 施复合肥 2. 中耕除杂草一次 3. 对造林地带枯死、人为破坏等不发芽的苗木及时挖取,并原地及时补栽,同时加强养护管理,确保苗木成活 4. 养护人员6～8人
12月	1. 病虫害防治 2. 整形修剪 3. 培土防冻 4. 设置养护人员	1. 贯彻"预防为主,综合治理"的防治方法,严禁使用剧毒化学药剂、有机汞化学农药,重点防治 2. 整形修剪以整形为主,根据树势情况可重剪或轻剪,主要剪去徒长枝、病虫枝、下垂枝、扭伤枝及枯枝 3. 对新植苗木进行必要的培土防冻措施 4. 养护人员6～8人

第五章　确保安全施工的技术组织措施

1　建立健全安全生产管理体系

1.1　建立安全生产管理组织

建立由项目经理任组长,项目技术负责人任副组长,各专业队长为成员的现场安全生产管理领导小组,设专职安全员一人,安全员有因安全隐患责令停工整顿的权利。

1.2　制定安全生产管理制度

执行安全生产交底制度。施工作业前,由组长向施工人员作书面安全生产交底,落实后签字报安全备案。

2　主要预防及控制措施

① 进入工地的所有人员必须有纪律进入场地施工，施工现场设置安全警告牌。

② 所有机电设备实行专人负责操作，并持证上岗，非专业人员不得动用电器设备，供电设备要遮盖严实，经常检修，所有移动设备均须设置漏电保护器。

③ 现场施工用电要严格遵照《施工现场临时用电安全技术规范》的有关规定及要求进行布置和架设，并定期对闸刀开关，插座及漏电保护器的灵敏度进行常规的安全检查。用电按"三相五线"制架设，现场用电线路及电器安设，由持证电工安装，无证人员不得操作。

④ 随时取得气象预报资料。根据气象预报，提前做好防风防雨措施，并严格按措施执行，并合理安排现场安全施工。

⑤ 建立严格的安全例检和不定期抽查检测，建立严格的安全惩罚制度和一票否决制，确保工程安全控制的目标顺利实施。

⑥ 对施工人员进行交通安全教育，确保不出交通安全事故。

⑦ 严禁在施工工作区互相抛丢材料、工具等物体，作业人员衣着简单，不准穿高跟鞋、拖鞋和赤脚上班，严禁酒后作业。

3　安全控制框图

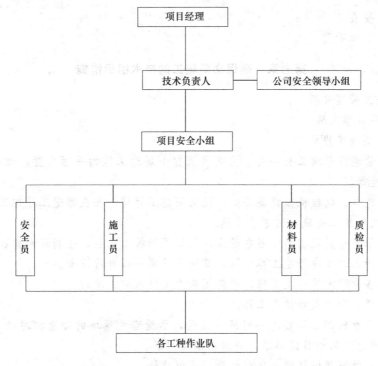

第六章　确保工期的技术组织措施

根据以往工作经验，该工程苗木种类虽不多，但换土量相对较大，因此工期较紧。因而合理的进度计划安排、科学周密的组织管理，是此工程按期完工的保证。对施工的全过程进行经常检查、对照、分析，及时发现施工过程中的偏差，采取有效措施，调整进度计划，排除干扰，保证工期目标顺利实施。

1　组织措施

① 组成强有力的项目领导班子，选派一名优秀的项目经理担任本项目经理，并选派一名具有丰富施工经验的外国专家担任技术负责人。

② 项目经理部实施项目法管理，对本工程行使计划、组织、指挥、协调、控制、监督六项职能，并选择能打硬仗、技术水平高、具有同类工程施工经验的施工队伍担任本工程的施工任务。

③ 建立生产例会制度，每星期召开 2～3 次工程例会，围绕工程的施工制度、工程质量、生产安全等内容检查上一次例会以来的执行情况。

④ 执行合理的工期、目标奖罚制度。

2 技术措施

① 采用长计划与短计划相结合的网络计划进行施工进度计划控制管理，通过平面分段的节点控制目标的实现来保证各平面段工程的工期目标实现，从而进一步通过各区段工期目标的实现来确保总工期目标的实现。

② 采用园林建设新技术，科学合理地组织施工形成各分部分项工程在时间、空间上充分利用与紧凑搭接，缩短施工周期。

③ 对可能影响工程进度的因素进行分析，提出对策。根据施工进度优化各项工程的进度安排。严格控制各分项的工期，确保每一项都能如期完成。可采取多段同时施工的方法，保证工期。

3 施工进度表

见附表 1～5 和附图。

第七章　确保文明施工的技术组织措施

1 文明施工管理目标

达到市文明合格工地

2 保证文明施工措施

① 总平面管理设专职工长一名，主要负责整个场地工地的平面布置，道路畅通，材料堆放及环境卫生等。

② 在主要道口、电器机械设备等处，设文明施工标牌，并在每道工序施工前做好技术、质量、安全和文明施工交底，防患于未然。

③ 统一规划与布置现场用水用电管线，做好现场排水系统，控制污水排放。

④ 施工工地入口处设置施工标志牌，管理人员要佩带身份证卡。

⑤ 现场配备专职人员日夜值班，严禁闲杂人员进入施工现场。

⑥ 执行奖罚合同，做好协调工作。

⑦ 现场设饮水机，工作餐由公司统一派送，尽量避免现场的安全和污染隐患；现场设置垃圾桶，生活垃圾做到日清日洁，并自行清运出场。

⑧ 竣工前，做好现场清理，只留绿色，不留垃圾。

第八章　环境保护措施

① 严格按市有关环保规定，本工程所投入的机械产生的噪声不高于 BG 12523—90 标准。

② 派专人进行现场洒水，防止灰尘飞扬，保护周边空气清洁，搞好现场卫生。

③ 施工期间合理地安排混凝土的浇筑，尽量安排在白天，不在居民休息时间发生较高的噪声，合理安排作业时间，在夜间避免进行噪声较大的工作；夜间灯光集中照射，避免灯光扰民。

④ 施工现场采用混凝土浇筑硬质地面，堆放体积大、用量较多的材料，防止灰尘飞扬。

⑤ 施工过程中，用 200 目/100cm^2 的安全密目网将建筑物全部密封，以防止施工灰尘的飞扬。

⑥ 浇筑混凝土石子用水冲洗，并采用我公司循环水成套技术，设置冲洗沉淀池，冲洗的泥浆沉淀后，循环使用沉淀水，节约水资源减少污水污染。

⑦ 现场的建筑垃圾采用专门的垃圾通道由楼上运下，并及时运离现场送到指定地点进行堆放；生活污水和施工污水采用专线管道流入城市污水管网。

附表1 劳动力安排计划表

黄石站前大道延伸段（金山大道）道路景观绿化　工程

单位：人

工　种	按工程施工阶段投入劳动力情况				
	施工准备	整理场地	施工期	清场验收期	养护期
普工	6	15	10	3	
泥工	2	2	10	8	4
木工	1		5		
装修工			10	2	
水电工	1		5		
绿化工			18	5	4
修剪工			7	2	2
草坪工			5	2	1
养护工			10	5	5
合计	10	17	80	27	16

注：1. 本计划表是以每班八小时工作制为基础编制的。

2. 生产一线作业人员为我公司固定的专业施工队伍，以确保工程质量与进度。

3. 整个工程施工在生产最高峰配备的劳动力达80人，另配备技术人员6人，管理人员4人；如遇抢进度赶工期的突击工作，将及时补充劳动力，并由技术骨干带领作业。

4. 我公司承诺凡列入项目经理部名单的所有管理人员和技术人员一律常驻现场，到岗率100%，绝不擅离岗位。

附表2 拟投入的主要施工机械设备表

黄石站前大道延伸段（金山大道）道路景观绿化　工程

序号	机械或设备名称	型号规格	数量	国别产地	制造年份	额定功率(kW)	生产能力	用于施工部位	备注
1	经纬仪	DJ$_2$	1	上海	2005			施工期	
2	水准仪	DS$_3$	1	上海	2005			施工期	
3	打药机	160H	2	济南	2005			养护期	
4	绿篱修剪机	TS320	4	青岛	2006			施工及养护期	
5	草坪修剪机	SGA33E	2	上海	2006			养护期	
6	洒水车	JF140	1	济南	2002	8t	100%	施工及养护期	
7	发电机	EC2500C	1	杭州	2004	3	70%	施工期	
8	福田汽车	BLJ1022	1	安徽	2000		70%	施工期	
9	翻斗车		10	武汉				施工期	
10	抽水机	ZN50	2	重庆	2004	200/h	90%	施工期	
11	挖掘机	DH60-7	2	韩国大宇	2003	3.85	90%	施工期	租
12	起重机	TAL-51G	1	山东	2005	118	80%	施工期	租
13	推土机	D185	3	重庆	2004	195	80%	施工期	租
14	空压机	GTR-8	6	徐州	2002	9	80%	施工期	租
15	自卸车	斯太尔	9	重汽	2003	30	90%	施工期	租

附表 3 施工进度表

时间 项目	2008年3月			2008年4月			2008年5月			2008年6月			2008年7月			2008年8月		
	10	20	30	40	50	60	70	80	90	100	110	120	130	140	150	160	170	180
施工准备																		
清理现场																		
平整场地																		
土壤改良及回填																		
给排水安装																		
园路及广场																		
园林小品																		
苗木定植与固定																		
清场																		
竣工验收																		

附表 4 施工网络图表

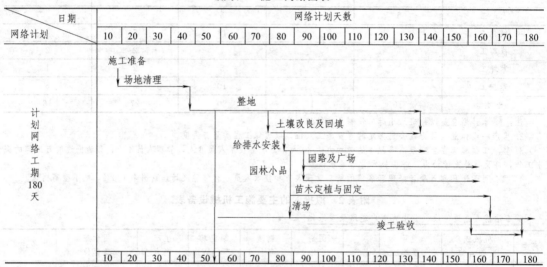

附表 5 临时用地表

用 途	面积/m²	位 置	需用时间		
项目部办公室	20	现场	180 天		
现场管理点	30	现场	180 天		
施工机具、机械仓库	70	现场	180 天		
苗木大棚	150	现场	180 天		
临时工棚	80	现场	180 天		
工人宿舍	150	租用附近民房	180 天		
合 计	500				

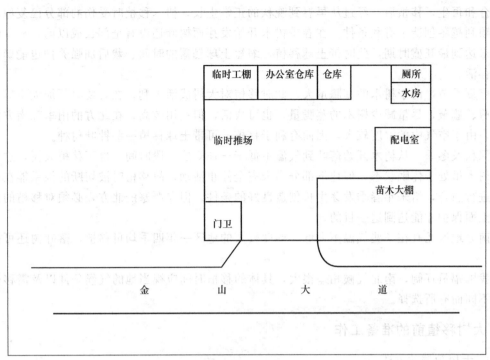

附图　现场施工总平面布置图

第二节　大树移植

大树移植即移植大型树木的工程。所谓大树一般是指胸径在 $10\sim40cm$、树高在 $6m$ 以上的大乔木。大树移植条件较复杂，要求较高，一般农村和山区造林是很少采用的，但它却是城市园林布置和城市绿化经常采用的重要设计和施工材料。特别是有些重点园林工程，要求时间短、见效快，栽植后一次成型。为此，需要移植一定数量的大树，才能达到预期的设计效果。

一、大树选择

根据设计图纸和说明要求的树种、规格、树高、冠幅、胸径、树形（需要注明观赏面和原有朝向）、长势等，到郊区或苗圃进行调查，选树并编号。注意选择接近新栽地环境的树木。野生树木主根发达、长势过旺的，不易成活，适应能力也差。

不同类型的树木，移植难易不同。一般灌木比乔木移植容易，落叶树比常绿树容易，扦插繁殖或经多次移植须根发达的树木比播种未经移植直根性和肉质根类树木容易，叶型细小比叶少而大者容易，树龄小比树龄大的容易。

大树移植一般选用乡土树种，特别情况例外。此外，选择生长在地形平坦、便于挖掘和包装运输地段的树木。

二、大树移植的时间

理论上，在保证水分平衡的情况下，在任何时间都可以进行大树移植。但在实际中，最佳移植时间是早春。因为这时树木的树液开始流动并开始生长、发芽，挖掘时损伤的根系容易愈合和再生，移植后，经过从早春到晚秋的正常生长，树木移植时受伤的部分已复原，给树木顺利越冬创造了有利条件。在春季树木开始发芽而树叶还没有全部长成以前，树木的蒸腾还未达到最旺盛时期，此时带土球移植，缩短土球暴露的时间、栽后加强养护也能确保大树的存活。

盛夏季节，由于树木的蒸腾量大，此时移植对大树成活不利，在必要时可加大土球，加强修剪、遮蔽，尽量减少树木的蒸腾量，也可成活，但费用较高。在北方的雨季和南方的梅雨期，由于空气中的湿度较大，因而有利于移植，可带土球移植一些针叶树种。

深秋及冬季，从树木开始落叶到气温不低于−15℃这一段时间，也可移植大树，这个期间，树木虽处于休眠状态，但地下部分尚未完全停止活动，故移植时被切断的根系能在这段时间进行愈合，给来年春季发芽生长创造良好的条件。但在严寒的北方，必须对移植的树木进行土面保护才能达到这一目的。

南方地区尤其在一些气温不太低、湿度较大的地区一年四季均可移植，落叶树还可裸根移植。

我国幅员辽阔，南北气候相差很大，具体的移植时间应视当地的气候条件以及需移植的树种不同而有所选择。

三、大树移植前的准备工作

1. 大树预掘的方法

为了保证树木移植后能很好地成活，可在移植前采取一些措施，促进树木的须根生长，这样也可以为施工提供方便条件，常用下列方法。

（1）多次移植　此法适用于专门培养大树的苗圃。速生树种的苗木可以在头几年每隔1～2年移植一次，待胸径达6cm以上时，则每隔3～4年再移植一次。而慢生树待其胸径达3cm以上时，每隔3～4年移一次，长到6cm以上时则隔5～8年移植一次。这样树苗经过多次移植，大部分的须根都聚生在一定的范围，再移植时可缩小土球的尺寸和减少对根部的损伤。

（2）预先断根法（回根法）　适用于一些野生大树或一些具有较高观赏价值树木的移植。一般是在移植前1～3年的春季或秋季，以树干为中心、2.5～3倍胸径为半径或较小于移植时土球尺寸为半径划一个圆或方形，再在相对的两面向外挖30～50cm宽的沟（其深度则视根系分布而定，一般为60～100cm），对较粗的根应用锋利的锯或剪齐内切断，然后用活土（最好是砂壤土或壤土）填平，分层踩实，定期浇水，这样便会在沟中长出许多须根。到第二年的春季或秋季再以同样的方法挖掘另外相对的两面。到第三年时，在四周沟中可望长满了须根，这时便可移走（图9-1）。挖掘时应从沟的外缘开挖，断根时间可按各地气候条件有所不同。

（3）根部环状剥皮法　同预先断根法挖沟，但不切断大根，而采取环状剥皮方法，剥皮的宽度为10～15cm，这样也能促进须根的生长。这种方法由于大根未断，树身稳固，可不架支柱。

2. 大树的修剪

修剪是大树移植过程中对地上部分进行处理的主要措施。修剪枝叶是修剪的主要方式，凡病枯枝、过密枝、交叉枝、徒长枝、干扰枝一般剪去。修剪量与移植季节、根系情况有关。除修剪枝叶的方法外，有时也采用摘叶、摘心、摘果、摘花、除芽、去蘖和刻伤、环状剥皮等措施。

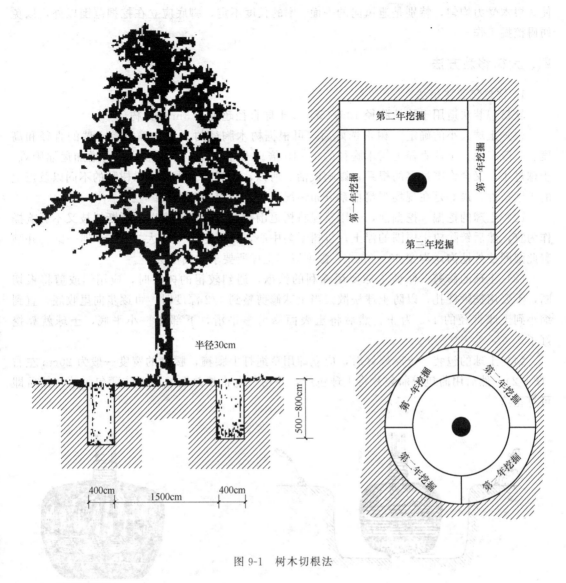

半径30cm

500~800cm

400cm 1500cm 400cm

第二年挖掘
第一年挖掘
第一年挖掘
第二年挖掘

第一年挖掘
第二年挖掘
第二年挖掘
第一年挖掘

图 9-1　树木切根法

3. 编号定向

编号是当移栽成批的大树时，为使施工有计划地顺利进行，可把栽植坑及要移栽的大树均编上一一对应的号码，使其移植时对号入座，以减少现场混乱及事故。

定向是在树干上标出南北方向，使其在移植时仍能保持按原方位栽下，以满足它对庇荫及阳光的要求。

4. 清理现场及安排运输路线

在起树前，应把树干周围 2～3m 以内的碎石、瓦砾堆、灌木丛及其他障碍物清除干净，并将地面大致整平，为顺利移植大树创造条件。然后按树木移植的先后次序，合理安排运输路线，以使每棵树都能顺利运出。

5. 支撑、捆扎

为了防止在挖掘时由于树身不稳、倒伏引起工伤事故及损坏树木，因而在挖掘前应对需移植的大树进行支撑，一般是用 3 根直径 15cm 以上的大木分立在树冠分支点下方，然后再用粗绳将 3 根木和树干一起捆紧，木底脚应牢固支持在地面，与地面成 60°左右。支撑时应使 3 根木受力均匀，特别是避风向的一面。木的长度不定，脚底应立在挖掘范围以外，以免妨碍挖掘工作。

四、大树移栽方法

1. 软材包装移植法

软材包装法适用于移植胸径 10～15cm、土球直径超过 1.3m 的大树。

（1）土球大小的确定　树木选好后，可根据树木胸径的大小来确定挖土球的直径和高度。一般来说，土球直径为树木胸径的 7～10 倍。土球过大，容易散球且会增加运输困难；土球过小，又会伤害过多的根系，影响成活。所以，土球的大小应考虑树种的不同以及当地的土壤条件，最好是在现场观察根系分布情况，再其确定土球大小。

（2）土球的挖掘　挖掘前，先用草绳将树冠围拢，其松紧程度以不折断树枝又不影响操作为宜，然后铲除树干周围的浮土，以树干为中心，比规定的土球大 3～5cm 划一圆，并顺着此圆圈往外挖沟，沟宽 60～80cm，深度以到土球所要求的高度为止。

（3）土球的修剪　修剪土球要用锋利的铁锹，遇到较粗的树根时，应用锯或剪将根切断，不要用铁锹硬扎，以防土球松散。当土球修剪整到 1/2 深度时，可逐步向里收底，直到缩小到土球直径的 1/3 为止。然后将土表面修剪整平滑，下部修一小平底，土球就算挖好了。

（4）土球的包装　土球修好后，应立即用草绳打上腰箍，腰箍的宽度一般为 20cm 左右（图 9-2）。然后用蒲包或蒲包片将土球包严，并用草绳将腰部捆好，以防蒲包脱落，然后即可打花箍。

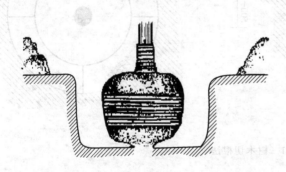 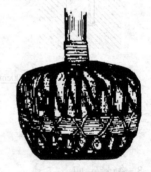

图 9-2　土球的包装　　　　　　　　　图 9-3　包装好的土球

土球打包后，用蒲包将底堵严，用草绳捆好，土球的包装就完成了。在我国南方，一般土质较黏重，故在包装土球时，往往省去蒲包或蒲包片，而直接用草绳包装，常用的有橘子包（其包装方法大体如前）、井字包和五角包（图 9-3）。

2. 带土方箱移植法

带土方箱移植法适用于胸径 15～30cm 的大树，可以保证吊装运输的安全而不散坨。它适用于雪松、油松、桧柏、白皮松、华山松、龙柏、云杉、铅笔柏等常绿树。

（1）掘苗准备　掘苗前首先要准备好包装用的板材、箱板底板和上板（图 9-4）。

（2）包装　包装移植前，以树干为中心，以比规定的土台尺寸大 10cm，或正方形作土台，从土台往外开沟挖掘，沟宽 60～80cm，以便人下沟操作。挖到土台深度后，将四壁修剪平整，使土台每边较箱板长 5cm。修整时，注意使土台侧壁中间略突出，以使上完箱板后，箱板能紧贴土台。土台修好后，应立即安装箱板。

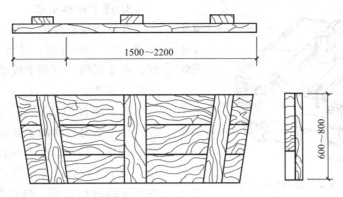

图 9-4　箱板图（单位：mm）

安装箱板时，先将箱板沿土台的四壁放好，使每块箱板中心对准树干，箱板上边略低于台1～2cm 作为吊运时的下沉系数。在安放箱板时，两块箱板的端部在土台的角上要相互错开，可露出土台一部分（图 9-5），再用蒲包片将土台包好，两头压在箱板下，然后在木箱的上下套好两道钢丝绳。每根钢丝绳子的两头装好紧线器，两个紧线器要装在两个相反的方向的箱板中央带上，以便收紧时受力均匀（图 9-6）。

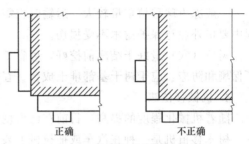

图 9-5　两块箱板的端部安装位置

紧线器在收紧时，必须两边同时进行，箱板被收紧后可在四角钉上铁皮 8～10 道，钉好铁皮后，用 3 根杉篙将树支稳后，即可进行掏底。掏底时，首先在沟内沿着箱底下挖 30cm，将沟土清理干净，用特制的小板镐和小平铲在相对的两边同时掏挖土台的下部。在掏挖的宽度与底板的宽度相符时，在两边装上底板，在上底板前，预先在底板两端个钉两条铁板，然后先将底板的一头顶在箱板上，垫好木墩，另一头用油压千斤顶顶起，使底部与土台底部紧贴。钉好铁皮，撤下千斤顶，支好支墩。两边底板钉好后即可继续向内掏底（图 9-7）。要注意每次掏挖的宽度应与底板的宽度一致，不可多掏。在上底板前如发现底土有脱落或松动，要用蒲包等物填好后再装底板。底板之间的距离一般为 10～15cm，如土质疏松，可适当加密。底板全部钉好后，即可钉装上板，钉装上板前，土台应铺一层蒲包片。上板一般2～4块，其方向与底板呈垂直交叉，如需多次吊运，上板应钉成"井"字形，木板箱整体包装见图 9-8。

图 9-6　套好钢丝绳，安好紧线器准备收紧

图 9-7　从两边掏底

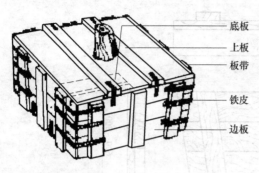

底板
上板
板带
铁皮
边板

图 9-8　木板箱整体包装示意图

3. 冻土球移植法

在冻土层较深的北方，土壤冻结期挖掘土球，可不必包装，且土球坚固，根系完好，便于运输，有利于成活，是一种节省开支的好方法。

冻土球移植法适用于耐严寒的乡土树种。在土壤封冻前灌水湿润土壤，待气温降至 $-12 \sim -15℃$、冻土深达 2m 时，开始挖掘。对于下部分没冻部分，需停放 2～3 天，待其冻结再行挖掘，也可泼水，促其冻结。

树木挖好后，如不能及时移栽，可填入枯草落叶覆盖，以免晒化或寒风侵袭冻坏根系。

一般冻土球移植重量较大，运输时也需使用吊车装卸。由于冬季枝条较脆，吊装运输过程中要格外注意保护树木不受损伤。

树坑（穴）最好于结冻前挖好，可省工省力。栽植时应填入化土、夯实、灌水支撑，为了保墒和防冻，应于树干基部堆土成台。春季解冻后，将填土部位重新夯实、灌水、养护。

4. 机械移植法

随着机械化程度的提高，目前在已出现树木移植机并用于生产。

树木移植机是一种在汽车或拖拉机上装有四扇能张合的匙状大铲的移树机械。树木移植机具有性能好、效率高、作业质量好的特点，集挖、掘、吊运、栽植于一体的作业方式，真

图 9-9　木箱的吊装

正成为随挖、随运、随栽的流水作业，成活率极高，是今后的发展方向。目前我国使用的有大、中、小 3 种机型，大型机可挖土球直径 160cm，用于移植径级 16～20cm 的大树；中型机可挖土球直径 100cm，用于移植径级 10～12cm 的树木；小型机可挖土球直径 60cm，用于移植径级 6cm 左右的大苗。

五、大树的吊运

大树的吊运工作也是大树移植中的重要环节之一。吊运的成功与否直接影响到树木的成活、施工的质量以及树形的美观等。常用方法如下所述。

1. 起重机吊运法

目前我国常用的是汽车起重机，用木箱包装吊运时，用两根直径 7.5～10mm 钢索将木箱两头围起，钢索放在距木箱顶端 20～30cm 的地方（约为木板长度的 1/5），把 4 个绳头结在一起，挂在起重机的吊钩上，并在吊钩与树干之间系一根绳索，使树木不致被拉倒。还要在树干上系 1～2 根绳索，以便在起运时用人力来控制树木位置，不损伤树冠，有利于起重机工作。在树干上束绳索处，必须垫上柔软材料，以免损伤树皮（图 9-9）。

吊运软材料包装的或带冻土球的树木时，为了防止钢索损坏包装的材料，最好用粗麻绳。因为钢丝绳容易勒坏土球。先将双股绳的一头留出 1m 多长结扣固定，再双股绳分开，捆在土球由上向下 3/5 的位置上，绑紧，然后将大绳的两头扣在吊钩上，在绳与土球接触处用木块垫起。轻轻起吊后，再用脖绳套在树干下部，也扣在吊钩上即可起吊（图 9-10）。这些工作做好后，再开动起重机就可将树木吊起装车。

2. 滑车吊运法

在树旁用杉篙搭一木架（杉篙的粗细根据所起运树木的大小而定），把滑车挂在架顶，利用滑车将树木吊起后，立即在穴面铺上两条 50～60cm 宽的木板，其厚度根据汽车（或其他运输工具）和树木的重量及坑的大小来决定（如果坑过大，可在木板中间底下立一支柱，以增加木板的耐压力）。

图 9-10　土球的吊装

3. 运输

树木装进汽车时，使树冠向着汽车尾部，土块靠近司机室，树干包上柔软材料放在木架或竹架上，用软绳扎紧，土块下垫一块木衬垫，然后用木板将土球夹住或用绳子将土球缚紧于车厢两侧。通常一辆汽车只装一株树，在运输前，应先进行行车道路的调查，以免中途遇故障无法通过。行车路线一般都是城市划定的运输路线，应了解其路面宽度、路面质量、横架空线、桥梁及其负荷情况、人流量等。行车过程中押运员应站在车厢尾，一面检查运输途中土球绑扎是否松动、树冠是否扫地、左右是否影响其他车辆及行人，同时要手持长竿不时挑开横架空线，以免发生危险。

六、大树的定植

将大树轻轻地斜吊放置到已准备好的种植穴内，撤除缠扎树冠的绳子，并以人工配合机械，将树干立起扶正，初步支撑。树木立起后，要仔细审视树形和环境的关系，转动和调整树冠的方向，使树姿和周围环境相配合，并应尽量地符合原来的朝向。然后，撤除土球外包装或箱板，分层填土分层夯实，把土球全埋入地下。在树干周围的地面上，也要做出拦水围堰。最后，要灌一次透水。

七、植后的养护

定植大树以后必须进行养护工作，应采取下列措施。

1. 支撑树干

刚栽上的大树特别容易歪倒，要设立支架，把树牢固的支撑起来，确保大树不会歪斜。

2. 浇水

养护期中，要注意浇水。在夏天，要多对地面和树冠喷洒清水，增加环境湿度，降低蒸腾作用。

3. 施肥

移植后第一年秋天就应当施一次追肥。第二年早春和秋季，也至少要施肥 2～3 次。

4. 生长素处理

为了促进根系生长，可在浇灌的水中加入 0.02％生长素，使根系提早生长健全。

5. 包裹树干

为了保持树干的湿度，减少树皮蒸腾水分，要对树干进行包裹。盛夏，为降低蒸腾量可在树冠周围搭荫棚或挂草帘。裹干时可用浸湿的草绳从树基往上密密地缠绕树干，一直缠裹到主干顶部。接着，再将调制的黏土泥浆厚厚地糊满草绳子裹着的树干。以后，可经常用喷雾器喷水保湿。

6. 根系保护

对于北方的树木，特别是带冻土球移植的树木移植后，定植穴内要进行土面保湿，即先在穴面铺 20cm 厚的泥炭土，再在上面铺 50cm 的雪或 15cm 的腐殖土，或 20～25cm 厚的树叶。早春，当土壤开始化冻时，必须把保湿材料拨开，否则被掩盖的土层不易解冻，影响树木根系生长。

复习思考题

1. 影响植物栽植成活的因素有哪些？
2. 植物栽植的准备工作有哪些？
3. 编制植物施工组织方案的内容有哪些？
4. 大树移植有哪几个工艺流程？其技术要点分别是什么？

技能训练　行道树栽植、花灌木栽植、花坛植物栽植、大树移植

一、实训目的

通过实训，了解行道树栽植、花灌木栽植、花坛植物栽植、大树移植各工艺流程及其技术要点。

二、实训材料及用具

常规植物栽植工具（锄头、铁锹、枝剪、卷尺、钢锯、草绳等）、植物材料（按图纸规定的植物，或部分植物，或视实际情况而定）等。

三、实训要求

根据图纸、季节、植物品种、植物数量、植物规格、种植实地条件等制定实训方案，合理组织人、材、机及技术措施。注重及时进行理论和实践的总结，规范施工，灵活施工。

四、实训内容及方法

内容：行道树栽植、花灌木栽植、花坛植物栽植、大树移植的施工前的准备、现场的准备、定点放线、苗木起挖、苗木运输、土壤改良、挖树坑、栽前修剪、栽植、绕干、立支撑、浇水、栽后养护管理。

方法：参考本章案例。

五、实训成果

分别写出施工组织方案、施工日志。

第十章　园林机械

【知识目标】

☆ 了解园林机械的组成及类型。

【能力目标】

☆ 了解园林机械的构成及使用。

第一节　概　述

园林工程施工已经越来越普遍使用机械，并大大改善和提高园林工程施工中所追求的"成本、质量、进度"的核心内容。

一、园林机械组成

无论什么类型的机械都主要由动力机、传动设备、工作装置构成，行走式机械还有行走装置和制动装置等。

1. 动力机

是指把各种形态的能转变成机械能同时使机械运动和做功的动力设备。如常用的内燃机和电动机等，目前应用以小型内燃机为主。

2. 传动设备

是指将动力机产生的动力传送到工作装置的中间构件。以传送带的形式居多。

3. 工作装置

使用动力机产生的并经过传动系统传递的机械能来完成各种不同作业的装置。一般有机械式、液力式和气力式等。

二、园林机械类型

分类依据各不相同，分类方法多种多样，较常用的为以下两种。

1. 按与动力配套的方式分类

（1）人力式机械　以人力作为动力的机械，如手动喷雾器、手推式剪草机、手推草坪滚、手摇式撒播机等。

（2）机动式机械　以各种动力机产生的机械能作为动力的机械，有自行式、手扶式、拖拉机挂接式等。

2. 按园林机械功能分类

（1）园林工程机械　主要有土方工程机械、压实机械、混凝土机械、起重机械、抽水机械等。

（2）种植养护工程机械　可分为整地机械、种植机械、整形修剪机械、浇灌机械、病虫害防治机械等。

第二节　园林工程机械

一、土方工程机械

在造园施工中，无论是挖池、堆山、种植、建筑、铺路以及埋砌管道等，都需要采用机械施工，配备各种型号的土方机械，并配合运输和装载机械施工，进行土方的挖、运、填、夯、压、平等工作，从而可以较快、较好地完成施工任务。

1. 推土机

推土机由拖拉机与推土装置两部分组成。传动系统主要采用机械传动和液力机械传动；推土机工作装置的操纵方式分为液压操纵和机械操纵；行走方式有履带式和轮胎式两种。T_2-60 型推土机的外形和构造参见图 10-1。

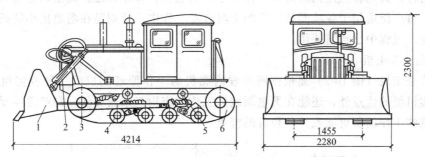

图 10-1　T_2-60 型推土机的外形和构造示意（单位：mm）
1—推土刀；2—液压油缸；3—引导轮；4—支重轮；5—托带轮；6—驱动轮

推土机具有操纵灵活、运装方便、行驶速度较快、工作面积小、易于转移、既可挖土又可作短距离（100m 以内，一般 30～60m）运送、能爬 30°左右土坡等特点。适用于场地平整、开沟挖池、堆山筑路、叠堤坝修梯台、回填管沟、推运碎石、松碎硬土及杂土等操作。根据需要还可配置多种作业装置，如松土器、除根器等。

2. 铲运机

主要用于铲土、运土、铺土、平整和卸土等作业，机械本身能完成铲、装、运、卸 4 个工序。铲运机对运行的道路要求较低，适应性强，投入使用前准备工作简单，具有操作灵活、移动方便、行驶速度较快等特点，适用范围较广。

铲运机按铲斗的操纵方式分机械操纵和液压操纵两种；按行走方式分拖式铲运机和自行式铲运机两种。拖式铲运机由履带式拖拉机牵引，目前普遍使用的铲斗有 2.5m³ 和 6m³ 两种；自行式铲运机由牵引车和铲运斗组成。目前普遍使用的铲斗有 6m³ 和 7m³。

3. 平地机

平地机主要用来平整路面和大型场地，还可以用来铲土、运土、刮土、挖沟渠、拌和砂石及水泥材料等作业。装有松土器的平地机可用于疏松硬实土壤及清除石块，也可加装推土装置代替推土机的各种作业。

平地机有自行式和拖式之分。自行式平地机工作是依靠自身的动力设备，拖式平地机要由履带式拖拉机牵引。

4. 液压挖掘装载机

常用的液压挖掘装载机是在轮式拖拉机上配装各种不同性能的工作装置而成的施工机

械。因此，液压挖掘装载机的最大特点是一机多用，各种工作装置易于更换，并且整机结构紧凑，机动灵活，操纵方便。

液压挖掘装载机主要用于完成中小型土方开挖、场地平整、土方回填、散装材料的装卸、重物吊装、松碎硬土等作业。

二、压实机械

在园林基础施工过程中，除堆山及部分种植地段依靠土壤自重慢慢回落稳定外，在其他土方工程（如园路路基、驳岸、挡土墙、水池、假山、建筑物等）的基础的施工中，为了使基础达到一定的强度，保证其稳定性，就必须使用各种形式的压实机械把新筑的基础土方进行压实。

现仅介绍几种简单的小型夯土机械——冲击作用式夯土机。冲击作用式夯土机有内燃式和电动式两种，共同特点是构造简单，体积小，重量轻，操作和维护简便，夯实效果好，生产效率高，可广泛适用于各项园林工程的土壤夯实工作中，特别是在场地狭小的条件下。在园林土方施工过程中已普遍使用。

1. 内燃式夯土机

内燃式夯土机（图 10-2）是根据两冲程内燃机的工作原理制成的一种夯实机械。除具有一般夯实机械的优点外，还能在无电源地区工作。应用起来较灵活，在经常需要短距离变更施工地点的工作场所更能发挥其独有的特点。

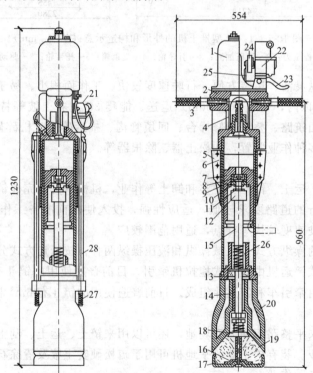

图 10-2　HN-80 型内燃式夯土机外形尺寸和构造

1—油箱；2—气缸盖；3—手柄；4—气门导杆；5—散热片；6—气缸套；7—活塞；8—阀片；
9—上阀门；10—下阀门；11—锁片；12,13—卡圈；14—夯锤衬套；15—连杆；16—夯底座；
17—夯板；18—夯上座；19—夯足；20—夯锤；21—汽化器；22—磁电机；23—操纵手柄；
24—转盘；25—连杆；26—内部弹簧；27—拉杆弹簧；28—拉杆

2. 电动式夯土机

（1）蛙式夯土机　适用于水景、道路、假山、建筑等工程的土方夯实工作及场地平整，可以对施工中槽宽 500mm 以上、长 3m 以上的基础、基坑、灰土进行夯实，以及大面积的填方及一般洒水回填土的夯实工作等。

（2）电动振动式夯土机　适用于含水量小于 12％ 的非黏土的各种土壤、砾石及碎石的压实工作，以及建筑工程中的地基、水池的基础及道路工程中铺设小型路面、修补路面及路基等工作的压实工作。

振动式夯土机具结构简单、操作方便特点，有较高的生产率和密实度，密实度能达到 0.85～0.9，可与 10t 静作用压路机密实度相比。它以电动机为动力，经二级三角带减速，驱动振动体内的偏心转子高速旋转，产生惯性力使机器发生振动，以达到夯实土壤的目的。可以用内燃机代替电动机动力，从而也可以在无电的区域进行施工。

三、混凝土机械

按照混凝土施工工艺的需要，混凝土机械有搅拌机械、输送机械、成型机械等三类，这里仅介绍成型机械中的振动器。

1. 外部振动器

外部振动器是在混凝土的外表面施加振动，而使混凝土得到捣实。它可以安装在模板上，作为"附着式"振动器；也可以安装在木质或铁质底板上，作为移动的"平板式"振动器。除可用于振捣混凝土外，还可以夯实土壤。由机器所产生的振动作用使受振的面层密实，提高强度，可装于各种振动台和其他振动设备上，作为产生振动的机械。用外部振动器浇灌水泥时能节约 10％～15％，能够提高生产效率，缩短工程周期。

2. 内部振动器

亦称插入式振动器、混凝土振捣棒。内部振捣器主要由电动机、软轴组件、振动棒体等三部分组成。内部振捣器的作用和使用目的与外部振动器相同。浇灌混凝土厚度超过 25cm 以上，应用插入式混凝土振捣棒。

四、起重机械

起重机械在园林工程施工中，主要用于装卸物料、山石堆筑、拔除树根、移植大树，带上附加设备，还可用于挖土、推土、打桩、打夯等。

1. 汽车起重机

汽车起重机是一种自行式全回转、起重机构安装在通用或特制汽车底盘上的起重机。一般由汽车发动机为起重机构提供动力。由于此种起重机具有行驶速度高、机动性能好的特点，适用范围较广。

2. 少先起重机

少先起重机是用人力移动的全回转轻便式单臂起重机，工作时不能变幅。这种起重机在园林施工中可用于规模不大或大中型机械难以到达的施工现场。常用少先起重机有 0.5t、0.75t、1t 和 1.5t 等几种。

3. 卷扬机

卷扬机是以电动机为动力，通过不同传动形式的减速、驱动卷筒运转作垂直和水平运输的一种常见的机械。其特点是：构造简易紧凑，易于制造，操作简单，转移方便。有单筒慢速卷扬机和单筒手摇卷扬机等。在园林工程施工中常配以人字架、拔杆、滑轮等辅助设备，作小型构件的吊装等用。

4. 环链手拉葫芦和电动葫芦

(1) 环链手拉葫芦　又称差动滑车、倒链、葫芦、车筒等。它是一种使用简易携带方便的人力起重机械。适用于起重次数较少、规模不大的工程作业，尤其适用于流动性较强及无电源、作业面积小的工程施工。

(2) 电动葫芦　具有尺寸小、重量轻、结构紧凑、操作方便等特点，现在越来越广泛地代替手拉葫芦，用于园林施工的各个方面。

五、抽水机械

水泵作为常用的抽水机械主要用于土方施工、给水、排水、水景、喷泉等，以及园林植物栽培中的灌溉、排涝、施肥、防治病虫害等。

水泵的型号很多，目前园林中使用最多的是离心泵。离心泵的品种也很多，各种类型泵的结构又不相同。如单悬臂式离心泵，结构简单、使用维护方便，应用广泛。此类泵的扬程从几米到近百米，流量为 $4.5\sim360\text{m}^3/\text{h}$，口径 $3.75\sim20\text{cm}$。

第三节　园林植物机械

一、种植机械

1. 挖坑机

挖坑机（图 10-3）又叫穴状整地机，主要用于栽植乔灌木、大苗移植时整地挖穴，也

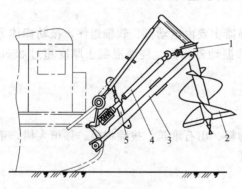

可用于挖施肥坑、埋设电杆、设桩等作业。使用挖坑机每台班可以挖 $800\sim1200$ 个穴，而且挖坑的质量也较好。挖坑机的类型按其动力和挂结方式的不同可分为以下两类。

(1) 悬挂式挖坑机　悬挂式挖坑机是悬挂在拖拉机上，由拖拉机的动力输出轴通过传动系统驱动钻头进行挖坑作业的挖坑机，包括机架、传动装置、减速箱和钻头等几个主要部分。

挖坑机的主要工作部件是钻头。螺旋形的钻头工作时将土壤排至坑外，堆在坑穴的四周。而螺旋齿式的钻头工作时是破碎草坪、切断根系、排出石块、疏松土壤，被疏松的土壤留在坑内。

图 10-3　WD80 型悬挂式挖坑机
1—减速箱；2—钻头；3—机架；
4—传动轴；5—升降油缸

(2) 手提式挖坑机　手提式挖坑机主要用于地形复杂的地区植树前的整地或挖坑。

手提式挖坑机通常由发动机、离合器、减速器、工作部件、操纵部分和油箱等部分组成。以小型二冲程汽油发动机为动力，其特点是重量轻、马力大、结构紧凑、操作灵便、生产率高。

2. 开沟机

开沟机除用于种植外，还用于开掘排水沟渠和灌溉沟渠，主要类型有铧式和旋转圆盘式两种。

(1) 铧式开沟机　铧式开沟机主要由大中型拖拉机牵引，犁铧入土后，土垡经翻土板、

两翼板推向两侧，侧压板将沟壁压紧即形成沟道。

（2）旋转圆盘开沟机　旋转圆盘开沟机（图10-4）是由拖拉机的动力输出轴驱动、圆盘旋转抛土开沟。旋转开沟机作业速度较慢（200～300m/h），需要在拖拉机上安装变速箱减速。其优点是牵引阻力小、沟形整齐、结构紧凑、效率高。圆盘开沟机有单圆盘式和双圆盘式两种。双圆盘开沟机组行走稳定，工作质量比单圆盘式开沟机好，适于开大沟。

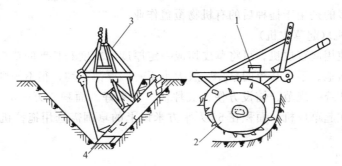

图10-4　旋转圆盘开沟机
1—减速箱；2—开沟圆盘；3—悬挂机架；4—切土刀

3. 树木移植机

树木移植机是用于树木带土移植的机械，可以完成挖穴、起树、运输、栽植、浇水等全部或部分作业。该机在大苗出圃及园林树木移植时使用，作业成本相对较低，适应性强，应用范围广泛，生产率高，能减轻工人劳动强度，提高作业安全性。树木移植机有自行式、牵引式和悬挂式等。

自行式一般以载重汽车为底盘，一般为大型机，可挖土球直径达160cm。

牵引式和悬挂式可以选用前翻斗车、轮式拖拉机或自装式集材拖拉机为底盘，一般为中、小型机。中型机可挖土球直径为100cm（树木径级为10～12cm），小型机可挖土球直径60cm（树木径级一般在6cm左右）。

国内外有多种机型，常用的有：2QT-50型树苗移植机、2ZS-150型树木移植机、大约翰树木移植机、前置式树木移植机、U形铲式树木挖掘机等。

二、养护机械

（一）草坪机械

草坪从建植到各阶段的养护管理都需要与之配套的各种功能的辅助机械。如草坪种植、起掘、铺设、施肥、病虫害防治、浇灌、中耕、梳理、修剪、清洁、更新等作业都应有相应的机械设备来完成。

1. 草坪播种机

草坪播种机按播种方法不同有点播机、撒播机两种；按配套动力有人力式、手扶自行式和拖拉机牵引或悬挂式等。一般播种机还可用做肥料施撒或覆沙作业。

（1）草坪撒播机　一般是靠星形转盘的离心力将种子或肥料向四周抛撒。主要类型有：手扶自行式撒播机、肩挎式手摇撒播机、手推式撒播机；另外还有一种与拖拉机悬挂的撒播机，它由拖拉机的动力输出轴驱动抛撒器旋转作业。

（2）草坪喷播机（喷植机）　利用液力或气力喷播草坪的机械，用于在施工难度较大的陡坡上建植草坪。如公路两旁山坡植草可防止山体滑坡，也可用于高尔夫球场、运动场及城市大面积草坪的建植。

① 液力喷播机。是将催芽后的草坪草种子混入装有一定比例的水、纤维覆盖物、黏合剂和肥料的容器里，搅拌混匀成为混合浆液，利用离心泵对浆液加压，通过软管输送到喷枪，喷洒到待播地面上，形成均匀的覆盖层，覆盖物一般染成绿色，喷后马上呈绿色，显示出草坪效果，同时易检查喷播效果。一般喷播后 2~3 天可生根，可有效抑制杂草生长。

② 气力喷播机。适用于无性繁殖的植草作业，通过风机和喷播器将新鲜的碎草茎均匀地喷洒出去，更多的是用于播种后的有机物覆盖作业。

2. 草皮移植机（起草皮机）

机械起草皮使用起草皮机，可将草皮切成一定厚度、宽度和长度的草皮块或草皮卷，可很方便地运到建植地。手工移植的草皮一般大小不一，厚薄不均，很不规则。起草皮机切下的草皮或草毯尺寸统一规范、铺设方便、成坪快、效果好。面积 5 万~50 万平方米的草圃可选用手扶自行式起草皮机，面积在 50 万平方米以上的草圃需选用拖拉机牵引或自行式大型起草皮机。

3. 草坪修剪机

草坪修剪机的发展从最初的人力、手推直至今日的内燃机驱动、电动、液压式、气垫式、电子控制、电脑控制以及太阳能为能源的全自动、低噪声的高智能剪草机。

草坪修剪机的类型很多。按配套动力和作业方式分为：手扶推行式、手扶自行式（手扶随行式）、驾乘式（或称坐骑式）、拖拉机式等。按切割器形式分为：旋刀式、滚刀式、往复割刀式和甩刀式等。应根据不同类型草坪的要求和面积大小选用不同类型的草坪修剪机。旋刀式剪草机常用于公园、庭园等大部分绿地及低养护水平的草坪；滚刀式剪草机常用于高尔夫球场等高水平养护的草坪。

4. 草坪打孔机

草坪打孔机是利用打孔刀具按一定的密度和深度对草坪进行打孔作业的专用机械。草坪打孔机可使草根通气、渗水，能改善地表排水，促进草根对地表营养的吸收。切断根茎和刺激匍匐茎新根形成和茎生长也是打孔的重要作用，另外还可在打孔后进行补种、施沙等。对园林草坪、运动场、高尔夫球场都有必要按时进行打孔通气，高尔夫球场大约每 7~14d 要进行一次。

较常用的动力打孔机有小型手扶自走式打孔机和大型拖拉机牵引的打孔机组。小型手扶打孔机适用于各种草坪的打孔作业，大型动力打孔机适用于大面积草坪的打孔作业。

5. 草坪切边机

用于草坪边界修整，切断蔓延到草坪界限以外的根茎，以保持草坪边缘线形的整齐美观。

小型的切边机有手扶自行式，大型的有拖拉机挂接式。切边机刀片有多种运动形式，如振动切刀、圆盘刀、旋转切刀等。

（二）主要养护机械

1. 整形修剪机械

（1）油锯 油锯是以汽油机为动力的链锯，全称为汽油动力链锯。这种设备携带方便，手持使用，当装满油后便可各处作业，主要用来锯除直径大于 8cm 的立木，是现代机械化伐木的有效工具，在园林生产中不仅可以用来伐木、截树、去掉粗大枝杈，还可以用于树木的整形、修剪。油锯的优点是生产率高，生产成本低，通用性好、移动方便，操作安全。

（2）电链锯 电链锯的动力是电动机，具有重量轻、振动小、噪声弱等优点，是园林树木修剪较理想的工具。但受电力限制，需要有电源或供电机组，一次投资成本高。

（3）割灌机　割灌机（图 10-5）是割除灌木、杂草的便携式机械。它具有重量轻、机动性能好、对地形式适应性强等优点，适合于山地、坡地。

割灌机分为背负式和手持式。背负式又分为侧挂式和后背式两种。割灌机由动力、离合器、传动系统、工作装置、操纵控制系统及背挂部分组成。当在庭院或电源方便的地方时可使用电动割灌机，而在多数场合均使用以二冲程汽油机为动力的割灌机。

（4）绿篱修剪机　由于生长特性各不相同，组成绿篱的灌木有的有主干，有的无主干，长势各异，因而必须通过合理修剪才能使之成为理想景观。手工修剪是一种方法，但国内外有多种规格、型号的绿篱修剪机在生产中使用，成为主要的绿篱修剪工具。

① 以电动机为动力的绿篱修剪机。常见有 600HEL 型往复式电动绿篱修剪机、ZDY-1 型回转式电动绿篱修剪机等。

② 以汽油机为动力的绿篱修剪机。规格、型号很多，主要有 AM-100E 型软轴绿篱修剪机、U 形绿篱修剪机、双人绿篱修剪机、双边绿篱修剪机、高枝绿篱修剪机等。

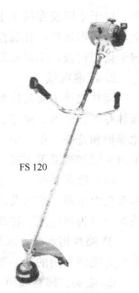

FS 120

图 10-5　割灌机

（5）立木整枝机　立木整枝机（图 10-6）也称为高树修剪机。立木整枝在城市建设、园林绿化中占有重要地位，而且是工作量较大的作业，是乔灌木管理中较关键性的技术措施之一，往往在树木高大、人工进行有一定困难和危险时采用。因而，立木整枝机在该作业中的作用尤为重要。立木整枝机有手持背负式和车载式等多种形式。

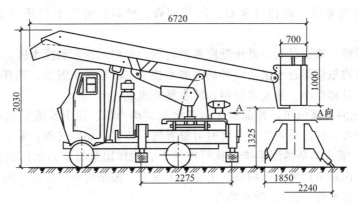

图 10-6　SJ-12 型高树修剪机外形图（单位：mm）

① 手持、背负式立木整枝机。一般由发动机、离合器、传动轴、减速装置、操纵控制手柄及工作装置等几部分组成。工作时，手持或肩背（单肩挎或双肩背）整枝机，传动轴一般是套在长的铝合金薄壁硬管中，根据型号不同可以有 1～2m 长，也有伸缩式的杆，可根据立木高度调整杆的长度。安全系数较低。

② 车载式立木整枝机。在较大型拖拉机上侧置可以伸向高空的液压折叠臂，臂端配有可以往复运动的液压剪，可修剪高度为 6～7m 的树冠，切断直径为 10cm 的树枝。其液压折叠臂在需要的时候可以下放到不同高度，甚至放到地面上，可以修剪灌木丛或地面杂草。此类型应用较多。

③ 自动立木整枝机。日本 SEIREI 公司生产的自动立木整枝机也称整枝机器人，是一种高科技产品。要求树干通直度较高，对树木弯曲度过大、树干有隆起树包、树枝直径超

限、树干不圆及在树干上有攀附枝条等的树干则不要使用。作业时，人将机器套置在树干上，启动汽油机，在遥控器的控制下机器自动绕树干螺旋式上升，导板锯链式锯切机构贴靠树干锯切树枝，不留枝茬，切痕平整。

2. 浇灌机械

园林浇灌主要是指城市园林绿地、公园、运动场（如足球场、高尔夫球场等）的草坪、园林乔木、灌木、温室、大棚及花卉的浇灌。浇灌作业是一项花费劳动力很大的作业。在绿化养护和花卉、苗木生产中，几乎占全部作业量的40％。目前园林浇灌根据不同要求一般采用喷灌和微灌等方式。

（1）喷灌系统　适用于水源缺乏、土壤保水性差及不宜地面灌溉的丘陵、山地等地。喷灌系统由水源、水泵及动力、管道系统、喷洒器等组成。按其组成部分的安装情况及可转动情况，分为固定式、移动式和半固定式三种。

① 喷灌用水泵。水泵是喷灌系统重要组成部分，为喷灌系统从水源提水并加压。常用水泵有喷灌专用的离心泵、井泵、微形泵、加压泵、真空泵、电动泵等。

② 喷头。园林喷灌一般来说可以部分采用农业、林业喷灌喷头，但由于园林灌溉的特殊性，应严格控制喷洒范围，不应喷到人行道上，运动场等场所的喷洒设施不应露出地面等。园林喷灌的喷头有微压、低压、中压、高压喷头；有旋转式（或称射流式、旋转射流式）、固定式（或称散水式、固定散水式或漫射式）、喷洒孔管喷头等。

③ 管道系统。喷灌管道种类很多，在园林绿地喷灌中，目前常用硬塑料管道埋在地下。为使喷灌系统按轮灌要求进行计划供水并保证安全运行，在管路系统内应设置控制部件和安全保护部件。如各种阀门和专用给水部件、水锤消除器、安全阀、减压阀、空气阀等。现在较常用移动式管道系统，将铝合金管、薄壁钢管、塑料软管装上快速接头可作为移动式管道。

（2）微灌系统　微灌是利用低压管路系统将压力水输送分配到灌水区，通过灌水器以微小的流量湿润植物根部附近土壤的一种局部灌水技术。比较适于温室、花卉和园林灌溉。微灌系统由水源、首部枢纽、输配水管网、灌水器等组成。

① 微灌系统的首部枢纽。首部枢纽包括水泵、动力机、压力及流量测量仪器、肥料及化学药品注入设备、过滤设备等，必要时可设置防护装置，如空气阀、安全阀或减压阀等。

② 灌水器。灌水器是微灌系统的执行部件，它的作用是将压力水用滴灌、渗灌、微喷等不同方式均匀而稳定地灌到作物根区附近的土壤上。按结构和出流形式的不同有滴头、滴灌带、微喷头、渗灌管（带）、涌水器等。

③ 微灌管道及管件。微灌系统是通过各种规格的管道和管件（连接件）组成的输配水管网。各种管道和管件在微灌系统中用量很大，犹如人的毛细血管一样。要保证正常运行和使用寿命，必须要求各级管道能承受设计的工作压力；抗腐蚀、抗老化能力强，有一定的韧性；加工精度要达到使用要求，表面应光滑平整；安装连接方便、可靠，不允许漏水。

（3）自动化灌溉系统　灌溉系统的自动控制可以精确地控制灌水定额和灌水周期，适时、适量地供水；提高水的利用率、减轻劳动强度和减少运行费用；并可方便灵活地调整灌水计划和灌水制度。自动化灌溉系统分为全自动化和半自动化两类。

全自动化灌溉系统运行时，不需人直接参与控制，而是通过预先编制好的控制程序并根据作物需水参量自动启、闭水泵和阀门，按要求进行轮灌。

半自动化灌溉系统不是按照植物和土壤水分状况及气象状况来控制供水，而是根据设计的灌水周期、灌水定额、灌水量和灌水时间等要求，预先编好程序输入控制器来控制。

3. 施肥机械

施肥机械的类别与结构形式同肥料的种类、施放时期、方式等有密切关系。

(1) 基肥撒施机械 主要有3种。

① 厩肥撒播机。一般是运肥、撒肥兼用，在厩肥运输车的尾端安装一个或数个撒肥轮，并在车厢底部装设水平输送链。作业时，输送链将厩肥不断地向车尾输送，撒肥轮将厩肥撕碎成小块，并均匀地抛撒在田面上。在随后的耕地作业中，厩肥随土垡翻转混和埋入土层（图10-7）。

具体的分类有螺旋式撒厩肥机、牵引式装肥撒肥车、甩链式厩肥撒布机、悬挂式撒厩肥机等。

② 化肥撒播机。结构形式有离心式和扇形振动式等。前者有四片式和多片式之分。后者的撒肥部件是一个作扇形往复摆动同时振动的撒肥管，其结构简单，使用也广。在撒播易结块的化肥或石灰时，化学撒播机的肥箱底部常放置筛网，以提高施撒质量和均匀度（图10-8、图10-9）。

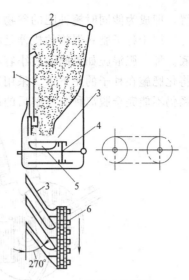

图 10-7　链指式排肥器
1—振动板；2—肥箱；3—链指；4—传动链轮；5—箱底；6—排肥链

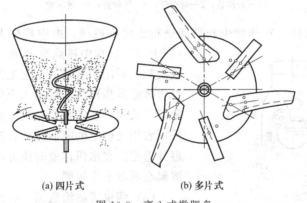

(a) 四片式　　　　(b) 多片式
图 10-8　离心式撒肥盘

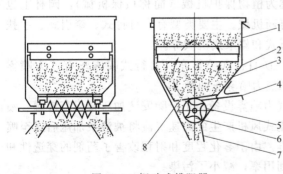

图 10-9　振动式排肥器
1—肥箱；2—铰链；3—振动板；4—肥量调节板；5—振动凸轮；6—排肥螺旋；7—导肥管；8—排肥孔

③ 厩液或液氨洒施机。一般是运肥、施肥兼用。施肥部件由凿形开沟器及输肥管组成，附装在运输厩肥罐车或加压液氨罐车的后部。作业时，厩液或液氨通过输肥管注入由开沟器疏松的土壤中，随后被回落的土壤覆盖，以防止液肥挥发而损失肥效。

(2) 种肥施播机械 可在播种的同时施放化肥。根据种子在发芽期对肥料的需要及肥料对发芽率的影响，有时将化肥与种子施入同一种子沟中，称同位施肥；有时将化肥施放在种子的侧下方，称侧位深施。一般采用同位施肥，但应使种子与肥料间隔一薄土层，以免影响种子发芽。施肥装置可采用星轮式、搅龙式或滚筒上排式排肥器，以及具有播种及施肥两个导管的靴式、锄铲式或圆盘式联合开沟器。在谷物条播机上加装施肥装置，即成为能同时施种肥的谷物联合施肥播种机。

用于种子肥料混施的机器是将化肥与种子排入同一输种管中，施于同一开沟器所开的沟底。种、肥混施如果间隔过小容易使化肥"烧伤"种子。图 10-10 所示是利用组合式开沟器将化肥施在种子的正下方。采用这种方法，虽然在种子与化肥之间有土壤隔离，但种子或根系仍不能完全脱离种肥分解后的高浓度区，因而仍可能有被"烧伤"的危险。

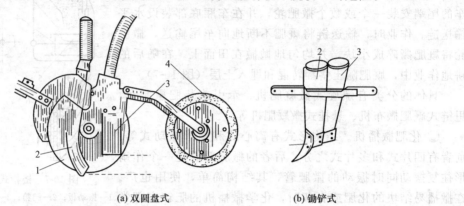

(a) 双圆盘式　　　　(b) 锄铲式

图 10-10　组合式开沟器

1—开沟器；2—导肥管；3—导种管；4—镇压轮

（3）追肥施播机械　在作物生长期间进行施肥的机械，由中耕机上加装施肥装置组成（图 10-11）。在中耕除草的同时进行侧位深施化肥或液肥，利用中耕机的松土工作部件开沟，由输肥管将排肥器排出的肥料施入土中。追施化肥用的排肥器形式同中耕作物播种机上的排肥器相同，也可采用农用飞机上的喷洒部件将液肥、化肥溶液进行根外追肥。在水田作业时还可用飞机撒施或将化肥溶解在灌溉水中施肥。

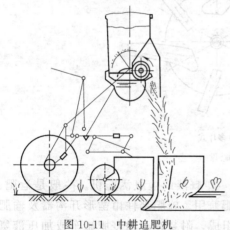

图 10-11　中耕追肥机

（4）病虫害防治机械　病虫害防治机械在农业上称为植物保护机械（简称植保机械），园林上也称打药机械。主要类型有：自行式、牵引式、手扶自行式和驾乘式机械等。

① 自行式喷雾车。自行式喷雾车有气力喷雾车和液力喷雾车两种。

气力喷雾车是以汽车为动力和承载体的气力喷雾设备。车上除安装加压泵、药液罐、喷洒部件外，还装有轴流式风机。工作时，轴流式风机产生的高速气流将被液泵加压后送至喷嘴喷出的雾滴进一步破碎雾化，并吹送到远方。由于雾化程度和射程改善了药剂的穿透性和附着性能，使药剂流失量大为降低，提高了利用率，减小了污染。

液力喷雾车是以液力喷雾法进行喷雾的多功能喷洒车辆，以汽车作为动力和承载体，车上装有给药液加压的药泵、药液箱和喷洒部件等。一般除喷药外还有喷灌、路面洒水、射流冲刷、自流灌溉、应急消防等功能。

② 牵引式喷雾机。一般以中型拖拉机为动力牵引作业。

③ 手扶自行式和驾乘式喷雾机。对比较低矮的乔灌木的喷药可以采用手扶自行或坐骑式喷雾车。这种中、小型喷雾车机动灵活、使用方便，便于在行间自由穿行喷洒。

④ 便携式病虫害防治机械。便携式机械由于其重量轻、携带方便、使用维护简单等优点，多应用在温室、花房、小块绿地。如人力式的手动喷雾器、手摇喷粉机，机动式的背负式喷雾喷粉机、背负式或手持式电动喷雾机、担架式机动喷雾机等。

三、场圃机械

可分为整地机械、育苗机械、中耕抚育机械、出圃机械等。

整地机械包括各种犁和耙、旋耕机、打垄机、镇压器等；育苗机械包括种子调制机、联合播种机、植苗机、截条机、插条机、制作机、苗木移植机等；中耕抚育机械包括中耕机、除草机、施肥机、切根机等；出圃机械包括各类苗木的起挖机、苗木分选捆包机、容器苗运输机等。

现介绍几种整地机械。

1. 犁/耙

圆盘犁（圆盘耙）和铧式犁一般都是在新建大块园林树木种植地时使用。

（1）圆盘犁 圆盘犁是以球面圆盘或齿状球面圆盘为工作部件的一种整地机械。圆盘犁工作时，圆盘绕本身的轴自由转动并随机架前进。

另外还有一种圆盘整地机械，即圆盘耙。在犁耕作业后，土壤的松碎平整程度还不能满足播种、植苗的要求，需用耙来进一步平整土地。

（2）铧式犁 铧式犁是最简单的一种整地机械。可改善土壤结构，翻盖杂草、绿肥或厩肥，有利于消灭杂草、病虫害和恢复土壤肥力。铧式犁有牵引犁、半悬挂犁、悬挂犁及双向犁。

2. 旋耕机

旋耕机是以旋转刀片为工作部件的整地机械。工作时，由拖拉机输出传出的动力，经过齿轮箱、侧边传动箱带动刀片旋转。高速旋转的刀片切削土壤，并将切下的土块向后抛掷，使其与挡板撞击碎裂，因而碎土充分。经旋耕的土地，地面平坦，一次可完成耕耙两项作业，旋耕深度约 15～20cm。一般可选择在深耕后的第二年春天进行。

3. 除根机

除根机是以拔、推、掘、铣等方式清除伐根的机械。

（1）拔根机 拔根机有杠杆式液压拔根机、推齿式和钳式拔根机等多种类型。

（2）铣根机 这种除根机是利用旋转铣刀或切刀，将树根铣碎或切碎，撒于地面或运出利用。在已建园林树木种植地上，由于树木枯死或需要改变景观设计、需更换树种的，因无法使用大型拖拉机作业，因而使用小型动力式的铣根机是很适宜的。

四、保洁机械

包括清扫机、扫雪机、吸叶机、吸粪车、洒水车等。

复习思考题

1. 按功能可将园林机械分为哪几类？
2. 园林机械主要由哪几部分组成？
3. 园林工程机械有哪些种类？各有何功能？
4. 种植养护工程机械有哪些种类？各有何功能？
5. 常见草坪机械有哪些种类？各有何功能？

6. 常见整形修剪机械、病虫害防治机械、整地机械各有哪些种类？

7. 介绍当地常见的园林机械种类及其在生产、生活中的应用。

8. 试述我国园林机械的现状和发展趋势。

技能训练　园林机械的识别与应用

一、实训目的

通过对园林机械的识别以及对部分园林机械的基本操作，了解当前园林工程中常用的园林机械类型和当地常用的园林机械种类，掌握不同的园林工程作业相对应的园林机械。

二、实训材料与方法

① 选择较大规模的园林机械销售公司、园林机械厂、园林工程公司、园林工程施工现场或其他相关实训基地，作为实训场所，进行相关园林机械的识别与应用学习。

② 在实训场所内，选择园林工程施工与管理中应用的园林机械，详细观察其外型、组成，了解其功能及在园林工程中的作用。

③ 部分园林机械的使用，如草坪机械、绿篱机械、灌溉机械、植保机械等的使用与维护。

三、实训报告

将所观察（操作）的各类园林机械的名称、外形、组成和功能（操作方法要点）记载整理，并评述其优点或提出不足之处。

参 考 文 献

[1] 刘卫斌. 园林工程. 北京：中国科学技术出版社，2003.

[2] 张建林. 园林工程. 北京：中国农业出版社，2002.

[3] 唐来春. 园林工程与施工. 北京：中国建筑工业出版社，1999.

[4] 孟兆祯等. 园林工程. 北京：中国林业出版社，2003.

[5] 韩玉林. 园林工程. 重庆：重庆大学出版社，2006.

[6] 赵兵. 园林工程学. 南京：东南大学出版社，2006.

[7] 谷康等. 园林制图与识图. 南京：东南大学出版社，2001.

[8] 陈战是等. 园林景观设计施工 CAD 图块集. 北京：中国建筑工业出版社，2006.

[9] 陈祺. 园林工程建设——现场施工技术. 北京：化学工业出版社，2005.

[10] 郭丽峰. 园林工程施工便携手册. 北京：中国电力出版社，2006.

[11] 韩玉林. 园林工程. 重庆：重庆大学出版社，2006.

[12] 耿美云. 园林工程. 北京：化学工业出版社，2008.

[13] 程正渭等. 景观建设工程材料与施工，北京：化学工业出版社，2009.

（a）水草池中植物使池水显得富有生命

（b）富有日式庭园风格的养鱼池造景

🌼 图4-3 水景中的植物与动物

（a）印度泰姬陵
其建筑结合水景鲜明，是一座伊斯兰风格陵园

（b）苏州网师园之池水，以聚为胜，开阔
明朗——"月到风来亭"

🌼 图4-4 水景中的建筑物

🌼 图4-12 香港某平台水池，以海洋为主题，生动的池底图案更加烘托出水的可赏性

（a）某小区中的儿童戏水池，要保持水质的清
洁，并通过色彩变化与小品的搭配增加情趣

（b）某小区的水池底部嵌砌卵石，加上池中倒
影，甚具特色

🌼 图4-20 水池的施工

（a）广州西苑瀑布

（b）广州白天鹅宾馆瀑布

图4-39 瀑布实例

图4-48 万向直射喷头图示案例

图4-49 集流直射喷头图示案例

图4-50 三层花喷头图示案例

图4-51 凤尾喷头图示案例

图4-52 银缨喷头图示案例

图4-53 开屏喷头图示案例

牵牛花喷头　　　　　伞形喷头
图4-54 变形喷头图示案例

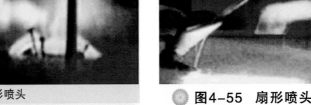

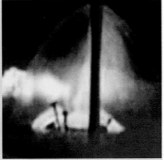
图4-55 扇形喷头图示案例

玉柱喷头

雪松喷头

涌泉喷头

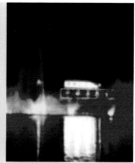
鼓泡喷头

图4-56 各种吸力喷头图示案例

图4-57 蒲公英喷头
图示案例

扭转喷头

风车喷头

图4-58 旋转喷头图示案例

图4-59 喷雾喷头图示案例

图4-60 摇摆喷头图示案例

图6-4 河北秦皇岛汤河公园座椅小品

图6-16 东京练马区公园夜景小品

图6-20 拉·维莱特公园红色的现代雕塑

图8-7 景观灯

图8-24 LED壁灯

图8-25 LED灯带

图8-26 LED花盘灯

图8-27 LED满天星

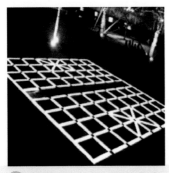

图8-28 LED长形发光地砖

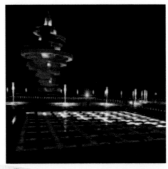

图8-29 LED发光地砖

图8-30 LED水下玻璃灯